QUELLEN UND FORSCHUNGEN

ZUR

SPRACH- UND CULTURGESCHICHTE

DER

GERMANISCHEN VÖLKER.

HERAUSGEGEBEN

VON

ALOIS BRANDL, ANDREAS HEUSLER, FRANZ SCHULTZ.

CXXIV.

SIDNEYS ARCADIA.

STRASSBURG
KARL J. TRÜBNER
1918.

SIDNEYS ARCADIA

EINE STUDIE
ZUR ENGLISCHEN RENAISSANCE

VON

DR. FRIEDRICH BRIE
O. PROFESSOR AN DER UNIVERSITÄT FREIBURG I. B.

STRASSBURG
KARL J. TRÜBNER
1918.

C. A. Wagners Hof- und Universitätsbuchdruckerei, Freiburg im Breisgau.

WILHELM CREIZENACH

DEM VERFASSER

DER GESCHICHTE DES NEUEREN DRAMAS

IN AUFRICHTIGER VEREHRUNG

Vorwort.

Die vorliegende Studie, die ursprünglich nur gedacht war als Teil eines größeren Werkes über die Anfänge des englischen Prosaromans, war zum größten Teil bereits vor Ausbruch des Krieges fertig gestellt. Der Inhalt von Kapitel I—IV bildete den Gegenstand eines Vortrages, den der Verfasser bei Gelegenheit der 52. Versammlung deutscher Philologen und Schulmänner in Marburg im Herbst 1913 hielt. Die Drucklegung der vorliegenden Schrift wurde verzögert durch Umstände verschiedener Art, einmal durch die Abfassung anderer Arbeiten, die mit Problemen des gegenwärtigen Krieges in Beziehung standen und deshalb nach schneller Veröffentlichung drängten, durch eine stark vermehrte Lehrtätigkeit, durch die erschwerte Beschaffung ausländischer Literatur und endlich auch durch Schwierigkeiten bei der Heranschaffung der zum Druck notwendigen Papiermenge.

Daß trotz der augenblicklichen schwierigen Druckverhältnisse die Veröffentlichung der Schrift überhaupt möglich wurde, verdankt der Verfasser in erster Linie der bereitwilligen Unterstützung der Freiburger Wissenschaftlichen Gesellschaft. Gern benutzt er die Gelegenheit, ihrem Kuratorium an dieser Stelle seinen wärmsten Dank für die Bewilligung von Mitteln sowohl zu Studienreisen wie zur Drucklegung der vorliegenden Schrift auszusprechen. Auch dem Verlage gegenüber fühlt sich der Verfasser für sein verständnisvolles Entgegenkommen bei jeder Art von Schwierigkeit zu Dank verpflichtet. Bei der Arbeit selbst hat der Verfasser sich für manche Einzelheiten der wertvollen Unterstützung von Fachgenossen zu erfreuen gehabt, insbesondere auf dem Gebiete der klassischen Philologie und der griechischen Philosophie von den Kollegen Immisch in Freiburg und Joël in Basel.

Was den Gegenstand der Arbeit anbelangt, so hatte der Verfasser von Anfang an mit der Schwierigkeit zu rechnen, daß die älteste Fassung der Arcadia lediglich in der Form von Mss. auf uns gekommen ist, die sich in Privatbesitz befinden und ihm daher nicht zugänglich waren. Der Versuch, eines von ihnen für eine deutsche Bibliothek zu erwerben, scheiterte an der Höhe des Kaufpreises. Glücklicherweise sind aber die vorhandenen Berichte über Aussehen und Inhalt der ersten Fassung so eingehende, daß sie zur Beantwortung der in dieser Schrift aufgeworfenen Fragen im allgemeinen ausreichten.

Um den Umfang der vorliegenden Studie nicht allzusehr anschwellen zu lassen, hat der Verfasser die beiden großen Abschnitte über Technik und Stil der Arcadia, die den Schluß bilden sollten, von dem Vorangehenden getrennt. Ihre Resultate werden an anderer Stelle und in anderem Zusammenhange vorgeführt werden. Trotz dieser Kürzung dürfte aber eine Studie von diesem Umfang über Sidneys Arcadia noch immer eines Wortes der Rechtfertigung bedürfen. In der Hauptsache wird diese gegeben durch die nachfolgende Untersuchung, die zu beweisen sucht, daß die Arcadia ähnlich wie Spensers Feenkönigin den wohlerwogenen Versuch eines der größten Geister der englischen Renaissance darstellt, im Wetteifer mit Homer, Vergil und Ariost seiner Nation ein großes episches Kunstwerk zu schenken, das hinter dem Schleier romanhafter Begebenheiten eine Fülle von Lehren über Politik, Moral, Ehre, Freundschaft, Liebe, Philosophie, Religion, Schönheit, Kunst, Metrik, Rhetorik und vieles andere vermitteln sollte.

Im Zeitalter der Elisabeth haben sich vor der edlen und heroischen Persönlichkeit Sidneys in gleicher Weise die Geister aller Richtungen gebeugt. In späterer Zeit, wo der bisweilen abstruse Inhalt des Romans und die überlebte Rhetorik der Renaissance die ruhige Würdigung von Absicht und Ausführung der Ziele des Dichters hinderten, ist der Kampf um den sittlichen und künstlerischen Wert der Arcadia nicht wieder zur Ruhe gekommen. Milton und Horace Walpole haben sie verurteilt, Hazlitt hat sie als eines der größten Denkmäler des Mißbrauchs geistiger Kraft bezeichnet; umgekehrt sind ihr eifrige Fürsprecher erstanden in Schriftstellern wie Hallam und Nathanael Drake. Dem Verfasser der vorliegenden Studie ist mit der fortschreitenden Vertiefung in den Gegenstand die Arcadia zu einer immer reicheren Quelle von Anregung geworden. Wohl ist er sich bewußt, daß für den heutigen Leser das Durchdringen bis zum letzten Gehalt der Arcadia keine leichte Aufgabe ist; daß aber gleichwohl die Vertiefung in den Geist der Arcadia auch heute noch ihren Lohn in sich trägt, das scheinen ihm die Worte zu bestätigen, die einer der letzten großen heroischen Dichter Englands, Swinburne, nach der Lektüre der Arcadia niederschrieb:

If death and not life were the portal
That opens on life at the last,
If the spirit of Sidney were mortal
And the past of it utterly past,
Fear stronger thon honour was ever,
Forgetfulness mightier than fame,
Faith knows not, if England should never
Subside into shame.

. . . .

The sunset that sunrise will follow
Is less than the dream of a dream;
The starshine on height and on hollow
Sheds promise that dawn shall redeem:
The night if the daytime would hide it,
Shows lovelier, aflame and afar,
Thy soul and thy Stella's beside it,
A star by a star.

Freiburg i. B., 8. Februar 1918.

Inhalt.

I. Die Textüberlieferung.

Jede Erörterung über Sidneys Arcadia hat von der Tatsache auszugehen, daß uns der Text des Romans in zwei völlig verschiedenen Fassungen erhalten ist, einmal einer ursprünglichen und vollständigen, zum andern einer vom Dichter selbst völlig umgearbeiteten, aber nicht vollendeten. Keine von beiden Fassungen erschien zu Lebzeiten des Dichters im Druck. Während Sidney die erste Fassung sicherlich ohne die Absicht einer Veröffentlichung niederschrieb[1], könnte es bei der zweiten fraglich erscheinen, ob er sie im Falle der Vollendung nicht dem Publikum zugänglich gemacht hätte. Dafür scheint auf den ersten Blick zu sprechen, daß Sidneys Freund Fulke Greville, der mit seinen Absichten bezüglich der Arcadia genau vertraut war und das einzige Ms. der umgearbeiteten Fassung in Verwahrung hatte, nichts gegen eine Drucklegung einzuwenden hatte. Als nämlich die Frage bald nach Sidneys Tode, noch im Jahre 1586, akut wurde, teilte er Sidneys Schwiegervater Walsingham in einem Briefe mit, daß der Text der revidierten Fassung im Falle einer Drucklegung nach einer von Sidney selbst hinterlassenen Anweisung gebessert werden müsse[2]. Auf der anderen Seite betont aber Greville in seiner Biographie Sidneys zu verschiedenen Malen[3] so nach-

---

[1] Vgl. unten S. 23.

[2] Nachdem er erwähnt hat, daß die zweite Fassung für den Druck geeigneter sei als die erste, fährt er fort: Notwithstanding even that [i. e. die zweite Fassung] to be amended by a direction set down under his own hand, how and why: so as in many respects, especially the care of printing of it, it is to be done with more deliberation (Abgedruckt bei Arber, An English Garner I 488).

[3] Vgl. Sir Fulke Greville's Life of Sir Philip Sidney with an Introduction by Nowell Smith, London 1907, S. 11, 17.

drücklich, daß Sidney die Arcadia zum Vergnügen für seine Freunde und nicht als Denkmal für die Nachwelt geschrieben habe, daß wir kaum daran zweifeln können, daß auch die revidierte Fassung nicht für ein größeres Publikum bestimmt war. Die Ursache des Schreibens an Walsingham und der daran sich anschließenden Drucklegung war eine mündliche Mitteilung des Verlegers Ponsonby gewesen, daß jemand im Begriff sei, die erste Fassung zu drucken; gleichzeitig hatte Ponsonby gefragt, ob dieser Druck mit der Zustimmung Walsinghams oder eines der anderen Freunde geschehe, und auf die verneinende Auskunft hin angeregt, daß man den Erzbischof warnen, d. h. den Druck verhindern müsse. War somit Greville das Hindernis, an dem die Drucklegung der ersten Fassung scheiterte, so verdankt ohne Zweifel ihm allein die Welt die Existenz und die Drucklegung der zweiten. Einmal ist er es gewesen, der die von Sidney auf dem Totenbette angeordnete Verbrennung des Ms. verhinderte. Das wird bewiesen durch eine Äußerung in seiner Biographie Sidneys[1], die meines Wissens bisher nicht beachtet worden ist: *So that however I liked them* [i. e. die Gestalten der Arcadia] *too well (even in that unperfected shape they were) to condescend that such delicate (though inferior) Pictures of himselfe, should be suppressed.* Zum Überfluß wird er auch noch im Jahre 1603 von dem Schriftsteller Thomas Wilson in der Widmung zur Übersetzung von Montemayors Diana[2] ausdrücklich als der bezeichnet, dem die Welt das Erscheinen der Arcadia verdankt. Nur von ihm, dem alleinigen Besitzer des einzigen Ms., konnte Ponsonby den Text für seine Ausgabe vom Jahre 1590 empfangen. Diese Quarto-Ausgabe von 1590[3]

[1] Vgl. Greville a. o. O. S. 223.

[2] . . . Sir Philip's Arcadia, which by your noble vertue the world so hapily enjoyes (Ms. Add. 16, 638).

[3] Zur Bibliographie der Drucke vgl. die Einleitung von O. Sommer in seiner Faksimileausgabe der Quarto von 1590 (London 1891). Die Quarto ist im folgenden zitiert nach der Ausgabe von Feuillerat in den Cambridge English Classics (1912) = F.

zeigt deutlich die Spuren der Herausgebertätigkeit Grevilles, der seinen Namen zwar nicht nennt, aber unschwer hinter dem *over-seer of the print*[1] zu erkennen ist. Wie das knappe Geleitwort berichtet, das von dem over-seer oder dem Verleger herrührt, ist der erstere verantwortlich für die Einteilung der Bücher in Kapitel mit Überschriften, eine Einteilung, die Sidney nicht selbst vorgenommen, aber vielleicht in der von ihm hinterlassenen Anweisung empfohlen hatte, und ebenso für die Übernahme der Eklogen, deren Auswahl und Verteilung sich Sidney bis zur Vollendung seines Werkes vorbehalten hatte. Daß Greville diese Aufgaben jemand anderem überlassen hätte, ist ausgeschlossen bei seiner Pietät gegenüber dem Andenken seines Freundes, bei der hohen Wertschätzung, die er der Arcadia beimaß[2], und endlich bei den Anweisungen, die er in dem Briefe an Walsingham über die Sorgfalt gibt, mit der eine Drucklegung vor sich zu gehen habe. Zudem verraten die überaus sorgfältig entworfenen, inhaltsreichen Kapitelüberschriften einen Verfasser von humanistischer Bildung, der sich völlig in Inhalt und Geist der Arcadia eingelebt hatte und über einen Stil verfügt, der ähnlich wie der Stil Sidneys in Antithese, Alliteration und Wortwiederholungen schwelgt[3]; dazu kommt noch der Gebrauch seltener Worte und kühner Wortbildungen[4], durch die Greville ähnlich wie Sidney sich auch sonst auszeichnet. Auf die Rechnung dieses over-seer

---

[1] In der damaligen Bedeutung identisch mit censor, reviser, editor (vgl. NED unter 3).

[2] Vgl. unten S. 47 ff.

[3] Ein gutes Beispiel ist etwa die Überschrift von Buch 2, Kap. 29 oder Buch 3, Kap. 23.

[4] Z. B. enterknowledge (F 38), crosse-parting (F 105), crossemariage (F 182), naturalized (im Sinne von analysed F 195), hardchoice (F 232), surcuidrie (F 262), omniregencie (F 277), parti-love (F 277), dogtrick (F 289), thought-sicke (F 295), deaths-doome (F 295, 394), Love-devining (F 394), sorrow-sounding (F 418), adoubements (F 428), counter-counsell (F 464). Besondere Beachtung verdient, daß der Ausdruck Sinon-like (F 319, Überschrift von Buch II, Kap. 27) wiederkehrt in Greville's Life of Sir Philip Sidney, a. a. O. S. 122.

dürfen wir weiter die dem Text vorangestellte Widmung Sidneys an seine Schwester, die Gräfin Pembroke, setzen, die sicherlich nicht zu dem unvollendeten, Greville anvertrauten Text der zweiten Fassung gehörte, sondern zur ersten: läßt doch der ganze Inhalt des Widmungsbriefes nur den Schluß zu, daß es sich um ein abgeschlossenes Werk handelt. Auf Grund der Angabe in der Widmung, daß die Arcadia ihre Entstehung allein der Schwester verdanke, gab endlich Greville ihr zu Ehren dem Werke den Titel, unter dem es bis heute immer wieder gedruckt und zitiert worden ist, *The Countesse of Pembrokes Arcadia, written by Sir Philippe Sidnei.*

Um so überraschender wirkt, wenn drei Jahre später, 1593, eine Folioausgabe in dem gleichen Verlage von Ponsonby erscheint, die nicht von Greville, sondern von der Schwester des Dichters veranstaltet wurde und in einem gewissen, offen zugegebenen Gegensatz zu der ersten Ausgabe steht. Teilt doch der uns unbekannte Herausgeber, der sich unter den Initialen H. S. verbirgt[1], in dem Vorwort an den Leser mit, daß das entstellte Aussehen (The disfigured face) der ersten Ausgabe die Gräfin, zu deren Ehren das Werk entworfen und deren Schutz es anvertraut gewesen sei, bewogen habe, *to take in hand the wiping away those spottes wherewith the beauties therof were unworthely blemished.* Diese Worte lassen kaum eine andere Deutung zu, als daß die Gräfin die Veröffentlichung der unvollendeten Ausgabe durch Greville misbilligte, zum mindesten die Art der Herausgabe; selbst bei mildester Auslegung bedeuten sie einen ungerechtfertigten Vorwurf dem Manne gegenüber, über dessen Verdienst bei der Erhaltung der revidierten Fassung die Gräfin nicht im Unklaren sein konnte. Wie eifersüchtig die Gräfin über der Hinterlassenschaft ihres

---

[1] Bisweilen identifiziert mit Henry Salisbury, für den nicht der geringste Umstand spricht. Eher käme in Betracht Sir Henry Sidney of Walsingham (1553—1612), dessen Mutter eine Schwester von Walsingham war (vgl. Sonnets and Songs of Sir Philip Sidney ed. by Philip Sidney, F. R. Hist. S., 1900, S. 140 ff.).

Bruders wachte, hatte sie bereits im Jahre 1591 durch ihr Vorgehen gegenüber der ersten Ausgabe von *Astrophel and Stella* bei Th. Newman bewiesen; weil diese ohne ihre Einwilligung erschienen war, hatte sie sich an die Königin und Burleigh gewandt und die Beschlagnahme der Ausgabe durchgesetzt. Ob im Falle der Arcadia ein Gefühl von Eifersucht gegenüber Greville im Spiele war, wissen wir nicht; in diesem Falle würde die Gräfin aber vermutlich für ihre Veröffentlichung die erste und nicht die zweite Fassung gewählt haben. Die Änderungen gegenüber dem ersten Druck, die nach den Worten ihres Gewährsmannes *most by her doing, all by her directing* vorgenommen wurden, bestehen darin, daß der Text der zweiten Fassung in ursprünglicher Form erscheint, ohne Kapiteleinteilung und Überschriften, daß an einer Reihe von Stellen der Ausdruck gebessert ist[1], daß die Widmung fehlt und endlich die Eklogen anders verteilt sind; dazu kommt als einschneidende Neuerung der Versuch, eine nach Möglichkeit vollständige Ausgabe des Romans dadurch herzustellen, daß an den unvollendeten Text der revidierten Fassung, der bis in die Mitte des dritten Buches reichte, die fehlenden zweiundeinhalb Bücher nach einem Ms. der ersten Fassung angefügt sind[2]. Wie ein Vergleich dieses zweiten Teils mit den uns erhaltenen Mss. lehrt, beschränkte sich die Tätigkeit der Herausgeber wiederum auf die Neuordnung der Eklogen, die gelegentliche Besserung eines Ausdruckes und endlich die Unterdrückung einiger anstößig scheinender Stellen[3].

Bei unseren weiteren Erörterungen über die Arcadia werden wir uns für die ersten zweieinhalb Bücher im großen und ganzen lediglich mit der revidierten Fassung zu be-

---

[1] Vgl. die von Feuillerat am Schluß seiner Ausgabe mitgeteilten Varianten.

[2] Diese zweieinhalb Bücher nach dem Text der ersten Fassung sind im folgenden zitiert nach der Ausgabe von Ernest A. Baker (London, Routledge and Sons, 1907) = **B.**

[3] Vgl. Bertram Dobell, New Light on Sidney's Arcadia, Quarterly Review, July 1909 (vol. 211), S. 74 ff.

schäftigen haben, die der künstlerischen Ausführung nach der ersten weit überlegen ist und die sichere Handhabung aller der Mittel aufweist, mit denen der Dichter sich in der ersten noch nicht voll herauswagt. Da sie die einzige ist, die durch den Druck einem größeren Publikum zugänglich wurde, ist von ihr allein auch die dauernde Wirkung ausgegangen. Trotzdessen darf nicht verkannt werden, daß auch die erste Fassung in vieler Hinsicht unsere Aufmerksamkeit verdient. Einmal repräsentiert sie den einzig vollständigen Text, da die revidierte Fassung unvollendet blieb und durch die Ergänzung aus der ersten Fassung nicht zu einem organischen Ganzen geworden ist, und auch nicht werden konnte; weiter lassen sich nur durch Zurückgehen auf die erste Fassung eine Reihe von Unklarheiten und Widersprüchen in der revidierten erklären; endlich geht der nicht gering anzuschlagende Einfluß, den die Arcadia bis zum Jahre 1590 auf die Zeitgenossen ausübte, von der ersten Fassung aus, die nach Grevilles Zeugnis sehr verbreitet war. Während von der revidierten Fassung nach Grevilles Aussage[1] nur das Originalmanuskript vorhanden war, das Sidney bei der Abreise nach den Niederlanden Greville in Verwahrung gab, müssen von der ersten Fassung eine Menge Abschriften im Umlauf gewesen sein; das wird am besten dadurch bewiesen, daß nicht weniger als drei auf uns gekommen sind. Der Text dieser Mss. ist vermutlich indentisch mit der ursprünglichen Niederschrift Sidneys; nur die eingeschobenen Eklogen repräsentieren nicht die früheste Fassung, da der Dichter an ihnen dauernd Veränderungen und Hinzufügungen vornahm[2].

Bevor wir die einzelnen Anregungen ins Auge fassen, denen Sidney bei der Abfassung der Arcadia folgte, müssen wir einen Augenblick die erste Fassung (I) mit der zweiten (II) vergleichen. Wie schon ausgeführt wurde, ist der letzte Teil, von der Mitte des dritten Buches bis zum

[1] Vgl. den oben zitierten Brief Grevilles an Walsingham.

[2] Vgl. Abschnitt IX „Die Eklogen der Arcadia“

Schluß beiden gemeinsam oder entstammt, richtiger gesagt, I, da II nicht weiter als bis zur Mitte des dritten Buches gelangt ist. Rein äußerlich betrachtet unterscheiden sich beide am stärksten dadurch, daß I bedeutend kürzer ist, indem das ganze Episodenwerk fehlt, das in II durch seine Fülle den eigentlichen Faden der Handlung erdrückt; nicht minder wichtig ist, daß in I die Ereignisse einfach der Reihe nach berichtet werden, während in II durch die indirekte Erzählertechnik das zeitlich Vorangehende erst allmählich durch den Mund der Figuren nachgetragen wird. Während also alles in allem I eine Fabel von durchsichtiger Geometrie aufweist, gleicht II einem Irrgarten, in dem der Leser sich nur mit Mühe zurecht findet. Um nur ein Beispiel anzuführen: Der Orakelspruch, mit dem die Erzählung in I anhebt, wird in II erst am Ende des zweiten Buches von Basilius einem andern mitgeteilt (F 327). Ein ebenso auffallender Unterschied liegt vor, wenn in I ein Teil der Vorgeschichte und eine Reihe von Episoden in den poetischen Eklogen zu Schluß der Bücher erzählt werden und dadurch das Raumverhältnis von Text und Eklogen ein ganz anderes ist als in II. Während in II die Eklogen innerhalb des Ganzen nur einen geringen Raum einnehmen, beanspruchen sie in I fast ein Viertel des Inhalts; doch kehrt der Stoff von I, von Text wie Eklogen, bis auf wenige Einzelheiten in II wieder, wenn auch stark vermehrt und stark verändert in Form und Anordnung.

Da die Mss. von I sich noch immer in Privatbesitz befinden, mithin der Text von I nicht allgemein zugänglich ist, sei hier kurz mitgeteilt, wie sich in I der Verlauf der Ereignisse abspielt, vor allem worin er sich von dem Verlauf der Ereignisse in II unterscheidet. Um die räumliche Verteilung des Stoffes besser kenntlich zu machen, führe ich die Seitenzahlen des Ashburnham-Ms. (fol. 1—216) an[1].

---

[1] Sämtlichen Angaben liegt zugrunde der Bericht von Dobell a. a. O. und von S. L. Wolff in seiner Schrift *The Greek Romances in Elizabethan Prose Fiction* (New York 1912) S. 345 ff., 470 ff.

Das erste Buch (fol. 1—27 b) beginnt mit der Beschreibung des Landes Arcadia, das unter der Herrschaft des Herzogs[1] Basilius steht. Er geht nach Delphos, um das Orakel zu befragen und erhält zur Antwort einen Spruch, der scheinbar Unheil verkündet (fol. 2 b).

Darüber beunruhigt wendet sich Basilius an seinen Freund und Ratgeber Philanax, der in einer langen Rede[2] (fol. 3—4) ihm guten Rat erteilt. Basilius schlägt ihn in den Wind und überläßt aus Furcht vor dem Spruch sein Reich der Obhut von Philanax; er selbst zieht sich mit seiner Frau Gynecia und seiner Tochter Philoclea in ein Landhaus zurück und übergibt seine Tochter Pamela der Obhut des Schäferpaares Dametas und Miso.

Nachdem so das arkadische Herrscherpaar und die beiden Heldinnen eingeführt sind, folgt der Bericht über Euarchus, den König von Makedonien und über seinen Krieg mit den Königen von Thracien, Pannonien und Epirus, die in sein Königreich eingefallen sind[3]. Er schickt seinen sechsjährigen Sohn Pyrocles zu seiner Schwester, der verwittweten Herrscherin von Thessalien, wo er mit deren Sohn Musidorus zusammen aufgezogen wird. Als die Knaben herangewachsen sind, schickt Euarchus, der inzwischen Byzanz erobert hat, nach seinem Sohn und Neffen (fol. 5). Die beiden Freunde erleiden aber auf ihrer Reise zu ihm Schiffbruch an der Küste von Lydien, ziehen dann während des nächsten Jahres durch Kleinasien, Syrien und Egypten nach Griechenland, wobei sie die größten Heldentaten verrichten, und besuchen schließlich auf dem Wege nach Makedonien auch das berühmte Arkadien. Sie schlagen ihr Quartier in Mantinea, in der Nähe von Basilius' Wohnort, in dem Hause eines Edelmanns auf, wo Pyrocles ein Bild erblickt, das den Herzog, die Herzogin und Philoclea darstellt, und sich sofort in das Bild der letzteren verliebt. Pyrocles beginnt jetzt in der Umgegend herumzustreifen, um Philoclea zu Gesicht zu be-

[1] In II: König.
[2] In II: Brief.
[3] In II im 2. Buche (F 184 ff.).

kommen; Musidorus begleitet ihn, zunächst ohne zu wissen warum, bekommt die ländliche Einsamkeit auf die Dauer satt und macht dem Freunde Vorhaltungen, die zu einer langen Unterhaltung über Vorzüge und Nachteile der Einsamkeit führen. Schließlich beichtet Pyrocles seine Liebe zu Philoclea (fol. 8 b) und seinen Entschluß, sich, um sich der Geliebten nähern zu können, als Amazone zu verkleiden, die in der Welt herumziehe, um ritterliche Taten zu vollführen und sich einen würdigen Gatten zu suchen. Nachdem Musidorus ihm zunächst abgeredet hat, sagt er ihm schließlich seine Hilfe zu; Pyrocles verkleidet sich als Amazone *Cleophila*[1], wobei seine Gewandung beschrieben wird (fol. 13)[2].

Durch ein Lied von Cleophila erwacht der in der Nähe schlafende Dametas und beginnt sie aus Zorn über die Störung zu schlagen. Cleophila zieht sofort ihr Schwert und schüchtert den Feigling so ein, daß er zum Herzog rennt, um sich über das Benehmen der Amazone zu beklagen. Sie wird zu Basilius gebracht, der sie zur Rede stellen will, sich aber sofort in sie verliebt (fol. 17). Er schickt nach seiner Frau und seinen Töchtern und ersucht sie, Cleophila aufzufordern, daß sie ihre Gastfreundschaft annehmen und bei ihnen bleiben möge. Musidorus, der ungesehen allem beigewohnt hat, verliebt sich in Pamela und ersinnt nun gleichfalls einen Plan, um sich zu der Geliebten Zutritt zu verschaffen. Er überredet einen der Schäfer, die an den regelmäßigen poetischen Wettkämpfen zum Vergnügen des Herzogs teilnehmen, die Gewänder mit ihm zu tauschen, damit er an dem nächsten Wettkampfe teilnehmen könne, und bittet Dametas, ihn als Schäfer in seine Dienste zu nehmen, was dieser auch in Hoffnung auf Gewinn gewährt. Es folgt ein Gespräch zwischen den beiden verkleideten Freunden, wobei Pyrocles-Cleophila den Freund, der ihn früher wegen seiner Liebe verspottet hat, mit

[1] In II: Zelmane.

[2] In II stößt Musidorus unerwartet auf die Amazone, in der er seinen Freund Pyrocles entdeckt (F 75 ff.).

gleicher Münze heimzahlt, ihm aber auch jeden Beistand verspricht. Gynecia durchschaut die Verkleidung der Cleophila und beginnt sich in sie zu verlieben; auch Philoclea bemerkt, daß ihre Gefühle für Cleophila sich von denen unterscheiden, die sie sonst für Angehörige ihres eigenen Geschlechtes hat. Während die Schäfer sich zum Schluß des Buches zu einem ihrer poetischen Wettkämpfe versammeln, erscheinen plötzlich ein Löwe und ein Bär (fol. 23), die sich auf die Schwestern stürzen, aber von den beiden Freunden erlegt werden[1].

In der ersten Ekloge (fol. 28—43) erzählt unter anderem der Schäfer Histor die Geschichte von Erona so, wie sie der iberische Edelmann Plangus dem weisen Schäfer Boulon vorgeklagt hat (fol. 33): Erona, die Tochter eines Königs von Lidia, will nach dem Tode ihres Vaters Antiphilus heiraten, aber König Otanes, der sie für sich selbst wünscht, zieht mit Heeresmacht heran und belagert sie trotz der Beschwichtigungsversuche seiner Schwester Artaxia, die das Heer begleitet. Zur rechten Zeit landen Pyrocles und Musidorus in Lidia (fol. 34), befreien Erona, töten Otanes und erlösen Antiphilus. Artaxia ist untröstlich über den Verlust ihres Bruders. Antiphilus macht ihr Anträge, wird aber in einem Hinterhalt gefangen und getötet. Erona wird eingesperrt und soll auf dem Scheiterhaufen verbrannt werden, wenn sie nicht innerhalb von zwei Jahren durch Pyrocles und Musidorus befreit wird. Plangus sucht diese Befreiung ins Werk zu setzen.

Zweites Buch (fol. 43 b—66). Obwohl Philoclea und und Pamela von ihren Hütern streng bewacht werden, gelingt es schließlich den beiden Liebhabern, ihnen ihre Leidenschaft zu erklären und sie mit ihrem wirklichen Stand bekannt zu machen. Philoclea ist hocherfreut über die Entdeckung, daß Cleophila ein Mann ist und völlig bereit, mit ihm zu fliehen. Pamela zeigt nicht so viel guten Willen als ihre Schwester, zunächst wegen des anscheinend

[1] In II wird das Erscheinen des Löwen und des Bären auf eine Intrigue der Königin Cecropia zurückgeführt.

niederen Standes ihres Liebhabers und später, weil sie einiges Bedenken hat, ob er wirklich ist, was er zu sein vorgibt; aber auch sie willigt schließlich in die Flucht ein. An diesem Punkt wird eine Wendung herbeigeführt durch den Aufstand eines Teils der Untertanen des Basilius, welche Cleophila (Pyrocles), Gynecia und Philoclea angreifen, als sie nach dem Gartenhaus des Basilius zurückkehren; nur infolge der Tapferkeit des Pyrocles vermögen sie dieses zu erreichen. Hier schließen sich ihnen Musidorus, Philisides und andere Hirten an, die aber zu wenig zahlreich sind, um die Angreifer abschlagen zu können. Die Aufständischen sind im Begriff, Feuer an das Gartenhaus zu legen, als Pyrocles einen letzten Rettungsversuch unternimmt, vortritt und eine Ansprache an sie richtet. Durch seine Beredsamkeit werden die Aufständischen umgestimmt und neigen sich nun mit Ausnahme einiger Haupträdelsführer ebenso sehr dem Herzog zu als sie früher sich gegen ihn gewandt hatten. So wird der Aufstand unterdrückt und die Rebellen kehren mit Ausnahme einiger weniger, die *outlaws* werden, zu ihren gewöhnlichen Beschäftigungen zurück.

In der zweiten Ekloge (fol. 66 b—82) singt unter anderem (fol. 72—74 b) Histor die Klage, die er Plangus dem Boulon vorsingen hörte: *Alas how long this pilgrimage dothe last.* Weiter erzählt Histor der Pamela die Abenteuer, welche die beiden Prinzen erlebten, nachdem sie Erona verlassen haben. Vermittelst eines Drachen erhebt ein Riese in Paphlagonia einen Tribut, der aus Mädchen und jungen Männern besteht. Pyrocles und Musidorus bieten sich selbst als Opfer an und töten sowohl den Drachen wie den Riesen (fol. 75 b). Alsdann schlichten sie den Streit zweier Brüder um den Thron von Syria und veranlassen den einen Bruder, die Erbin von Paphlagonia zu heiraten. Danach sucht die Herrscherin von Palestina, Andromana, bei ihnen Hilfe gegen einen arabischen Fürsten und fällt dabei in Liebe zu Pyrocles und Musidorus (fol. 76 b). Sie kerkert sie ein, aber als der arabische Fürst im Begriff ist, das Land zu erobern, erlöst das Volk die beiden. Später heiratet Andromana einen Apfelhändler. Die Prinzen gehen nach Egypten und erretten nahe der Stadt Memphis Thermuthis aus den Händen von Schurken, die ihn ermorden wollen. Er ist Diener des Fürsten Amasis von Egypten und erzählt dessen Geschichte: Amasis, Sohn und Erbe von Sesostris, König von Egypten, ist mit Artaxia verlobt, wird aber von seiner jungen Stiefmutter umworben, die ihn nach einer Zurückweisung zu hassen beginnt (fol. 77 b) und seinen Untergang plant. Sie stellt sich in Thermuthis, den Diener des Amasis, verliebt, verführt ihn und verklagt dann Amasis bei seinem Vater, ihre Keuschheit versucht zu haben. Weiter heißt sie Thermuthis sich als seinen Herrn verkleiden und zur Ermordung des Königs bereit sein. Als sie ihn ergreifen lassen will, flieht er, wird verfolgt (fol. 78) und, wie oben erwähnt, von Pyrocles und Musidorus aufgefunden. Amasis wird inzwischen auf Befehl seines Vaters in einem Schiff auf das Rote Meer ausgesetzt. Pyrocles und Musidorus befreien ihn und veranlassen Thermuthis, seine Geschichte dem Sesostris zu erzählen, der darauf Amasis wieder in seine Gunst aufnimmt. Die schuldige Stiefmutter tötet sich selbst. — Basilius unterbricht Histors Lobpreisungen von Pyrocles und Musidorus (fol. 79 b) aus Furcht, daß Cleophila dadurch in Liebe zu Pyrocles fallen könne, und fordert Philisides zum Singen auf.

Drittes Buch (fol. 82 b—121)[1]. Bevor Musidorus eine Gelegenheit zu finden vermag, um mit Pamela zu flüchten, muß er ihre Wächter Dametas, Miso und Mopsa für eine Zeitlang aus dem Wege schaffen. Indem er ihre verschiedenartigen Leidenschaften, Habsucht, Eifersucht und Heiratslust sich zunutze macht, gelingt es ihm, sie auf verschiedene schlau ersonnene Aufträge auszusenden; während-

[1] Obwohl der zweite Teil des dritten Buches sowie das 4. und 5. so gut wie unverändert in die gedruckten Ausgaben übernommen wurden, geben wir hier die Hauptpunkte des Inhalts mit den geringen Abweichungen nach dem Text der Mss. wieder, um ein einheitliches, auch die Raumverteilung veranschaulichendes Bild der ganzen ersten Fassung vor Augen zu führen.

dessen flüchtet er mit seiner Geliebten, nachdem er ihr geschworen hat, ihre Keuschheit bis zur Stunde der rechtmäßigen Heirat zu schonen. Pyrocles, der zugleich von Basilius und Gynecia umworben wird, gelingt es inzwischen, indem er jedem von ihnen ein Stelldichein in einer Höhle verspricht, beide um Mitternacht dort zusammenzubringen, und Basilius wohnt seiner eigenen Frau bei, während er glaubt Cleophila zu umarmen; erst am folgenden Morgen bemerkt er zu seiner Bestürzung seinen Irrtum. Gynecia hat für Pyrocles einen Trank zur Höhle mitgebracht, den sie für einen Liebestrank hält; als am nächsten Morgen der durstige Basilius ihn trotz ihrer Widerreden austrinkt, sinkt er anscheinend tot nieder. Inzwischen sucht Pyrocles Philoclea in ihrem Schlafzimmer auf, in der Hoffnung, sie in diesem günstigen Augenblicke zur Flucht überreden zu können, aber sie ist eifersüchtig auf ihn, weil sie bemerkt hat, daß er in letzter Zeit aufmerksamer gegen ihre Mutter als gegen sie selbst gewesen ist, und ist zu dem Schluß gekommen, daß er sie nicht mehr liebt. So empfängt sie ihn mit einem Strom von Vorwürfen, was zur Wirkung hat, daß er in Ohnmacht fällt.

Die dritte Ekloge (fol. 121—130 b) enthält keinerlei Erzählung.

Viertes Buch (fol. 131—166). Am frühen Morgen kommt Dametas, der jetzt die Flucht des Musidorus und der Pamela entdeckt hat, nach dem Gartenhaus, um Basilius davon zu unterrichten, und findet Pyrocles, der jetzt männliche Kleidung trägt, und Philoclea schlafend in dem Schlafzimmer der letzteren. Daraufhin wird Pyrocles gefangen genommen. Musidorus und Pamela sind zunächst entkommen. Während sie auf der Flucht ausruht, schaut er mit Bewunderung auf die Schlafende und die Leidenschaft überkommt ihn so, daß er im Begriffe ist, ihr nachzugeben und einen Angriff auf die Keuschheit der Geliebten zu unternehmen[1], als ein Dutzend roher Burschen kommen, die,

[1] Die Versuchung des Musidorus ist in den gedruckten Ausgaben getilgt.

mit den verschiedenartigsten Waffen ausgerüstet, wie Wilde aussehen, durch ihr Geschrei Pamela aufwecken und Musidorus zur Verteidigung zwingen. Die Flüchtlinge werden von den Rebellen gefangen genommen, die, in der Hoffnung durch die Gefangennahme der Liebenden bei Basilius Verzeihung zu erlangen, sie nach dem Gartenhaus bringen. Musidorus wird wie sein Freund Pyrocles ins Gefängnis geworfen.

Die vierte Ekloge (fol. 166 b—177 b) enthält keinerlei Erzählung, dagegen den autobiographisch gefärbten Bericht des Schäfers Philisides von seinem Mißgeschick[1].

Fünftes Buch (fol. 178—216). Gynecia, Pyrocles und Musidorus werden zur Aburteilung vor Euarchus, den König von Makedonien gebracht, der zufällig in Arcadia angelangt ist, um seinen alten Freund Basilius zu besuchen. Sie werden angeklagt, den Tod von Basilius verschuldet zu haben und werden alle drei in der Gerichtsverhandlung schuldig befunden. Gynecia wird dazu verurteilt, lebendig begraben, Pyrocles, von einem Turm herabgestürzt, Musidorus, enthauptet zu werden. Im letzten kritischen Augenblick erwacht Basilius von den Wirkungen des vermeintlichen Liebestrankes, der in Wirklichkeit nur ein starker Schlaftrunk war.

So sehr wir die Kunst bewundern müssen, mit der Sidney in II die Arcadia zu einem ganz neuen Werke umzugestalten verstand, so sind durch diese Umgestaltung doch eine ganze Reihe von groben Widersprüchen und Unwahrscheinlichkeiten in sie hineingekommen. Die Begründung und Rechtfertigung dieser Mängel von seiten des Dichters ist zumeist so schwach, daß wir wohl annehmen dürfen, das Meiste davon wäre auch bei der Fertigstellung von II ruhig stehen geblieben. Zu dieser Annahme sind wir um so mehr berechtigt, als schon in I der Dichter mit vollem Bewußtsein unwahrscheinliche Begebenheiten zuließ, nicht nur in der humoristischen Nebenhandlung, sondern auch bei entscheidenden Vorgängen. So wirkt es etwa

[1] Fehlt in den gedruckten Ausgaben. Vgl. Abschnitt XII „Die autobiographischen Züge".

völlig unglaubhaft, wenn der Baum, an dem Dametas sich aufhängen will, gerade derselbe ist, auf dem Mopsa sitzt, und schließlich wieder gerade bei diesem Baume Miso im kritischen Augenblicke zu Dametas und Mopsa stößt (B 524), oder wenn Dametas auf der Suche nach der verschwundenen Pamela in Philocleas Zimmer gelangt und hier diese und ihren Liebhaber Pyrocles schlafend antrifft, obwohl für beide das einzige Heil in der wohlvorbereiteten Flucht lag (B 503, 529); in dem zweiten Falle hatte der Dichter selbst offenbar die Empfindung, daß er der Gläubigkeit des Lesers zu viel zumute, und flicht deshalb zwei beschwichtigende Begründungen dieses Vorfalls ein, von denen die eine ihre Zuflucht zum vorherbestimmten Schicksal, die andere zu einer ganz unwahrscheinlichen Vorstellung nimmt[1]. Als unwahrscheinlich mutet es auch den Leser an, daß die gefangenen Prinzen in Unkenntnis darüber sind, daß Euarchus, der Vater des Pyrocles, ihr Richter ist. In II haben wir einen schreienden Widerspruch darin, daß Basilius mit seiner Familie sich zurückgezogen hat, damit keine männlichen Wesen, ausgenommen Hirten, seinen Töchtern vor Augen kämen, nun aber in den neu eingeführten Episoden gesellige Veranstaltungen in ihrer Gegenwart stattfinden. So erscheint etwa Phalanthus von Korinth, um vor Basilius und seiner Familie das große Turnier gegen die arkadischen Ritter abzuhalten (F 96 ff.). Auch hier ist sich Sidney des Widerspruchs völlig bewußt und sucht ihn, nicht sehr glücklich, mit der Erklärung zu überbrücken, daß Basilius trotz seiner Zurückgezogenheit mit diesem Schauspiel Zelmane eine Abwechslung habe verschaffen wollen (F 97). Voll Widersprüchen ist etwa auch die humoristische Episode vom Zweikampf der beiden Feiglinge Clinias und Dametas (F 428 ff.); so wirkt es einmal unglaubhaft, daß mitten zwischen den blutigen Kämpfen die Führer der beiden feindlichen

---

[1] Whether it were they were so divinely surprised, to bring this whole matter to the destined conclusion, or that the unresistable force of their sorrows had overthrown the wakeful use of their senses (B 529).

Parteien eine solche burleske Vorführung veranstalten, wie sie nur im Frieden der Höfe gedeiht, und zum andern steht das lächerliche Verhalten des Clinias während der Zweikampfepisode im Widerspruch zu der früheren Schilderung seines Charakters, wo er zwar auch keinen Mut zeigt, aber dafür, wie beim Aufstand gegen Basilius, Verschlagenheit und Unternehmungsgeist. Eine Fülle von Widersprüchen mußte endlich dadurch zustande kommen, daß lange Partien der Erzählung, die in I rein darstellend erzählt sind, in II einer Person in den Mund gelegt werden, die unmöglich all das Vorgebrachte wissen oder behalten konnte. In solchen Fällen ist die Begründung oft recht mangelhaft. So muß der Dichter, wenn er Kalander die Geschichte von der Heirat des Argalus und der Parthenia erzählen und eine pathetische Rede der letzteren wiedergeben läßt, seine Zuflucht dazu nehmen, Kalander die sehr unwahrscheinliche Erklärung abgeben zu lassen, er wisse die Worte von jemandem, der die Beiden im Gespräch überhört habe (F 36). Eine Ungereimtheit kommt etwa auch dadurch zustande, daß die Schilderung der Jugend und ersten Abenteuer der Freunde in II dem Musidorus zugeschoben und er dadurch gezwungen wird, sich selbst beständig zu rühmen (z. B. F 205 ff.).

II. Der Zeitpunkt der Entstehung der ersten Fassung (1577—78).

Die Entstehungszeit der Arcadia läßt sich trotz aller widerstreitenden Ansichten heute mit leidlicher Sicherheit bestimmen. Alles deutet auf die Zeit zwischen 1577 und 1578 oder spätestens 1579. Das wichtigste, bisher nicht genügend verwertete Zeugnis, ist der Bericht über Sidney, den Edward Molineux, der ehemalige Sekretär und Vertraute von Sidneys Vater für Stows Fortsetzung von Holinsheds Chronik lieferte. Stow versichert uns ausdrücklich, daß er an diesem Bericht von Molineux, den er unter dem Jahr von Sidneys Tod (1586) in seine Darstellung einschiebt, kein Wort geändert habe. Molineux, der mit allen Verhältnissen der Sidneys genau vertraut war, kann für seine Worte unbedingte Glaubwürdigkeit beanspruchen, da er seinen Bericht noch zu Lebzeiten von Philip Sidney einsandte, also annehmen mußte, daß er diesem selbst vor Augen kommen würde. Es ist sogar durchaus möglich, daß er den Bericht Sidney zur Begutachtung vorlegte. War er doch im Jahre 1578 wegen einer, wie sich später herausstellte, irrtümlich angenommenen Indiskretion von Sidney auf das heftigste zur Rede gestellt und bedroht worden[1]. Molineux verlegt die Entstehung der Arcadia in die Zeit nicht lange nach der Rückkehr Sidneys von seiner Gesandtschaft nach Deutschland und vor seine weitere Verwendung durch die Königin[2]. Aus einem Briefe Walsinghams an

[1] Vgl. Fox Bourne, A Memoir of Sir Philip Sidney, London 1862, S. 198.

[2] Not long after his returne from that iornie, and before his urther imploiment by hir maiestie, at his vacant & spare times of

Sidneys Vater geht nun hervor, daß Sidney kurz vor dem 10. Juni 1577 zurückgekehrt war[1], womit wir den terminus a quo hätten. Schwieriger ist die Bestimmung des terminus ad quem, einmal wegen der Vieldeutigkeit des Ausdruckes *Not long after his return*, der immerhin einen Zeitraum von ein oder zwei Jahren umfassen könnte, zum andern wegen der Ungewißheit, was Molineux unter dem *further imploiment* verstand.

Dieser Ausdruck *employment* kann nicht auf eine große politische Mission im Auftrag der Königin, wie die Gesandtschaft nach Deutschland, gedeutet werden, da Sidney in den nächsten Jahren zu nichts derartigem wieder verwendet wurde. Auch der Auftrag vom Jahre 1582, wo Sidney zusammen mit einigen anderen Vornehmen den in seine Heimat zurückkehrenden Anjou nach Antwerpen begleitete, kann schwerlich gemeint sein, da Sidney hierbei keinerlei besondere Rolle zufiel, ganz abgesehen davon, daß aus anderen, weiter unten erörterten Gründen ein so spätes Datum ausgeschlossen ist. So bleibt kaum etwas anderes

leisure (for he could indure at no time to be idle and void of action) he made his booke which he named *Arcadia*, a worke (though a meere fansie, toie and fiction) shewing such excellencie of spirit, gallant invention, varietie of matter and orderlie disposition, and couched in frame of such apt words without superfluitie, eloquent phrase, and fine conceipt, with interchange of deuise, so delightfull to the reader, and pleasant to the hearer, as nothing could be taken out to amend it, or added to it that would not impaire it, as few works of like subiect hath beene either of some more earnestlie sought, choislie kept, nor placed in better place, and amongest better iewels than that was; so that a speciall deere freend he should be that could have a sight, but much more deere that could once obteine a copie of it. Which his so happie & fortunat beginnings so amplie set out both his sufficiencie for the publike, and what he can doo in exercise privat, that manie mens eies are drawen into exceeding hope and expectation of his speedie further aduancement, which to the honor of himselfe and his house I dailie praie for, and most earnestlie wish him.

[1] Vgl. Collins, Sidney Papers (Letters and Memorials of State) S. 193.

übrig, als *imploiment by hir maiestie* als Verwendung bei Hofe überhaupt aufzufassen und damit käme bereits ein so früher Zeitpunkt wie der Herbst des Jahres 1577 in Betracht, wo Sidney wieder bei Hofe weilte; auf alle Fälle erhielt er im Jahre 1578 von der Königin ein Hofamt übertragen[1]. Eine große Rolle spielt bei der Entscheidung der ganzen Frage Sidneys Widmung zur ersten Fassung der Arcadia, wo er seiner Schwester, der Gräfin Pembroke, ins Gedächtnis zurückruft, wie er einen Teil des Werkes, das nur auf ihren Wunsch und um ihretwillen entstanden sei, in ihrer Gegenwart auf losen Blättern niedergeschrieben und den Rest ihr dann jeweilig aus der Ferne zugestellt habe[2]. Diese Stelle ist wohl immer mit Recht so gedeutet worden, daß Sidney die Arcadia in Wilton begann, wo seine Schwester verheiratet war. Nun wissen wir, daß Sidney nach seiner Rückkehr im Juni 1577 zunächst an den Hof ging, offenbar um Bericht zu erstatten, und dort bis in den Juli hinein weilte[3], dann aber für einige Zeit nach Wilton ging, wo er bis Anfang September blieb[4], so daß sein Aufenthalt dort etwa sechs Wochen betragen haben mag. Dieser Zeitraum aber würde völlig genügt haben, um einen Teil der Arcadia herzustellen, die in I weit weniger umfangreich ist als in II. Bisher hat man ohne rechten Grund angenommen, daß nur der Aufenthalt in Wilton vom Jahre 1580 in Betracht kommen könne, wo Sidney bei Hofe in Ungnade war, aber andere Erwägungen lassen diesen Zeitpunkt als zu spät erscheinen. Einmal spricht dagegen schon eine Anspielung auf die Arcadia in Thomas Howells Gedicht *Written to a most excellent Book full of rare invention,* das sich in seinen *Devises* vom Jahre 1581 findet und

---

[1] Vgl. Fox Bourne, A Memoir of Sir Philip Sidney S. 200 ff.

[2] Your deare selfe can best witnes the maner, being done in loose sheetes of paper, most of it in your presence, the rest, by sheetes, sent unto you, as fast as they were done (F 3).

[3] Vgl. Fox Bourne a. a. O. S. 161 ff.

[4] Fox Bourne a. a. O. S. 167. Die Belege für seine Anwesenheit in Wilton im August finden sich in den Sidney Papers I S. 209, 211.

nach der Angabe über den Inhalt des *Book* und seinen Verfasser nur auf die Arcadia bezogen werden kann[1]; geht doch auch aus der Widmung der *Devises* hervor, daß Howell damals im Dienste der Gräfin Pembroke, der Schwester Sidneys, stand und die Gedichte auf deren Landsitz Wilton niederschrieb, wodurch sich auch erklärt, wie ein verhältnismäßig wenig bekannter Schriftsteller wie Howell so früh Kenntnis von dem Inhalt der Arcadia erlangen konnte. Da in dem Gedichte ausdrücklich bemerkt wird, daß der jugendliche Verfasser sein *perfite worke* zu lange verborgen halte, müssen wir mit einem längeren Vorhandensein der Arcadia vor dem Jahre 1581 rechnen.

Diese verschiedenen Erwägungen würden allein schon es nahe legen, die Entstehung der Arcadia in die siebziger Jahre zurückzuverlegen. Dazu kommt aber noch, daß wir die Entstehung von II nach dem Zeugnis eines Briefes von Sidneys Freund Greville in die Jahre 1581—82 verlegen müssen.

In diesem, schon oben einmal herangezogenen Briefe aus dem Jahre 1586, der an Sir Francis Walsingham gerichtet ist, schreibt Greville, dem Sidney bei seiner Abreise nach den Niederlanden das unvollendete Ms. von II zur Aufbewahrung übergeben hatte, daß II vor vier oder fünf Jahren (d. h. 1581 oder 1582) entstanden sei[2]. Der Vergleich von II mit I zeigt nun, was künstlerische Reife anbetrifft, einen solchen Fortschritt, daß man sich schwerlich der Vorstellung entziehen kann, daß hier eine Entwicklung

[1] Poems ed. Grosart (1879) S. 204 ff.; Howell's Devises ed. W. Raleigh (1906) S. VIII ff. Vgl. auch Wolff a. a. O. S. 343.

[2] Sir, I am loth to renew his memory unto you, but yet in this I must presume; for I have sent my Lady, your doughter, at her request, a correction of that old one, done four or five years since [1582 oder 1581], which he left in trust with me: whereof there are no more copies; and [it is] fitter to be printed than the first which is so common. Notwithstanding even that to be amended by a directiou set down under his own hand, how and why: so as in many respects, especially the care of printing of it, it is to be done with more deliberation.

von Jahren dazwischen liegt. Auch nach der Art, wie der Dichter in der Vorrede von I seine unreife Jugend zur Entschuldigung heranzieht[1], wird den Leser geneigt machen, ein möglichst frühes Datum anzusetzen. Selbst der Inhalt des Romans ergibt einige Anhaltspunkte[2]. So scheint für eine frühe Abfassungszeit der Umstand zu sprechen, daß Sidney seinen Helden ein ganz bestimmtes, sehr jugendliches Alter zuweist; Pyrocles ist ungefähr 18 Jahre alt (F 10), Musidorus nicht über 21 Jahre (F 16). Weiter könnte man vielleicht zweifeln, ob der Dichter nach dem Jahre 1579, wo er bei Gelegenheit seines Streites mit dem Earl of Oxford diesem eine Herausforderung zum Zweikampf sandte, seinem Euarchus noch jene Worte in den Mund gelegt hätte, die den Zweikampf als barbarisch und töricht brandmarken (B 615); wichtiger aber ist die Wiederspieglung, die Sidneys Beziehungen zu Penelope Devereux in der Arcadia finden. In I findet die Liebe von Pyrocles zu Philoclea, unter der die Liebe des Dichters zu Penelope verborgen ist[3], trotz aller Hindernisse und Gefahren einen glücklichen Ausgang; nehmen wir dazu, daß in der zweiten, nach Penelopes Verheiratung mit Lord Rich (Frühjahr 1581) entstandenen Fassung der Dichter sich noch einmal in Amphialus dargestellt hat, der in seiner Liebe zu Philoclea nicht zum Ziele gelangt, so liegt die Vermutung gewiß nahe, daß I vor der Heirat entstanden sein muß. Den Zweifeln, die ihn damals schon wegen Erlangung der Geliebten bewegten, gab er in I Ausdruck in der Figur des Philisides[4], dessen

[1] In summe, a young head, not so well stayed as I would it were, (and shall be when God will) having many fancies begotten in it, if it had not ben in some way delivered, would have growen a monster, & more sorie might I be that they came in, then that they gat out.

[2] Für die Datierung des Romans kommt der Inhalt der Eklogen nicht in Betracht; wie wir noch sehen werden, sind die einzelnen Stücke zu ganz verschiedenen Zeiten entstanden und in die späteren Abschriften nachgetragen worden.

[3] Vgl. Abschnitt XII „Die autobiographischen Züge".

Vgl. Abschnitt XII „Die autobiographischen Züge".

Fall aber noch nicht als völlig aussichtslos erscheint, sondern am Schluß des Romans mit *the poor hopes of the poor Philisides in the pursuit of his affections* (B 630) wiedergegeben wird.

Da somit im Grunde genommen alles für eine frühe und nichts für eine späte Datierung spricht, werden wir die Niederschrift von I mit großer Wahrscheinlichkeit in das Jahr 1577, vielleicht noch mit Zuhilfenahme des nächsten Jahres, verlegen können.

Auf den ersten Blick scheint ja diese Rückdatierung der Arcadia auf die Jahre 1577—78 nicht viel zu bedeuten, in Wirklichkeit rückt aber dadurch Sidney wie sein Werk in eine neue Beleuchtung. Damit fällt die Entstehung der Arcadia aller Wahrscheinlichkeit nach vor Lylys Euphues und Spensers Schäferkalender, ist zum mindesten gleichzeitig mit diesen; damit gehört sie zu den ersten großen Kunstwerken, welche die Renaissance in englischer Sprache zeitigte, falls sie nicht das erste von ihnen überhaupt darstellt; damit steht endlich Sidneys Gestalt mit ebensoviel, wenn nicht mit mehr Recht als Lyly und Spenser am Eingang der neuen großen Aera der englischen Literatur.

III. Die Absichten des Dichters bei der Niederschrift.

Über die Absichten, die Sidney mit der Abfassung der Arcadia verband, haben wir als erstes Zeugnis das des Dichters selbst in der schon genannten Widmung an seine Schwester. Hier scheint Sidney sich nur ungern als Vater dieses Kindes zu bekennen und schiebt die ganze Verantwortung seiner Existenz der Schwester zu, auf deren Wunsch es erzeugt worden sei. Nur für sie selbst, höchstens noch für ihre ihm wohlgesinnten Freunde sei es angefertigt worden; für strengere Augen sei das Werk nicht geeignet *being but a trifle, and that triflinglie handled;* auch sei es nicht für die Öffentlichkeit bestimmt[1]. Diese Worte haben zu der weit verbreiteten Ansicht geführt, daß die Arcadia bloß als ein Kind der Laune und des Augenblicks anzusehen sei, und mancherlei scheint zunächst auch diese Annahme zu stützen. So ist von vornherein als gesichert anzusehen, daß Sidney bei der Abfassung der Arcadia wirklich sich an seine Schwester und ihre Freunde oder richtiger Freundinnen, wandte. Einmal lehrt uns das die im Text von I sich fortwährend wiederholende Anrede des Autors an die *fair ladies,* die er in II sorgsam getilgt hat, zum andern ist die Rücksicht auf ein weibliches Leserpublikum auch aus der Art der Galanterie zu erkennen, so etwa daran, daß mit Vorliebe Beiworte wie *sweet, faultless* oder *matchless* für Vertreterinnen des weiblichen Geschlechts gebraucht werden, und vielleicht auch aus der Art, wie die Heldinnen, Philoclea und Pamela, verherrlicht und von ihren Liebhabern wie Heilige angebetet und verehrt werden;

[1] But his chiefe safetie, shalbe the not walking abroad (F 3).

immer wieder wird betont, wie sie als Muster der Tugend ohne jeden Makel dastehen; die Liebe, die der Autor auf ihre Schilderung verwendet, wirkt noch heute so gut wie die Schmeichelei gegen die Geliebte, die wir in den petrarchistisch gefärbten Sonetten der Zeit finden, auf den Leser als Kompliment für das weibliche Geschlecht überhaupt. Aber auf der andern Seite ist zu bemerken, daß es ein geistig höherstehendes und kritischeres — wenn auch einseitig klassizistisch orientiertes — Publikum als Lady Pembroke und ihren Kreis, zu dem Männer wie Spenser, Fraunce, Harvey und Howell gehörten, damals kaum gab, und daß es nichts Auffälliges an sich hat, wenn der Dichter diesen Kritikern gegenüber, die alles an dem Maßstabe der großen antiken Schriftsteller maßen, sein Werk als *trifle* bezeichnet. Ebensowenig hat es etwas auf sich, wenn selbst ein so eifriger Bewunderer Sidneys und der Arcadia wie Molineux in dem oben zitierten Briefe den Roman mit *a meere fansie, toie and fiction* bezeichnet, denn einmal hat Molineux vielleicht die Vorrede gekannt und würde dann mit seinen Worten nur deren Inhalt wiederzugeben suchen, zum andern widerlegt er sich selbst durch das große Lob, das er im folgenden der Arcadia spendet; noch näher liegt es, zu glauben daß er sich dieser scheinbar herabsetzenden Ausdrücke für die Arcadia nur deshalb bedient, weil er die literarische Tätigkeit Sidneys als unwesentlich neben seiner eigentlichen politischen ansah; endlich war er vielleicht auch nicht imstande, zwischen den heroisch-galanten Bestandteilen die höheren Absichten der Arcadia herauszulesen, von denen im folgenden die Rede sein wird.

Aber noch weitere Umstände scheinen zunächst dagegen zu sprechen, daß Sidney mit der Arcadia höhere Ziele verband, vor allem der, daß sie nicht für den Druck bestimmt war. Aber hier ist sofort einzuwenden, daß noch das ganze Elisabethzeitalter hindurch für die Autoren höherer Stände, die nicht darauf angewiesen waren, sich Geld zu verdienen oder einen Namen zu machen, die Druckerkunst kaum existierte. So wenig wie die Hofmänner Surrey und Wyatt hat auch Sidney daran gedacht, eines seiner Werke drucken zu lassen. In der *Apology* (ed. Cook S. 45) beklagt er sich bitter über die vielen niedriggesinnten Dichter seiner Zeit, die zufrieden sind, wenn sie von dem Verleger bezahlt werden, während die wahren Dichter ihre Produktion unterdrücken, um nicht mit ihnen auf eine Stufe gestellt zu werden. Auf demselben Standpunkt stehen seine höfischen Freunde Dyer und Greville; selbst der weitere Kreis von Autoren, der sich um Sidney und seine Schwester schart, Spenser, Harvey und Abraham Fraunce, schließen sich der aristokratischen Sitte wenigstens soweit an, daß sie nicht direkt für den Druck schreiben, sondern viele ihrer Erzeugnisse, und oft gerade die besten, länger oder kürzer zurückhalten, oder gelegentlich auch gar nicht im Druck erscheinen lassen, so etwa Spenser und Harvey eine ganze Reihe heute verschollener Dichtungen[1]. Scheinbar könnte gegen die höheren Absichten der Arcadia auch noch die Tatsache geltend gemacht werden, daß der Verfasser kurz vor seinem Tode die Verbrennung des Werkes anordnete. Da dieser Befehl sich nur auf die unvollendete erweiterte Fassung bezogen haben kann, von der nur eine einzige, die Originalhandschrift, vorhanden war, nicht aber auf I, von der eine ganze Reihe von Abschriften im Umlauf waren, läge es nahe anzunehmen, daß Sidney die Arcadia, wie einst Vergil seine Aeneis, einfach aus dem Grunde zu vernichten befahl, weil er nicht wünschte, daß sie in einer unvollendeten Gestalt auf die Nachwelt käme, wenn nicht ganz bestimmte Äußerungen von Sidneys vertrautem Freunde Greville, demselben, dem er die unvollendete Fassung zur Aufbewahrung gegeben hatte, auf einen anderen Grund hinwiesen: Als Sidney sein Ende herannahen fühlte, sei er sich nicht nur der Unvollkommenheit, sondern auch der Eitelkeit seines Werkes trotz aller ihm anhaftenden Schönheiten inne geworden und

---

[1] Vgl. die Vorhaltungen, die der unbekannte E. K. am Schluß des Vorworts zum Schäferkalender Harvey wegen des Zurückhaltens seiner Dichtungen macht. Über Harveys unveröffentlichte Schriften vgl. Berli, Gabriel Harvey, Diss., Zürich 1913.

habe in der Erkenntnis, daß auch die höchste Schönheit in irdischer Gestalt die Menschen eher zum Übel als zum Guten verführe, sein unfertiges Werk dem Feuer übergeben wollen[1]. Auch aus diesen Worten Grevilles wird niemand entnehmen können, daß Sidney gering von seinem Werke dachte, ganz abgesehen, von allen Zweifeln, ob dieser letzte Befehl völlig ernsthaft gemeint war; jedenfalls hat Greville ihn nicht ausgeführt, vielmehr selbst die Drucklegung der ihm anvertrauten Handschrift unterstützt[2]; ebenso hatten, wie wir bereits sahen, weder Walsingham noch Lady Pembroke irgenwelche Bedenken wegen der Drucklegung. Die scheinbar herabsetzenden Worte des Dichters über sein Werk in der Widmung an seine Schwester verlieren jede Bedeutung, wenn wir sehen, wie der Dichter von seinem gelehrtesten und reifsten Werke, der *Apology for Poetry*, gleichfalls als einem *ink-wasting toy* spricht[3]. Da wir bei einem Menschen, der seine Worte so genau abzuwägen pflegt wie Sidney, nicht annehmen können, daß es sich hier um die üblichen bescheidenen Redensarten handelt, wie sie elisabethanische Autoren ihren Schriften vorauszuschicken lieben[4], werden wir die Vermutung wagen dürfen, daß der Dichter entweder deshalb zu so bescheidenen Worten greift, weil er in Gedanken sich und sein Werk mit den größten Dichtern aller Zeiten wie Homer, Xenophon oder Vergil vergleicht, mit denen er, wie wir noch sehen werden, in der Arcadia in mehr als einer Hinsicht wetteiferte, oder mit den unsterblichen Schriften der antiken Philosophen, Redner und Historiker. Sagt doch selbst Greville, der

---

[1] Vgl. Sir Fulke Grevilles Life of Sir Philip Sidney with an Introduction by Nowell Smith, London 1907, S. 16.

[2] Vgl. oben S. 3.

[3] I conjure you all that have had the evil luck to read this ink-wasting toy of mine (The Defense of Poesy ed. A. Cook, Boston 1890, S. 57).

[4] Schon der ganze vorbedachte Aufbau der Handlung in der ersten Fassung macht es unmöglich, daß der Dichter, wie er in der Widmung anzudeuten scheint, den Plan erst während der Niederschrift, Stück um Stück entwarf.

eifrigste Lobredner der Arcadia, von ihr im Vergleich zu dem, was Sidney hätte leisten können, wenn er es auf Nachruhm abgesehen hätte, *that they* (d. h. die Arcadia) *were scribled rather as pamphlets, for entertainment of time, and friends, than any accompt of himself to the world*[1]. Endlich mag auch des Dichters bescheidene Äußerung über sein Werk darin seine Erklärung finden, daß ihm seine literarischen Leistungen im Verhältnis zu den großen öffentlichen Aufgaben, die er als sein Lebensziel ansah, geringfügig erschienen, daß hier also der Zwiespalt zwischen dem Mann der Tat und der Feder seinen Ausdruck findet. Glaubte doch Sidney fest daran, und stimmten doch alle ihm darin zu, daß seine Gewohnheiten wie seine Bildung ihn zum Manne der Tat geschaffen hätten[2]; strebte er doch sein ganzes Leben lang nach öffentlicher Betätigung, von der nur das Mistrauen der Königin ihn immer wieder fernzuhalten wußte. Beide Annahmen helfen uns die auffallende Erscheinung zu erklären, daß in dem Briefwechsel mit Languet, wo der Dichter sich rückhaltlos über Philosophie, Politik, Moral, antike und moderne Literatur ergeht, niemals von seinen dichterischen Erzeugnissen die Rede ist — ebensowenig vermutlich in den uns nicht erhaltenen Briefen an Wilhelm von Oranien, Johann Kasimir von der Pfalz oder Plessis du Mornay. Vor allem aber nötigen uns zahlreiche positive Tatsachen zu der Annahme, daß Sidney mit der Abfassung der Arcadia von vornherein große Ziele verband und während der ganzen Ausarbeitung an seinen Roman denselben hohen Maßstab legte wie an alle Poesie überhaupt. Schon der wohlproportionierte Aufbau von I und die ohne weiteres einleuchtende Zweckmäßigkeit der einzelnen Figuren setzen einen vorbedachten Grundplan und eine sorgfältige, stets auf das Vorangehende und Folgende Rücksicht nehmende Ausarbeitung voraus. Ebenso steckt allein in den komplizierten Metren der Eklogen, die zum

---

[1] Greville a. a. O. S. 17.

[2] Vgl. besonders den Brief Languets vom 28. Jan. 1574, worin er Sidney an die Maxime Vergils erinnert *Tu regere imperio populos* &c.

Teil hier zum ersten Mal in der englischen Literatur auftauchen[1], und in den nicht weniger komplizierten Stilmitteln der Prosa eine solche Masse von künstlerischem Wollen und Vollbringen, daß dies allein genügen würde, den leichten Ton der Vorrede Lügen zu strafen. Wieviel Gewicht der Dichter seinem Werke beimaß, geht weiter daraus hervor, daß er sein ganzes Leben lang sich mit dem Plane der Umarbeitung befaßte. Mit Recht ist immer wieder hervorgehoben worden, welch ein ungewöhnliches Maß von Überlegung und Kunst dazu gehört, all die verschlungenen Fäden von II in der Weise zu handhaben, daß die Stücke immer wieder ineinander passen und nur geringfügige Widersprüche unterlaufen. Daß er diese Umarbeitung nicht zu Ende führte, hatte nach Grevilles Worten seinen Grund allein darin, daß der Tod ihn an der Vollendung hinderte. Nach all dem ist die Arcadia also sein eigentliches literarisches Lebenswerk gewesen, das ihn von dem Augenblick an, wo er zu schreiben anfing, bis zu seinem Tode beschäftigte. Daß der Dichter, dem alle seine Zeitgenossen eine ernste, fast zu ernste Auffassung des Lebens zuschreiben, sich in dieser Weise um ein Werk bemüht haben sollte, das ihm nicht mehr als einen Zeitvertreib für andere bedeutete, ist schlechterdings undenkbar.

Eine wesentliche Hilfe sind uns die Worte, die Sidney über Zweck und Wesen der Dichtkunst, vor allem der epischen, in der *Apology for Poetry* niedergelegt hat; denn nichts ist unwahrscheinlicher, als daß er bei seinen Ausführungen über Wesen und Ziele der Dichtkunst nicht ständig an seine eigenen Dichtungen gedacht haben sollte, vor allem an die Arcadia als das einzige größere Werk, das er bis dahin in Angriff genommen hatte. Nur eine ganz falsche Vorstellung vom Wesen der Arcadia hat verhindern können, daß man nicht schon längst den Versuch gemacht hat, die Arcadia durch die *Apology* zu erklären und umgekehrt[2]; finden sich doch gelegentlich sogar wört-

[1] Vgl. Abschnitt XII „Die Eklogen der Arcadia“.

[2] Dazu beigetragen hat auch, daß man das Datum der *Apology*

liche Übereinstimmungen in beiden[1]. Was der Dichter uns in der *Apology* über die Ziele der Dichtkunst mitteilt, läßt es als ausgeschlossen erscheinen, daß er ein so umfangreiches und mühseliges Unternehmen wie die Arcadia lediglich zum Vergnügen seiner Schwester und ihrer Freundinnen auf sich genommen hätte.

Eine der Hauptlehren der *Apology*, die eng zusammengehört mit der Auffassung von der göttlichen Inspiration des Dichters, ist die, daß die Dichtkunst dazu da ist, die Menschheit zu belehren und zu veredeln. Das geschieht nach Sidney in folgender Weise: Obwohl die Poesie ihre Eigenschaft, zu belehren, mit Geschichte und Philosophie teilt, hat sie vor diesen den großen Vorteil voraus, daß sie die Menschen leichter zur Beschäftigung mit ihr anreizt. Die meisten Menschen scheuen philosophische Erörterungen über Weisheit, Tapferkeit und Gerechtigkeit, nehmen sie aber als Erzählungen von Herkules, Achilles, Cyrus und Aeneas gerne

zu spät angesetzt hat, meist in die Jahre 1582—83. Dabei ist die Wahrscheinlichkeit recht groß, daß sie früher, vielleicht schon in die Zeit 1579—80 anzusetzen ist. Die untere Grenze ist bestimmt durch die Anspielungen auf Gossons School of Abuse (1579) und Spensers Schäferkalender (1579). Für die obere haben wir einen Anhaltspunkt einmal daran, daß bei Besprechung der wertvollen Erscheinungen der englischen Literatur wohl der Schäferkalender genannt wird, aber nicht die Feenkönigin, obwohl die letztere bereits 1580 vorhanden war und aller Wahrscheinlichkeit nach ihre Entstehung einer Anregung Sidneys verdankte (vgl. unten S. 34); dazu kommt, daß man eine Anspielung auf die Feenkönigin geradezu erwartet an den verschiedenen Stellen, wo Sidney auseinandersetzt, daß eine Dichtung besser als alle Lehren eines Philosophen geeignet sei, die Tugend zu vermitteln. Ebensowenig wird Tassos Befreites Jerusalem, von dem 1580 und 1581 Ausgaben erschienen waren, von Sidney unter den großen heroischen Epen erwähnt. Wie die Benutzung Tassos im zweiten Gesang der Feenkönigin zeigt, muß dabei das „Befreite Jerusalem" sehr schnell im Sidneyschen Kreise bekannt geworden sein. Daß endlich Sidney in der Zeit 1579—80 nicht die Reife gehabt haben sollte, um ein Werk wie die *Apology* zu schreiben, ist undenkbar angesichts des Briefwechsels mit Languet und der Verteidigungsschrift für sinen Vater vom Jahre 1577.

[1] Vgl. unten S. 114 und 140.

auf[1]. Das große heroische Epos mit Helden wie Achilles, Cyrus, Aeneas, Turnus, Tydeus und Rinaldo[2], *teacheth and moveth to the most high and excellent truth*, läßt Edelmut und Gerechtigkeit durch Furcht und Begierde hindurchscheinen und stellt dem Leser die Tugend in dem schönsten Feiertagsgewande vor Augen. „Wenn schon die Schilderung jeder Handlung den Geist aufstachelt und belehrt, so entflammt ihn die erhabene Schilderung solcher Helden mit dem Wunsche, würdig zu werden, und weist ihm gleichzeitig den Weg dazu.“ Zusammenfassend bemerkt er, daß es die Absicht des Dichters sei *to teach goodness, and delight the learners of it*[3]. Auch noch an anderen Stellen der *Apology* hebt Sidney die Eigenschaft der Dichtkunst, durch Zeichnung vorbildlicher Gestalten die Menschen zur Nach-

---

[1] ed. Cook S. 23 ff.

[2] Meines Wissens ist diese Erwähnung von Rinaldo immer auf Ariosts Rasenden Roland gedeutet worden, doch könnte Sidney bei seiner großen Kenntnis italienischer Literatur auch an den Helden von Tassos Epos Rinaldo gedacht haben.

[3] ed. Cook S. 30 ff. Mit seiner Ansicht von den Zielen der Dichtkunst begegnet sich Sidney vielfach mit der Auffassung Scaligers in den Poetices Libri Septem (1561). Vgl. vor allem Buch VII, Kap. 2 und 3: Quamobrem dicendum est, Poetae finem esse, docere cum delectatione: Poesim vero esse politiae partem, quae sub legis latore, quanquam alia facie atque colore, continetur. Nam quae iussa sunt in legibus, quae sunt apud concionatorem, moderatoremque populi suasiones: hae poetices opera certa atque separata, comparabuntur quibusdam amoenitatibus ad institutionem civitatis. . . . Docet affectus poeta per actiones, ut bonos amplectamur, atque imitemur ad agendum: malos aspernemur ob abstinendum. Est igitur actio docendi modus affectus, quem docemur ad agendum. Quare erit actio quasi exemplar, aut instrumentum in fabula, affectus vero finis. — Daß Sidney diese Stelle kannte, geht daraus hervor, daß er bei der Frage, ob jemand ein Dichter auch ohne Verse sein könne (a. a. O. S. 33), ausdrücklich auf Scaliger verweist, der gerade in dem 2. Kap. von Buch VII diesen Punkt behandelt. Vgl. auch Scaligers Auseinandersetzung über die Ziele der Dichtkunst in Buch I, Kap. 1. Auch Sidneys Beschreibung der Tugenden und des vorbildlichen Verhaltens von Aeneas stammt vermutlich aus Buch III, Kap. 11, wo Scaliger die Vorzüge des Aeneas ausführlich zergliedert.

ahmung anzuspornen, als die wichtigste hervor. So bemerkt er, daß *notable morality* das Ziel der Dichtkunst ist[1], daß nicht der Vers den Dichter macht, sondern das Ersinnen hervorragender Bilder (*images*) von Tugenden, Lastern und anderem, verbunden mit jener angenehmen Belehrung[2]; an einer anderen Stelle, daß keines Philosophen Rat einen Fürsten so leicht lenken könne, als die Gestalt des Cyrus bei Xenophon oder einen tüchtigen Menschen so leicht in allen Lebenslagen anweisen könne, als die des Aeneas bei Vergil[3]. Während der Historiker sich an die durch die Wirklichkeit gegebenen Gestalten halten müsse, deren Handlungen teils liebenswert seien, teils nicht, zeige der Dichter uns je nach seiner Absicht an Tantalus, Atreus und ähnlichen Gestalten lauter verabscheuungswürdige Eigenschaften, dagegen an Cyrus, Aeneas und Ulysses lauter nachahmenswerte[4]. Wie Sidney bei der Zusammenfassung der Ergebnisse am Schluß der *Apology* noch einmal betont[5], teilt er die Ansicht von Scaliger [Poetices Libri Septem], daß keine Lehren eines Philosophen jemanden schneller zu einem tugendhaften Menschen machen könnten als die Lektüre Vergils. Noch wichtiger aber ist für uns seine unmittelbar darauf folgende Erklärung, wonach er die Ansicht des deutschen Gelehrten Konrad Clauser, des Übersetzers von Cornutus, beistimmt, „daß es der himmlischen Gottheit gefallen habe, durch Hesiod und Homer unter dem Schleier von Dichtungen uns alle Kenntnisse, Logik, Rhetorik, Naturphilosophie, Moral und alles andere zu vermitteln“[6], und endlich vor allem die Feststellung, daß nach

---

[1] a. a. O. S. 47 ff. Vgl. auch S. 26.

[2] a. a. O. S. 11.

[3] a. a. O. S. 17.

[4] a. a. O. S. 19.

[5] a. a. O. S. 57. Angesichts der Tatsache, daß Sidney gerade in dieser Zusammenfassung am Schluß so stark den allegorischen Charakter der wahren Poesie betont, ist die Ansicht von Spingarn (Literary Criticism in the Renaissance [1908] S. 276), wonach Sidney diesem Punkt kaum Beachtung schenkt, nicht verständlich.

[6] Vgl. den Widmungsbrief Conrad Clausers an seinen Bruder:

seiner Ansicht „in der Dichtkunst viele Geheimnisse enthalten seien, die absichtlich dunkel geschrieben wären, damit sie nicht vom profanen Verstande misbraucht würden"[1].

Daß Sidney mit seinen Ansichten von den moralisch-lehrhaften Absichten aller hohen Poesie und von dem tieferen, nur dem Eingeweihten sichtbaren Sinn der antiken Dichtungen unter seinen Zeitgenossen nicht allein dastand, zeigen allein schon die bekannten Ausführungen Spensers in dem Widmungsbriefe an Sir Walter Raleigh (1589), einem für unsere Zwecke überaus wichtigen Dokumente, das zwar erst ein Jahrzehnt nach dem Beginn der Feenkönigin niedergeschrieben wurde, aber sicherlich die Ansichten wiedergibt, die Spenser seinerzeit bei der ersten Niederschrift des Werkes vorschwebten. Nach dem Briefe Harveys an Spenser aus dem Jahre 1580, wo er die Feenkönigin unter dem Titel *Magnificenza* zitiert, muß ihm schon damals die Idee Spensers bekannt gewesen sein, in Arthur neben allen anderen Tugenden vor allem die Gesamttugend *Magnificence* zu verherrlichen. In diesem Einleitungsbriefe an Raleigh bezeichnet Spenser als das Ziel der Feenkönigin *to fashion a gentleman or noble person in vertuous and gentle discipline.* In Nachahmung der antiken Dichter habe er sich Arthur zum Helden erwählt. Homer habe in der Gestalt des Agamemnon das Beispiel eines guten Herrschers und in Ulysses

---

Hesiodus et Homerus, a quibus initium omnis humana philosophia sumpsit, et per quos *Supremo Numini* eam divulgare placuit, philosophiae praecepta nobis sub fabularum uelamento representant. Queres dialecticam, imo logicam, id est totam disserendi rationem? eam reperis in poëtarum fabulis. Quaeris physicam, seu naturalem philosophiam? ea prodit quam pulcherrime veluti e thalamo pulchre exornato, ex poëtarum fabulis. Quaeris ethicam, id est moralem philosophiam, cum suis partibus? eam largissimam in poëtarum fabulis reperies.

[1] Auch hier schließt sich Sidney der Vorrede von Clauser an: Ne igitur obiicerent porcis margaritas, . . . de industria praeclarissimum hoc studium involucris quibusdam obscurarunt. Hac via processere philosophiae antistites omnes: . . . Tantum nefas duxerunt viri illi plane divini, humanam sapientiam prophanare, indignoque vulgo proponere.

das Beispiel eines tüchtigen Mannes gegeben; Vergil habe beides in der Gestalt des Aeneas, Ariost beides in seinem Orlando zusammengefaßt[1], Tasso habe beides wieder getrennt und die Tugenden des Privatmannes, die in der Philosophie *Ethice* heißen, in seinem Rinaldo, und die Tugenden, die *Politice* heißen, in Godfredo dargestellt. Entsprechend all diesen Dichtern bestrebe er sich, in den ersten zwölf Büchern in dem jungen Prinzen Arthur den tapferen Ritter darzustellen, der die zwölf privaten Tugenden des Aristoteles besitze, um dann später vielleicht noch in Arthur als König die öffentlichen Tugenden zu zeichnen. Manche würden diese Unterweisung wohl lieber in der Form direkter Lehren oder Reden empfangen haben als *thus clowdily enwrapped in Allegoricall devises.*

Vergleicht man diese Äußerungen von Spenser, besonders die Heranziehung von Homer, Virgil und Ariost für seine Zwecke, mit den oben angeführten Ansichten von Sidney und nimmt man dazu, daß Spenser gleich danach in demselben Brief in ganz ähnlicher Weise wie Sidney in der *Apology* auf Xenophon verweist, der in Cyrus und seinen Persern ein vorbildliches Staatswesen gezeichnet habe, und daß er sich ganz ähnlich wie Sidney auch über das Thema vom Unterschied zwischen der Methode des Dichters und des Geschichtschreibers verbreitet, so werden wir die Vermutung nicht unterdrücken können, daß Spenser den kritischen Einleitungsbrief in Abhängigkeit von Sidneys Aufstellungen in der *Apology* schrieb. Sie gewinnt an Wahrscheinlichkeit durch die bis heute noch nicht akzeptierte, aber genügend gesicherte Tatsache, daß der ganze

[1] first Homer, who in the persons of Agamemnon and Ulysses hath ensampled a good governour and a vertuous man, the one in his Ilias, the other in his Odysseis: then Virgil, whose like intention was to doe in the person of Aeneas.

Vgl. dazu Scaliger, 5. Buch, 2. Kap.: Homerus ergo cum vitae nostrae duas instituerit rationes, civilem prudentiam in Ulyssea, militarem in Iliade, easque tanquam duas species, in duobus viris ostendisset, in uno utranque Aenea composuit Maro, cui etiam, sicut alibi diximus, addiderit pietatem.

Plan der Feenkönigin auf Anregungen zurückgeht, die Spenser von Sidney empfing. Wenn Spenser selbst Sidney gelegentlich als den bezeichnet, der ihn zuerst in die Arme der Dichtkunst geführt habe, so werden wir diese Äußerung allerdings ebensogut auf den Schäferkalender als die Feenkönigin beziehen können, aber wir besitzen daneben in dem Einleitungsgedicht zu der Ausgabe der Feenkönigin von 1590 aus der Feder eines unbekannten W. L.[1] ein viel zu wenig beachtetes, aber unangreifbares Zeugnis, daß Sidney als geistiger Urheber der Feenkönigin zu betrachten ist[2]. Der Inhalt dieser Mitteilung muß schon darum als durchaus vertrauenswürdig angesehen werden, als sie zu Lebzeiten Spensers erschien und einer Ausgabe beigefügt wurde, deren Drucklegung Spenser selbst überwachte. Sie wirkt um so glaubhafter, als auch Harvey von Sidney ermuntert wurde, Gedichte (royal Cantoes) zur Verherrlichung der Regierung von Elisabeth abzufassen[3]. Wie eng die Beziehungen zwischen der Arcadia und der Feenkönigin sind, werden wir im folgenden noch des öfteren hervorzuheben haben; im Augenblick wollen wir nur darauf hinweisen, wie ein volles Verstehen jedes der beiden Kunstwerke nur

---

[1] Nach einer unsicheren Vermutung von Todd zu identifizieren mit William Lisle (1569?—1637), dem späteren Übersetzer von Du Bartas und Heliodor.

[2] When Spencer saw the fame was spredd so large,
Through Faery land, of their renowned Queene,
Loth that his Muse should take so great a charge,
As in such haughty matter to be seene,
To seeme a shepeheard then he made his choice;
But Sidney heard him sing, and knew his voice.

And as Ulysses brought faire Thetis sonne
From his retyred life to menage armes,
So Spencer was by Sidneys speaches wonne
To blaze her fame, not fearing future harmes.

. . . .

What though his taske exceed a humaine witt,
He is excus'd, sith Sidney thought it fitt!

[3] Vgl. Berli, Gabriel Harvey, Diss., Zürich 1913, S. 33.

durch Heranziehung des anderen möglich wird. Daß auch vor Erscheinen des Einleitungsbriefes an Raleigh in dem Sidney-Spenserschen Kreise die moralisch-lehrhaften Tendenzen der Feenkönigin bekannt waren, lehrt uns eine Äußerung von Sidneys nahem Freunde Ludowick Bryskett. In der bekannten Einleitung zu seiner Moralphilosophie[1], wo er uns in den Kreis seiner Freunde in der Nähe von Dublin einführt, spricht er sein Bedauern darüber aus, daß die Engländer noch nicht die Moralphilosophie durch Übersetzen und Erläutern von Plato und Aristoteles so popularisiert hätten wie die Italiener und bittet den anwesenden Spenser, bei seiner großen Kenntnis der Philosophie, ihnen doch etwas aus diesem Gebiete vorzutragen, aber Spenser lehnt den Vorschlag ab mit der Begründung, daß er bereits die Feenkönigin in Angriff genommen habe *a work tending to the same effect*[2].

Sidneys und Spensers Auslegung der großen Epen von Antike und Renaissance als moralisch-lehrhafter Allegorien hat für den modernen Kritiker etwas Überraschendes und zugleich Unnatürliches, und er wird sie höchstens gelten lassen in einem so offenkundigen Fall wie der Cyropaedie des Xenophon. Wenn hier Sidney erklärt: *For Xenophon, who did imitate so excellently as to give us effigiem justiimperii — the portraiture of a just empire under the name*

---

[1] Discourse of Civill Life, containing the Ethike Part of Morall Philosophie 1606 (geschrieben lange vorher, 1582—86 ?). Vgl. DNB.

[2] Neben Sidney und Spenser vertritt auch noch der selbständigste von den elisabethanischen Kritikern, George Puttenham, die Ansicht vom moralisch-lehrhaften Zweck der Dichtkunst. Der höchste Gegenstand der Poesie sei die Verherrlichung der Gottheit; secondly, the worthy gests of noble princes, the memoriall and registry of all great fortunes, the praise of vertue and reproofe of vice, the instruction of morall doctrines, the revealing of sciences naturall & other profitable Arts, the redresse of boistrous & sturdie courages by perswasion, the consolation and repose of temperate myndes (Arte of English Poesie, 1589, 10. Kap.). — Über die Auffassung der Romanschriftsteller der Renaissance vom Nutzen ihrer Werke vgl. neuerdings den Aufsatz von Tieje: The Critical Heritage of Fiction in 1579 (Engl. Studien Bd. 47 [1913—14] S. 419 ff.).

of Cyrus (as Cicero saith of him) — made therein an absolute heroical poem[1], so folgt er damit einfach Cicero (ad Quintum Fratrem I, 1, 8, 23): Cyrus ille a Xenophonte non ad historiae fidem scriptus, sed ad effigiem iusti imperii. Dieses Zitat aus Cicero und das oben erwähnte aus Clauser geben uns einen Fingerzeig, woher alle diese Ansichten stammen: Offenbar handelt es sich um eine Wiederaufnahme des antiken Gedankens der ὑπόνοια.

Wenn wir im folgenden genauer auf Entstehung und Verbreitung dieses Gedankens eingehen, so geschieht es deshalb, weil seine Bedeutung für die englische Literatur der Renaissance bisher nicht richtig erkannt worden ist. Handelt es sich bei dieser Auffassungsweise von Dichtungen doch nicht bloß um die Ansichten einzelner Geister wie Sidney und Spenser, was schon wichtig genug wäre, sondern um die Kunstauffassung mehrerer Generationen. Das bedeutet, daß ein großer Teil der englischen Literatur des 16. und 17. Jahrhunderts ohne Kenntnis dieser Theorien in seinen Bedingungen und Zielen nicht richtig verstanden werden kann. Hier müssen wir die Erklärung für die auffallende Erscheinung suchen, daß bei Sidney und Spenser, genau wie später bei Milton, Calvinismus und Antike ein so enges Bündnis miteinander eingehen können. Auch der tiefe Gegensatz, den wir im Elisabethzeitalter zwischen klassizistischem Drama und Volksdrama bemerken können, dürfte hier eine seiner letzten Ursachen haben; ist es doch gewiß kein Zufall, daß es genau dieselben Persönlichkeiten und Gesellschaftskreise sind, welche die Lehre von der ὑπόνοια vertreten und das klassizistische Drama pflegen. So sehr wir heute dazu neigen, die Versicherungen eines Dichters jener Zeit, seine Werke in moralischer oder lehrhafter Absicht geschrieben zu haben, für einen bloßen Vorwand zu halten, falls der Inhalt nicht offenkundig lehrhaften Charakter trägt, so gewiß sind damals im Kreise der humanistisch gebildeten Dichter und

[1] Apology a. a. O. S. 11.

Kritiker diese Theorien völlig ernsthaft behandelt worden[1]; was noch wichtiger ist, sie haben bei der Entstehung vieler Dichtungen eine für die Gestaltung ausschlaggebende Rolle gespielt. Endlich dürfen wir nicht vergessen, daß man auch einen der Hauptvorzüge der Geschichtsschreibung darin sah, daß sie dem Leser Beispiele von Tugenden und Lastern vor Augen führe und ihn dadurch ansporne, den einen zu folgen und die anderen zu fliehen[2].

Was die Geschichte des Gedankens der ὑπόνοια betrifft, so war seit den Zeiten des Stoikers Zeno, der den Homer allegorisch erklärte und in seinen Schriften eine Fülle des mannigfaltigsten Wissens niedergelegt fand, die allegorische Erklärung der Dichter ein Lieblingsgebiet der Philosophen, vor allem der Stoa, geworden. Ein Gegner erstand ihr in Aristoteles, der die rein historisch-ästhetische Erklärungsweise vertrat und ein geringschätziges Urteil über die Lehrdichtung fällte; seine Ansicht wurde fortgeführt von Eratosthenes, Aristarch und der alexandrinischen Philologie. Die Auffassung, daß Homers Werke eine Art Lehrbücher

---

[1] Ein gutes Beispiel bietet bereits Painters *Palace of Pleasure*. Obwohl der *Palace* bald nach seinem Erscheinen von geistlicher Seite als unmoralisch gebrandmarkt worden ist, ist Painter selbst, der früher Geistlicher und Schulmeister gewesen war und starke pädagogische Neigungen besaß, sicher von dem moralischen Nutzen seiner Erzählungen überzeugt gewesen. Im Vorwort des ersten Bandes (1567) verteidigt er sich ganz ehrlich gegen etwaige Mißdeutungen der erotisch gefärbten Stücke und zeigt an Beispielen, wie man aus den einzelnen Novellen lernen könne, der Tugend zu folgen und das Laster zu fliehen, und wie jeder Stand hier nützliche Vorbilder finden könne. Im Vorwort zum zweiten Bande (1568) setzt er sogar die Tendenz jeder einzelnen Erzählung auseinander und gelangt dabei zu den sonderbarsten und gewaltsamsten Deutungen; so soll etwa die Novelle von Romeo und Julia lehren, welche Gefahr Liebende beiden Geschlechtes laufen, die ohne den Rat ihrer Eltern heiraten. Auch innerhalb der einzelnen Erzählungen wird gelegentlich betont, daß es sich hier um ein bestimmtes moralisches Problem handelt. (Vgl. besonders ed. Jacobs [1890], I 13; II 149, 154; III 222, 286.)

[2] Vgl. Apology S. 14. Ebenso Bodin im Methodus oder Painter a. a. O. I S. 14, der sich auf Ciceros Ausführungen im 5. Buch von De finibus bonorum et malorum beruft.

eines allwissenden Meisters seien, in denen man in jeder Altersstufe und in jeder Lebenslage Belehrung und Erbauung finden könne, wurde dagegen aufgenommen vor allem von Krates, von Herakleitos in den Homerproblemen[1], in der Schrift des Pseudoplutarch De Vita et Poesi Homeri[2] und im 1. Jahrhundert nach Christus zur Zeit Neros von Cornutus in dem Büchlein über die Götter, der überdies in zwei weiteren Schriften den Vergil erklärte. Nach der Ansicht der genannten Homerkritiker haben alle Tugenden ihre Vertreter in den Personen der Odyssee und der Ilias: Die Klugheit in Odysseus, die Tapferkeit in Aias, die Selbstbeherrschung und Gattenliebe in Penelope, die Gerechtigkeit in Nestor usw.; ebenso ist alle Wissenschaft in Homer enthalten von der Astronomie bis zur Kriegskunst. Ähnlich setzt auch Strabo im 1. Buche seiner „Geographie", wo er die Darstellung Homers rechtfertigen will, ausführlich auseinander, wie Homer an allgemeinen Kenntnissen alle vor und nach ihm überträfe und wie die Dichter die unwahren Sagen und Mythen nur als Lockspeise benutzen, um die Menge anzuziehen und zur Kenntnis der Wirklichkeit anzuleiten[3].

Wie Homer wurde auch Vergil allegorisch erklärt, vor allem durch Servius und Donatus, die beide die rhetorischen Vorzüge und den moralischen Wert der Aeneis

---

[1] Vgl. Julius Stern, Homerstudien der Stoiker, Programm, Lörrach 1893.

[2] Vgl. besonders II 6. 92. 213. Für unsere Zwecke am einleuchtendsten II 92: Haec autem ii, qui in Philosophia versati sunt, tractaverunt, cujus etiam partes sunt, Naturalis scientia, et Moralis, et Disserendi Ars. Quodsi horum omnium principia et semina Homerum suppeditasse cognoverimus, quo pacto non prae omnibus admiratione dignus fuerit? Porro quod per aenigmata et fabulosas quasdam orationes animi sensa ostendit, non mirum videri debet. Poetica namque in causa est, et priscorum consuetudo, ut disciplinarum studiosi, ingenii ac animi quadam delectatione deliniti, veritatem facilius et inquirant et inveniant; et ut vulgus illa non contemnat, quae intelligere nequit. Etenim est quando id quod figurate significatur, jucundum fit; quod vero aperte dicitur, vilescit.

[3] Vgl. vor allem Geographia I, 2.

hervorzuheben suchten. Erinnert sei auch an Horaz, der (Satiren I, 2) auseinandersetzt, wie Homer in der Ilias die ungestümen Leidenschaften unkluger Könige und Völker schildert, in der Odyssee dagegen in Ulysses ein lehrreiches Beispiel von der Macht und Weisheit der Tugend darstellt[1]. Auf der gleichen Bahn schreitet das christliche Mittelalter weiter von Fulgentius im 6. Jahrhundert, der die Aeneis als Bild des menschlichen Lebens interpretiert, bis zur Renaissance, bis zu Petrarca und Boccaccio, die in dem neu erstarkten Selbstgefühl des Dichters dem Gedanken der ὑπόνοια neue Bedeutung verleihen. Durch Boccaccio, der in seiner Schrift De Genealogia Deorum ausführlich die Fragen über den Nutzen der Dichtkunst erörterte und darlegte, wie es die Aufgabe des Dichters sei, die geheime Weisheit hinter dem Schleier schöner Erfindungen zu verbergen, erlangte die neue Auffassung weiteste Verbreitung[2]. Dazu kam das ganze Mittelalter hindurch die unendliche Fülle allegorisch-religiöser Interpretation. Wenn aber bei den humanistischen Kritikern des 16. Jahrhunderts, bei den Italienern sowohl wie bei den Engländern, uns wiederum die Auffassung von der Aufgabe des Dichters zu lehren und von seinem Bestreben, sein Wissen hinter der Erzählung äußerer Vorgänge zu verstecken, begegnet, so handelt es sich hier nicht um ein bloßes Fortleben der mittelalterlich-theologischen Auffassung vom Dichtungswerke als religiöser oder moralischer Allegorie[3], oder der Ansichten von Petrarca und Boccaccio, sondern in erster Linie um eine Neubelebung der Gedankengänge der antiken Kommentatoren und Kritiker. Konnte doch diese ganze Theorie von der höheren, nur dem Auserwählten zugänglichen Bestim-

[1] Vgl. auch Borinski, Die Antike in Poetik und Kunsttheorie I (1914) 26 ff.

[2] Vgl. vor allem Buch XIV, Cap. 2, 10, 13, 15, 17 und Buch XV, Cap. 8.

[3] Vgl. die einseitige Betonung dieses Zusammenhangs in Spingarns inhaltsreicher Schrift A History of Literary Criticism in the Renaissance (New York 1908).

mung der Dichtkunst ihre volle Bedeutung erst in der Blühtezeit des Humanismus erhalten, wo es die Freude des Humanisten war, über ein esoterisches Wissen zu verfügen, das sie von der Menge trennte und wo eine scharfe Scheidung zwischen Gelehrt und Ungelehrt eintrat, die wir fast das ganze 16. Jahrhundert hindurch verfolgen können. Selbst Boccaccios Schrift tritt jetzt in den Hintergrund und wird kaum mehr zitiert[1]. Der antike Ursprung ist leicht zu erweisen für den englischen Kritiker, der als einziger vor Sidney diese Ansichten vertritt, für Thomas Wilson, der in seiner *Arte of Rhetorique* (1560) im dritten Buche gegen Schluß auch auf die Absichten der Dichter zu sprechen kommt. Bei seinen sehr beachtenswerten Ausführungen beruft er sich auf die Schrift des Pseudoplutarch und auf Basilius Magnus, den berühmten christlichen Schriftsteller des 3. Jahrhunderts, der in seiner viel gelesenen kleinen Schrift „Ad nepotes quomodo ex gentilium doctrinis proficiant", die gerade in Humanistenkreisen sich großen Ansehens erfreute[2], die ganze Dichtung Homers als eine Lobpreisung der Tugend aufgefaßt und antike Sagen und Erzählungen moralisch gedeutet hatte:

For vndoubtedly there is no one tale among all the Poetes, but vnder the same is comprehended some thing that parteineth, either to the amendment of maners, to the Knowledge of the trueth, to the setting forth of Natures work, or els the vnderstanding of som notable thing done. For what other is the painfull trauaile of Vlisses, described so largely by Homer, but a liuely picture of mans miserie in this life. And as Plutarch saieth: and likewise Basilius Magnus: in the Iliades are described strength, and valiantnesse of the bodie: In Odissea is set forth a liuely paterne of the minde. The Poetes were wisemen, and wished in hart the redresse of things, the which when for feare, they durst not openly rebuke, they did in colours painte them out, and tolde men by shadowes

---

[1] Selbst Schriftsteller, die so stark mit ihrem Wissen zu prunken pflegen, wie Harvey oder Nash, zitieren Boccaccio nicht.

[2] Vgl. Spingarn, A History of literary Criticism S. 316.

what they should doe in good sooth, or els because the wicked were vnworthie to heare the trueth, they spake so that none might vnderstande but those vnto whom they please to vtter their meaning, and knewe them to be men of honest conuersation[1].

Auf diese Ausführung über den lehrhaften und absichtlich dunkel gehaltenen Charakter der Dichtungen folgen bei Wilson als Beispiel allegorische Erklärungen der antiken Sagen von Danae, Isis, Tantalus, Icarus etc. und der geistlichen Legenden von St. Christophorus und St. George.

Daß Sidney die allegorische Auslegung der Göttermythen durch Cornutus kannte, sahen wir bereits; daß ihm die Satiren des Horaz und die Vita Homeri bekannt waren, können wir ohne weiteres voraussetzen; wird die letztere doch außer von Wilson auch von Harington in der *Brief Apology for Poetry* (1591) herangezogen[2]. Vermutlich kannte er auch sonstige antike Kommentare wie die Erläuterungen von Vergil durch Donatus, die in den kritischen Schriften von Lodge (1579) und Puttenham (1589) zitiert werden[3]. Daß er mit Strabo völlig vertraut war, werden wir noch später bei Besprechung der antiken Einflüsse in der Arcadia feststellen. Mit Wilson war Sidney persönlich bekannt; wie hoch man die *Arte of Rhetorique* im Sidneyschen Kreise schätzte, zeigt am besten eine Äußerung Harveys (ca. 1578): *Wilsons Rhetorique & Logique, the dailie bread of our common pleaders, & discoursers*[4]. Falls er die italienischen Kritiker Giraldi Cintio (Discorso 1549) und Pigna (I Romanzi 1554) zu Gesichte bekam, konnte er dort die Ansicht vertreten finden, daß die Verfasser der modernen romantischen Epen es als ihre Aufgabe betrachteten, tugendhafte Handlungen zu feiern und vom Laster abzuschrecken, und daß sie darin ihre antiken Vorbilder überträfen (vgl. Spingarn a. a. O. S. 114 ff.). In

[1] ed. Mair (1909) S. 195.
[2] Vgl. Smith, Elizab. Critical Essays II 198.
[3] Smith a. a. O. I 371, II 412.
[4] Harveys Marginalia ed. Moore Smith S. 122.

Minturnos Schrift De Poeta (1559)[1], die er gekannt und für die *Apology* benutzt hat, fand er (S. 17) unmittelbar neben Ausführungen über die Fülle des Wissens bei Vergil auch einen Hinweis auf die Schrift De Vita Homeri und eine Darlegung der Lehre von dem verborgenen tieferen Wissen, das die Dichter absichtlich hinter äußeren, mehr anziehenden Seiten verstecken (S. 81). Allgemeiner Verbreitung erfreuten sich auch in England die Mythologiae sive Explicationum Fabularum Libri X von Natalis Comes (Venedig 1551), ein umfangreiches systematisches Werk, das alle bekannten Erzählungen der Antike auf ihre allegorische Bedeutung hin untersucht[2].

Die Anschauung vom allegorischen Charakter der Poesie war auch über Wilson, Sidney und Spenser hinaus allen englischen Schriftstellern geläufig, die sich nach Humanistenart mit Fragen der Poetik und literarischen Kritik befaßten. Im Vorwort zu seiner Übertragung des „Goldenen Esels" (1566) setzt Adlington auseinander, daß sein Werk *to a good and virtuous moral* diene und eine Allegorie des menschlichen Lebens sei; wie Lucius werde der Mensch zum Tier, wenn er sich seinen Sinnen überlasse und wie Lucius kann er nur dann wieder zurückverwandelt werden, wenn er von der süßen Rose der Vernunft und Tugend ißt.

---

[1] Von mir zitiert nach der Ausgabe von 1571.

[2] Vgl. etwa Kap. 1: Qui vero altissima et occultissima fabularum secreta denudaverit, qui philosophiae dogmata ex obscuris fabularum tenebris in lucem eduxerit, aut ad vires actionesque naturae patefaciendas pertinentia, aut ad mores informandos, vitamque recte instituendam, aut ad vires motusque astrorum intelligendos, adhuc repertus est nemo, ut mihi quidem videtur, tolerabilis. Hoc autem eo magis est mirabile, quod neque poetarum, neque philosophorum, neque ullorum scriptorum sententias sine hac diligenti fabularum investigatione percipere recte possumus. — Oder die Ausführungen über Ulysses im 9. Buch, 1. Kap.: Atque illud esto primum, quod siquis diligentius consideret illa, quae memoriae prodita sunt de Ulysse, is intelliget universam hominum vitam in his fabulis expressam fuisse, et praeclara sub his praecepta contineri, quae spectent plurimum ad animos nostros in omnes fortunae eventus ad sapientiam informandos. — Das zehnte Buch trägt die Überschrift: Quod omnia philosophorum dogmata sub fabulis continebantur.

Harvey betrachtet es als die vornehmste Aufgabe der Poesie, durch erhabene Bilder zur Nachahmung der Tugend anzuspornen [1]. Greville selbst faßt gelegentlich die Metamorphosen des Ovid in rationalistischem Sinne auf als *images of the unequall ballance between humors, and times; nature, and place* [2]. Eines der merkwürdigsten Beispiele ist Petties Rationalisierung der antiken Mythen und Sagen im *Petite Pallace of Pettie his Pleasure* (1576) unter dem Einfluß von Servius [3]. Völlig geläufig ist die Lehre von der ὑπόνοια auch Lodge (Defence of Poetry 1579) [4], William Webbe (Discourse of English Poetrie 1586) [5] und Harington

[1] Vgl. die Ausführungen von Berli, Gabriel Harvey, Diss., Zürich 1913, S. 73 ff.

[2] A. a. O. S. 156.

[3] Vgl. seine Auslegung der Sagen von Pygmalion oder Minos (ed. Gollancz, I 129 ff., II 105). Über die Auffassung von Pettie werde ich an anderer Stelle ausführlich handeln.

[4] You remember not that vnder the person of Aeneas in Vergil the practice of a dilligent captaine is discribed, vnder the shadow of byrds, beastes and trees the follies of the world were desiphered; you know not that the creation is signified in the Image of Prometheus, the fall of pryde in the person of Narcissus; these are toyes, because they savor of wisedome which you want. Marke what Campanus sayth: Mira fabularum veritas, sed quae si introspiciantur videri possunt non vanae. The vanitie of tales is wonderful; yet if we aduisedly looke into them they will seme and proue wise. . . . . So that, what so they wrot, it was to this purpose, in the way of pleasure to draw men to wisedome. (Smith, Eliz. Crit. Essays I 65 ff.).

[5] After these was Homer, who as it were in one summe comprehended all Knowledge, wisedome, learning, and pollicie that was incident to the capacity of man. *Aus der Ilias soll ein Fürst lernen:* not onely courage and valiantnesse, but discretion also and pollicie to encounter with his enemies, yea a perfect forme of wyse consultations with his Captaines and exhortations to the people, with other infinite commodities. *Über Vergils Aeneis:* Under the person of Aeneas he expresseth the valoure of a worthy Captaine and valiaunt Gouvernour, together with the perrilous aduentures of warre, and polliticke deuises at all assayes. *Über Ovid:* his Booke of Metamorphosis, which though it consisted of fayned Fables for the most part, and poeticall inuentions, yet beeing moralized according to his meaning,

(Vorwort zur Übersetzung des Orlando Furioso 1591)[1], von denen der letzte allerdings stark unter dem Einfluß von Sidney steht; endlich wird sie auch von Nash angedeutet in der *Anatomie of Absurditie* (1589)[2] und in *Pierce Penilesse* (1593)[3]. Die Gefahren einer solchen allegorischen Auslegungsweise zeigt am deutlichsten wohl Harington, der als Beispiel die antike Erzählung von Perseus, der die Gorgo erschlägt und zum Himmel auffliegt, auf fünffache Weise

and the trueth of euery tale beeing discouered, it is a worke of exceeding wysedome and sounde iudgment. (Smith, Eliz. Crit. Essays I 234—38.)

[1] The ancient Poets haue indeed wrapped as is were in their writings diuers and sundry meanings, which they call the senses or mysteries thereof. First of all for the litterall sence (as it were the vtmost barke or ryne) they set downe in manner of an historie the acts and notable exploits of some persons worthy memorie: then in the same fiction, as a second rine and somewhat more fine, as it were nearer to the pith and marrow, they place the Morall sence profitable for the actiue life of man, approuing vertuous actions and condemning the contrarie. Manie times also vnder the selfsame words they comprehend some true vnderstanding of naturall Philosophie, or somtimes of politike gouernement, and now and then of diuinitie: and these same sences that comprehend so excellent Knowledge we call the Allegorie, which Plutarch defineth to be when one thing is told, and by that another is vnderstood. . . . Wörtliche Abhängigkeit von Sidney zeigen die folgenden Sätze: It sufficeth me therefore to note this, that the men of greatest learning and highest wit in the auncient times did of purpose conceale these deepe mysteries of learning, and, as it were, couer them with the vaile of fables and verse for sundrie causes: one cause was that they might not be rashly abused by prophane wits, in whom science is corrupted, like good wine in a bad vessel. . . . (Smith a. a. O. II 201 ff.)

[2] a more hidden and divine Kinde of Philosophy, enwrapped in blinde Fables and darke stories, wherin the principles of more excellent Arts and morrall precepts of manners, illustrated with divers examples of other Kingdomes and Countries are contained (Works ed. Mc. Kerrow I 25 ff.).

[3] In whose high spirit, such a Deitie of wisdom appeereth, that if Homer were to write his Odissea new (where, vnder the person of Vlysses, he describeth a singular man of perfection, in whom all ornaments both of peace and warre are assembled in the height of their excellence) . . . . (ed. Mc. Kerrow I 243).

auslegt, darunter historisch, moralisch und religiös; wie er erinnert auch Webb (a. a. O. S. 251), der in den Erzählungen Chaucers gewichtige Weisheit erblickt, an die schlimmsten antiken Kritiker.

Von größerem Interesse noch als die stark verbreitete allegorische Interpretation der antiken Schriftwerke ist für unsere späteren Schlußfolgerungen die Tatsache, daß Sidney wie Spenser mit den gleichen Voraussetzungen auch an Schriftsteller ihrer eigenen Zeit herangehen, vor allem an den Rasenden Roland des Ariost, der nach unseren heutigen Begriffen sich so wenig wie nur möglich dazu eignet. Aller Wahrscheinlichkeit nach schlossen sich Sidney wie Spenser hier einfach den italienischen Kritikern an, die im Laufe des 16. Jahrhunderts in Neuausgaben und Kommentaren zu Ariost sich bemühten, die Gestalten und Vorgänge der einzelnen Gesänge allegorisch umzudeuten[1]. Für unsere Zwecke genügt es, wenn wir hier als Beispiel die allegorische Interpretation wiedergeben, die in der Venetianischen Ausgabe vom Jahre 1572 für den achten Gesang geboten wird: *Logistilla, alla quale Ruggier fuggendo si salua, rappresenta la ragione, alla quale ricorrendo ci saluiamo. Alcina che non può morir sin che dura il mondo, mostra che sono immortali, & non da potersi mai spegnere affatto, i desiderii & piaceri amorosi, fin che dura l'huomo, che è chiamato Microcosmo, cio è picciol mondo.* Genau auf demselben Standpunkt steht auch noch der Ariostübersetzer Harington, der bereits in dem Vorwort an den Leser (1591) sein Interesse für die Moral und die Allegorie bei Ariost betont[2] und am Ende seiner Über-

[1] Orlando Furioso, ornato di nuove figure, ed allegorie in ciascun canto, Venetia 1561. Ähnliche Ausgaben z. B. 1543, 66, 67, 68. 69, 72. In der Ausgabe Venedig 1569 etwa finden sich vor jedem Gesange *Allegorie* und hinter jedem *Annotationi*, die auch allegorische Erklärungen enthalten, aus der Feder von Tomaso Porcacchi. Vgl. auch das folgende Werk: Belleze del Furioso di M. Lodovico Ariosto, scielte da Oratio Toscanella; con gli argomenti et allegorie de i conti: Con l'allegorie de i nomi proprii principali dell' opera, etc. Venetia 1574 (Exemplar in der Bibliothèque Nationale).

[2] because the reader may take not onely delight, but profit in

setzung im Anschluß an seine Vorlage, die Venetianische Ausgabe vom Jahre 1584, auch noch eine Betrachtung über die im Orlando Furioso enthaltenen Allegorien gibt. Wir werden ihm nicht einmal den guten Glauben absprechen, wenn er so weit geht, die Allegorie im Orlando zu bezeichnen als *the verie Kyrnell and principall part, or as the marrow, and the rest but the bone and unprofitable shell* oder den Zweck der anstößigen Partien darin sieht, Abscheu und nicht Entzücken zu erregen[1].

So bliebe nur noch übrig, den Beweis dafür zu erbringen, daß Sidney gemäß seiner Ansicht vom Wesen der Dichtkunst, in der Arcadia den Versuch machte, tiefere Lehren im Gewande heroischer Begebenheiten zu vermitteln und darzulegen, welches diese Lehren waren. Hier helfen uns verschiedene zeitgenössische Gewährsmänner, vor allem wiederum Fulke Greville, der aus verschiedenen Gründen als der wichtigste und zuverlässigste Zeuge in allen die Arcadia betreffenden Fragen anzusehen ist. Greville war Sidneys Schulkamerad gewesen, hatte ihm persönlich so nahe gestanden wie nur irgend einer seiner Freunde, war sein ständiger Gefährte bei Hofe gewesen, hatte ihn kurz vor Enstehung der Arcadia, in den Jahren 1576 und 1577,

---

reading, I have noted in all (as occasion is offred) the Morall, the Historie, the Allegorie, and the Allusion. Vgl. J. Schömbs, Ariosts Orlando Furioso in der englischen Literatur des Zeitalters der Elisabeth, Straßburger Diss. 1898, S. 43 ff. Ganz anders lautet bereits das Urteil von Henry Reynolds im Mythomystes (1632): Then Ariosto, for the artfull woofe of his ingenious though vnmeaning fables, the best, perhaps that haue in that Kind beene sung since Ovid (vgl. Spingarn, Critical Essays of the 17th Century I 146). Sein Fall ist um so bemerkenswerter, als er in der Beurteilung der antiken Dichter an der Lehre der ὑπόνοια festhält.

[1] Noch Thomas Warton in den Observations on Spenser's Faery Queen (1754) steht auf dem Standpunkt, daß der Orlando Furioso ein moralisch-allegorisches Epos sei, dessen Allegorie bestehe in der *adumbration of moral doctrine, under the action of men and women* (Vgl. Works of Spenser ed. Todd Bd II S. CIII ff.); allerdings glaubt er auch von Gower und Chaucer, daß sie *strove to render virtue more amiable by clothing her in the veil of fiction* (a. a. O. S. CXIV).

auf den Kontinent begleitet, hatte dann, wie wir bereits sahen, bei Sidneys Aufbruch nach den Niederlanden das unvollendete Ms. der revidierten Fassung zur Aufbewahrung erhalten und hatte schließlich nach Sidneys Tode die Drucklegung der Arcadia besorgt.

Zwar ist nun Grevilles berühmte Schrift über Sidney erst um 1610 herum, also etwa 24 Jahre nach des Dichters Tode entstanden, so daß an und für sich gewiß die Möglichkeit vorhanden wäre, daß Greville Irrtümer in seiner Erinnerung unterliefen, aber wir müssen einmal bedenken, daß für ihn seine Freundschaft mit Sidney das Ereignis seines Lebens war, zum andern, daß er nach den Wendungen, die er gebraucht, von Sidney selbst über die Absichten der Arcadia unterrichtet worden sein muß; danach ist schwerlich anzunehmen, daß er, der Herausgeber der Arcadia, selbst nach so langer Zeit Sidneys Ansichten nicht im wesentlichen richtig wiedergegeben haben sollte. Dazu kommt die Sorgfalt, mit der Greville jedes einzelne Wort wägt und die Bestätigung, die, wie wir sehen werden, seine Behauptungen durch eine richtige Auslegung des Inhalts der Arcadia erfährt. Was den heutigen Leser an Grevilles Auseinandersetzungen überrascht, ist der Umstand, daß er auf die beiden jugendlichen Helden Pyrocles und Musidorus und ihre Partnerinnen, die Prinzessinnen Philoclea und Pamela, kaum Bezug nimmt, sich vielmehr fast ganz auf Basilius und Euarchus beschränkt, doch liegt das daran, daß Grevilles Biographie eine Art von politischem Traktat ist und es ihm in erster Linie darauf ankommt, in Sidney den Politiker zu feiern. Niemand aber konnte zur Interpretation der politischen Seiten der Arcadia berufener sein als Greville, der in seiner eigenen Jugend eine Reihe von Versdramen verfaßt hatte, die in Wahrheit politische Abhandlungen waren [1].

Greville nennt die unvollendete Arcadia direkt den „außerordendlichen Bau von Sidneys eigenem Staatswesen" [2]. Sidneys

[1] Vgl. Grevilles eigene Auseinandersetzungen a. a. O. S. 150 ff.

[2] this extraordinary frame of his own Common-wealth (a. a. O. S. 14).

Absicht sei gewesen, in all den von ihm geschaffenen Gestalten „unfruchtbare philosophische Gedanken in fruchtbare Bilder des Lebens zu verwandeln“ [1], d. h. also, dem Leser seine Lehren auf die gefällige, indirekte Art beizubringen, die er in der *Apology* als den Vorzug der Dichtkunst gepriesen hatte. Nach Grevilles weiteren Worten sollte an dem Herrscher Basilius, dessen allegorischer Name die Absicht durchschimmern läßt, dargestellt werden „das Wachstum, der Zustand und der Verfall von Fürsten, die Veränderung von Regierungsformen und Gesetzen: die Wechselfälle von Aufruhr, Parteiung, Thronfolge, Bündnissen, Niederlassungen *(plantations)* samt allen anderen Irrtümern und Veränderungen in Staatsangelegenheiten; weiter an seinen Untertanen Gnade, Ungnade, Glück, Unglück, Nebenbuhlerei, Streit, Unternehmung, Rückzug, Gastfreundschaft, Mühe und alle anderen Arten von privatem Glück oder Unglück“. Wie er wisse, habe Sidney in dieser Fülle von Glückswechsel „so genaue Bilder von jeder Lage des menschlichen Geistes zeichnen wollen, daß jedermann, wenn er im Laufe dieses Lebens irgendwelches Glück oder Unklück erfahre, wie in einem Spiegel darin sehen könne, wie er eine gute Miene gegenüber allen Schlägen des Mißgeschicks und eine vorsichtige gegenüber dem übermäßigen Lächeln des Glücks aufzusetzen habe“ [2]. Aus der Art, wie Greville immer betont, daß er diese Dinge weiß *(I know)*, müssen wir annehmen, daß er all dies aus Sidneys Munde gehört hat und nicht etwa, was ja schließlich nicht ganz fern läge, den toten Freund zum Sprachrohr seiner eigenen ausgeprägten politischen und philosophischen Ansichten macht. Geht doch aus einer weiter unten (S. 88) angeführten Stelle hervor, daß er von Sidneys Absichten über die Fortführung der Handlung in der unvollendeten revidierten Fassung unterrichtet war. Auch dort, wo er Interpretationen einzelner Züge der Arcadia gibt, ohne sich ausdrücklich auf Sidney als

[1] a. a. O. S. 15.
[2] a. a. O. S. 16.

Zeugen zu berufen[1], gibt er vermutlich Selbstgehörtes wieder. So soll der Umstand, daß Basilius auf nichtige böse Ahnungen hin die Staatsgeschäfte beiseite legt, seiner königlichen Würde entsagt und die Angelegenheiten seines Landes einem Stellvertreter überläßt, zeigen, wie durch ein so verächtliches Sichselbstbegraben ehrgeizige Untertanen ermutigt werden, sich zum Sturze der Fürsten und der Staaten zu verschwören; wenn Basilius seine Frau und seine Töchter aus der reservierten fürstlichen Umgebung in nahe Berührung mit den freien Sitten schäferlicher Kreise bringe oder zwinge, so gäbe er ihnen dadurch Gelegenheit, über die Grenzen der Ehre und weiblichen Zurückhaltung hinauszugehen[2]; wenn ein König in der Weise, wie Basilius seines Ranges entsage und sich aus Furcht zurückzöge, so könne ihn wohl das frühere Ansehen noch eine Zeitlang im eigenen Lande stützen, aber bei den Fürsten des Auslandes werde er für einen „schäferlichen König" gelten; in den meisten Fällen würden solche verachtungswürdigen Geschöpfe ein Opfer der Unzufriedenheit im eigenen Lande oder des Ehrgeizes des Auslandes werden. Jedermann müsse an der zufälligen Ankunft des Euarchus in Arkadien, an seiner unerwarteten Ernennung zum zeitweiligen Protektor, an seinem Richteramt und seinem den Gesetzen entsprechenden Urteilsspruch über seinen eigenen Sohn, seinen Neffen und seine Nichten, die Thronerben des Landes, die alle von ihm wegen Entführung, Vatermord, Ehebruch und Verrat verurteilt würden, erkennen, wie die Entschließungen von verweichlichten Herrschern wie Basilius gefährliche Erreger von Umwälzungen selbst bei einem bis dahin friedlichen Volke seien. Denn die Gelegenheit, die Euarchus dadurch geboten wurde, daß er alle Thronfolger Arcadiens durch seinen eigenen gerechten Richterspruch verurteilt sah, hätte bei der Verwirrung des Volkes und dessen Empfänglichkeit für Neuerungen in ihm ehrgeizige Pläne erwecken und ihn

[1] An diesen Stellen vertritt ein *I say* das sonstige *I know*.
[2] a. a. O. S. 12.

in Versuchung führen müssen, das kurze Protektorat zu einer dauernden erbberechtigten Herrschaft umzugestalten, wenn nicht Sidney diesen fremden Herscher Euarchus zu einem ungewöhnlichen Abbild standhafteren, reineren und höheren Strebens gemacht hätte als gewöhnlich Fürsten dieser Erde innewohne. Solche und noch klügere moralische Lehren böten sich dem, der tiefer zu schauen verstünde, durch das ganze Werk hindurch[1]. Nur der Tod habe Sidney daran gehindert, diesen außergewöhnlichen Bau seines Staatswesens zu vollenden[2].

Solche lehrhaft-moralische Erwägungen bildeten nach den Worten Grevilles die eigentliche Absicht, die Sidney mit der Abfassung der Arcadia verfolgte[3]; um den anderen zu gefallen, habe er sie noch reichlich ausgestaltet in *the freedom of affections, wit, learning, stile, form and facilitie*[4]. Die Ansichten, die Greville über die hohen Ziele der Arcadia in seinem Leben Sidneys entwickelt, sind von dem weiteren Publikum damals schwerlich herausgefühlt worden. Aber niemand erwartete das. Beschwört doch Sidney selbst an der schon einmal zitierten, überaus wichtigen Stelle in der *Apology*, seine Leser, ihm zu glauben, daß in jeder Poesie viele Geheimnisse enthalten seien, die absichtlich dunkel gehalten wären, damit die Poesie nicht von profanen Geistern mißbraucht würde[5]. Dagegen wurde der lehrhaft-allegorische Gehalt der Arcadia ohne weiteres empfunden von den humanistisch gebildeten Zeitgenossen, die mit der allegorischen Erklärungsweise der Antike vertraut waren. Den besten Beleg bietet das Zeugnis von Gabriel

---

[1] a. a. O. S. 13 ff.

[2] . . . to finish, and bring to perfection this extraordinary frame of his own commonwealth (a. a. O. S. 14).

[3] Now, as I know, this was the first project of these workes (a. a. O. S. 16).

[4] a. a. O. S. 16.

[5] ed. Cook S. 57: I conjure you all that have had the evil luck to read this inkwasting toy of mine . . . to believe, with me, that there are many mysteries contained in poetry which of purpose were written darkly, lest by profane wits it should be abused.

Harvey, der bei seinen literarischen Beziehungen zu Sidney aller Wahrscheinlichkeit nach ähnlich wie Greville vom Autor selbst Aufklärung empfangen haben wird, jedenfalls aber mit Sidneys Ansichten von Poesie vertraut war. In seiner langen Charakteristik der Arcadia aus dem Jahre 1593[1] erwähnt Harvey neben dem *amorous courting* als zweite Eigenschaft das *sage counselling*, wodurch sie dem Leser viele kluge und wirksame Lehren übermittle, die aufs angenehmste durchflochten seien mit angemessenen Beschreibungen von hervorragenden Persönlichkeiten und schlichter Erzählung anderer bemerkenswerter Vorkommnisse, in der Art von Sallust, Livius, Tacitus, Justin, Eutropius, Philip de Comines, Guicciardini und der gedankenreichsten Historiker, die ihren Stil mit dem Salz der Klugheit bestreut und ihr Urteil mit dem Sauerteig der Erfahrung gewürzt hätten. Es fehle auch nicht an einigen klugen und bedeutsamen Kriegslisten und einigen politischen Geheimnissen, die dunkel gehalten seien[2].

Auch im folgendenden Jahrhundert hebt noch Blount hervor, wie Sidney nicht nur Personen und Leidenschaften zu beschreiben verstanden habe, sondern auch Handlungen, darunter solche politischen Charakters[3]; ebenso betont Heylin, daß die Arcadia dem Kundigen beachtenswerte Verhaltungsmaßregeln, sowohl für das private wie für das öffentliche Leben, liefere[4].

---

[1] In Pierce's Supererogation (Works ed. Grosart II 99 ff.).

[2] There want not some suttle Stratagems of importance, and some politique Secretes of priuitie.

[3] The Academie of Eloquence (1654), in dem Abschnitt *Illustration*, S. 35 ff.: And as for actions of persons, there are many rarely and perfectly described. As the mutiny and fire in a ship; causes of an uproar; The Garboyl; an armed skirmish; policy and preparation. Sometimes managing a Horse is described; tilting and shews. Many other lively and notable portracts (!) there are, which I will not set down to save you so sweet a labour, as the reading of that which alone will make you eloquent and wise.

[4] Cosmography 1657. Zitiert bei Nathan Drake, Shakespeare and his Times (1817), I 552.

Alle diese Zeugen, auch Greville, sind sich also einig darüber, daß Sidney in der Arcadia eine Fülle von Lehren, nicht nur politischer Art, sondern für alle möglichen Lebenslagen und über alle möglichen Dinge vermittelt, mithin das tut, was er selbst an Homer, Virgil, Xenophon oder Ariost gerühmt hatte. Daß diese Anschauung richtig ist und Sidney in der Tat eine Fülle des mannigfaltigsten Wissens zu belehrendem Zwecke in jener künstlerisch unauffälligen Art angebracht hat, die er an seinen Vorbildern wahrzunehmen glaubte, werden wir weiter unten darlegen. Im folgenden soll zunächst einmal nur die Rede sein von den politischen Tendenzen, die innerhalb des Romans eine ganz andere, führende Stellung einnehmen als die sonstigen lehrhaften Bestandteile.

Wenn wir uns fragen, wie weit die Stimmen der Zeitgenossen, die uns die politisch-lehrhaften Absichten Sidneys in der Arcadia zu verbürgen scheinen, mit den Empfindungen des heutigen Lesers zusammentreffen, so müssen wir eingestehen, daß Sidney es ausgezeichnet verstanden hat, dem unkundigen Auge die höheren Ziele der Arcadia zu verschleiern. Nur dadurch wird es erklärlich, daß trotz der Äußerungen Grevilles von den vielen modernen Kritikern der Arcadia kaum einer diese lehrhaften Absichten herausgefühlt hat[1]. Das beweist aber gar nichts gegen ihr Vorhandensein: Sind wir heute doch nur zu sehr geneigt, in einem Roman lediglich auf Inhalt, Charakteristik, Technik und Stil zu sehen und lehrhafte Bestandteile, sofern sie nicht deutlich als Grundakkord oder dauernde Tendenz das Ganze durchziehen oder begleiten, als weniger leicht verdauliche oder störende Zutaten achtlos beiseite zu lassen. Auch der heutige Leser von Spensers „Feenkönigin“ würde von sich aus nicht leicht auf den Gedanken kommen, daß ihr Verfasser darin allegorisch die Erziehung des Edelmannes zu *vertuous and gentle discipline* darstellen wollte. Bei der Arcadia ist ein großer Teil der Schuld aber auch

[1] Ein Kenner wie Jusserand zieht wohl Grevilles Auffassung heran, aber nur um sie abzulehnen (The English Novel in the Time of Shakespeare, London 1890).

dem rein äußerlichen Umstande zuzuschreiben, daß die erste Fassung erst vor wenigen Jahren wieder aufgetaucht ist; hier, wo das Rankenwerk der Episoden den Stamm noch nicht so überwuchert wie in der späteren Überarbeitung und wo die Erzählung nicht mit dem romanhaften Schiffbruch des Freundespaares, sondern mit der Schilderung des Landes Arcadia und seines Herrschers anhebt und bald danach (fol. 4 ff.) zu einer Schilderung des Herrschers von Makedonien übergeht[1], liegen die von Greville skizzierten Absichten weit deutlicher zu Tage. Daß der politische Grundzug ohne Zweifel vorhanden ist und auch noch an vielen Stellen von II unverhüllt in die Erscheinung tritt, werden wir weiter unten bei der Einzelbesprechung darlegen.

Sonderbar aber bleibt es immerhin, daß die Betrachtung der Persönlichkeit Sidneys jenen Stimmen der Zeitgenossen und den auf den ersten Blick sichtbaren politischen Erörterungen in der Arcadia nicht mehr Beachtung verschafft hat. Sind doch an dem jungen Sidney seine politischen Interessen und seine politische Begabung der hervorstechendste Zug. Dreht sich doch auch fast alles, was uns von der Korrespondenz Sidneys erhalten ist, um Angelegenheiten der Politik; auch von dem uns nicht erhaltenen Briefwechsel mit Wilhelm von Oranien und Plessis du Mornay werden wir getrost dasselbe annehmen dürfen. War doch sein Vater, mit dem er in steter enger Verbindung lebte, eine der bekanntesten politischen Persönlichkeiten der Zeit, schon allein durch seine Wirksamkeit als englischer Statthalter in Irland und Wales. Sind doch fast alle näheren Freunde Sidneys, Languet, Philip Plessis du Mornay, Johann Kasimir von der Pfalz, Wilhelm von Oranien und Fulke Greville gleichfalls Politiker gewesen, zum Teil die bedeutendsten ihrer Zeit, und war doch endlich auch seine schriftstellerische Tätigkeit in den siebziger Jahren eine fast ausschließlich politische. In das Jahr der Abfassung der Arcadia (1577) fällt die Verteidigungsschrift

[1] In der zweiten Fassung erst F 184 ff.

für die Politik seines Vaters in Irland, in das Jahr 1579 der politische Brief an Elisabeth wegen ihrer Heiratspläne mit dem Herzog von Anjou, der durch seine Erörterungen über Stellung und Pflichten des Monarchen uns an manche Ausführungen in der Arcadia erinnert; hatte er sich doch auch in dieser Zeit zu verschiedenen Malen um das Amt des *Lord Deputy of Ireland* als Nachfolger seines Vaters beworben[1]. Alles in allem wird man, auch im Hinblick auf Sidneys spätere Entwicklung, getrost behaupten können, daß die Literatur ihm doch nur ein Nebensächliches neben seinem eigentlichen Berufe als Politiker und Militär bedeutete. Wenn einer seiner Vorläufer, der Dichter und Edelmann George Gascoigne, sich gleichzeitig als Krieger und Schriftsteller fühlte und demgemäß sich gern mit Lanze und Feder abbilden ließ, so hat, wie wir schon oben andeuteten, Sidney nicht das geringste vom Schriftsteller und dessen Stolz auf sein Werk an sich.

So kann uns höchstens die Erscheinung überraschen, daß Sidney so früh, noch nicht 23 Jahre alt, den Versuch machte, seine politischen Erfahrungen und Ansichten in einer so abstrakten und systematischen Weise in einem Roman niederzulegen. Aber auch das läßt sich ohne Schwierigkeit aus der Umgebung und Veranlagung des Dichters erklären. War er doch das Kind eines Zeitalters, wo viele schon in jungen Jahren ihr Bestes leisteten. Der von ihm verehrte Wilhelm von Oranien hatte mit 21 Jahren die ganze Armee Karls V. gegen Coligny und Nevers geführt; im gleichen Alter hatte Don Juan d'Austria, der Bastardsohn Karls V., den Sidney in den Niederlanden kennen gelernt hatte, als Oberstkommandierender gegen die Mauren in Spanien im Felde gestanden und mit 24 Jahren den Sieg bei Lepanto gegen die Türken erfochten; im gleichen Alter endlich hatten auch Condé, der ihm befreundete Heinrich von Navarra und Alexander von Parma ihre

---

[1] Brief von Sir Henry Sidney an Arthur Lord Grey (17. Sept. 1580). Vgl. Collins a. a. O. S. 281.

ersten Siegestaten vollbracht. Wenn auch die von Sidney und so vielen anderen verurteilte defensive Politik Elisabeths[1] große Taten in ihren Diensten nicht gestattete, so war er doch immerhin mit 18 Jahren am französischen Hofe gewesen, hatte sich dort eine allgemein geachtete Stellung zu verschaffen gewußt, war dann über Straßburg und Heidelberg nach Frankfurt gereist und von dort im nächsten Jahre nach Wien, Ungarn und Italien, wobei er in stete Berührung mit den Höfen und den Staatsmännern gekommen war, war 1574 nach achtmonatlichem Aufenthalte in Italien nach Polen und noch einmal nach Wien gegangen, um endlich im nächsten Jahre über Prag nach England zurückzukehren. Hier hatte er am Hofe der Elisabeth sich rasch eine hervorragende Stellung geschaffen, hatte dann 1576 unter seinem Vater Felddienste in Irland genommen und war endlich 1577 im Alter von 22 Jahren als Gesandter der Königin mit teils offener, teils geheimer Mission nach Heidelberg und an den Hof Kaiser Rudolfs II. gegangen, bereit, für seine Lieblingsidee, einen allgemeinen Bund der protestantischen Fürsten Europas, den Boden zu sondieren. Von schwererem Geblüt und von tieferer Veranlagung als die meisten seiner Altersgenossen[2], war er von früh auf von einem ungewöhnlichen Bildungsdrange beseelt gewesen und hatte überall durch die Reife seines Urteils Anerkennung und Bewunderung zu erringen gewußt. Glänzende Zeugnisse hierfür sind einmal die intime, väterliche Freundschaft, die ihm einer der größten politischen Denker der Zeit, der ihm an Alter fast um das Dreifache überlegene Hubert Languet, seit 1573 entgegenbrachte, zum andern das Urteil des großen Wilhelm von Oranien[3], der 1579 Sidney Greville gegenüber als einen der reifsten und größten Staatsmänner in ganz Europa bezeichnete und bereit war, sich für eine erfolgreiche Tätigkeit Sidneys bei Freund

[1] Vgl. besonders Languets Äußerungen in dem Briefwechsel mit Sidney und Grevilles Äußerungen in der Biographie.

[2] Vgl. besonders Greville a. a. O. S. 6.

[3] Greville a. a. O. S. 27.

oder Feind zu verbürgen[1]. Wie sehr bei allem, was er sah und erlebte, schon zur Zeit der Entstehung der Arcadia das politische Interesse im Vordergrund stand und wie systematisch er die zur Staatskunst gehörige Materie zu studieren pflegte, zeigt uns einmal der inhaltsreiche Briefwechsel mit Languet, wo die Besprechung der politischen Lage Europas und aller politisch interessanten Persönlichkeiten stets im Mittelpunkt steht, zum andern etwa der Brief an seinen Bruder aus dem Jahre 1578, den er ermahnt, auf seinen Reisen die Bündnisse der Fürsten, die geographisch-politische Lage, die Beschaffenheit der Küsten und Schiffe, die Befestigungen, die Garnisonen, die Wehrfähigkeit der Bevölkerung, ihre Religion, Politik, ihre Gesetze

[1] Ein meines Wissens nicht neugedruckter Beleg für das internationale Ansehen, das Sidney bereits 1576 genoß, ist die Widmung von Banosius zu der Vita des Petrus Ramus, die den Commentarii de Religione Christiana von Ramus vorangestellt ist; die Widmung ist datiert: Frankfurt a. M. Calend. Januarii 1576 [i. e. 1577]: Habes, clarissime Sidneie, vitam P. Rami fideli calamo descriptam . . . Accessit praeterea D. Huberti Langueti viri hac nostra aetate celeberrimi commendatio, qui primus Philippum Sidneium, nobilitatis veram imaginem, ad nos venientem significavit. Nobilitatis veram imaginem sine assentatione te esse dico: nam praeterquam quaod ex Comitum Waruicensium familia, tota Anglia illustri, originem ducis, & praeclaro isto stemmate nobilis ab omnibus merito iudicaris, tua etiam virtus nobilitate omni nobilior in primis celebranda mihi videtur. Memini eo die quo te vidi, & corporis animique egregias dotes sum admiratus, memini, inquam, veteris illius Gregorii, qui Anglos Romam proficiscentes Angelos esse putauit. Erat in illis pietatis studium cum corporis elegantia coniunctum, sin secus, vultus pulcritudo illa voluptatis esca & malitiae erat velamentum. Pietas vero quae in ipsis tuis oculis quasi cernitur, mirabiles tui excitat amores: illamque a te in perpetuum amari & coli conuenit, quae vt ab omnibus ameris efficit. Hic plura de tuis virtutibus egregiis non dicam, quibus vtique suspensa hedera aut praecone nihil opus est. Quum enim inter Britannos omnium populorum longe florentissimos, Elisabethae selectissimae Reginae gratia, familiae amplitudine, atque amicorum multitudine & auctoritate emineas, ad res magnas et praeclaras gerendas te natum esse non Anglia tantum, quae te genuit, sed orbis vniversus qui te nouit vno ore depraedicat. &c.

und ihre Kindererziehung zu beobachten[1]. Ein ganz ungewöhnliches politisches Verständnis verraten endlich auch die großartigen kritischen Ansichten über England sowie die anderen europäischen Nationen und ihre Herrscher, die Greville in seiner Biographie Sidney beilegt[2]. Alle diese Dokumente weisen die gleiche Vorliebe Sidneys für System und Ordnung auf, die wir bei der Anlage der Arcadia noch werden feststellen können.

Nehmen wir noch dazu, daß Sidney in der *Apology*[3] ausdrücklich bemerkt, daß die gelehrten Definitionen des Philosophen[4] über Tugend und Laster, äußere Politik und persönliches Verhalten *(matters of public policy or private government)*, erst ihre volle Bedeutung erlangen, wenn sie vom Dichter angefaßt werden, so ist es vielleicht nicht mehr so wunderbar, wenn wir den noch nicht 23jährigen Anton bei dem Versuch antreffen, seinen politischen Ansichten und Erfahrungen auf so eigenartige Weise einen dichterischen Ausdruck zu geben. Überraschender und doch wiederum seinem innersten Wesen entsprechend ist der verneinende Standpunkt, den er seiner Zeit gegenüber einnimmt; gibt er doch nicht seinen Hoffnungen, sondern lediglich seinen Enttäuschungen in der Politik Ausdruck. Nach dem Titel des Werks, Arcadia, würde man erwarten, daß der Dichter uns hier vielleicht in der Art von Thomas Morus' Utopia das Ideal einer Staatsverwaltung oder in der Art von Xenophons Cyropaedie in der Figur seines Basilius das Ideal eines Herrschers vorführen würde, aber statt dessen schildert er uns, wie schon Greville wußte, ein durch die Schuld der

---

[1] Da Robert Sidney seine Reise nach Deutschland 1578 antrat (DNB), muß auch die Abfassung des Briefes noch in das gleiche Jahr fallen; spricht doch Philip Sidney von Frankreich, Spanien, Holland und Deutschland als den Ländern *you are going into.* Der vielfach neugedruckte Brief findet sich auch bei Fox Bourne a. a. O. S. 222 ff.

[2] Greville a. a. O. S. 78 ff.

[3] ed. Cook S. 16.

[4] Wie wir später sehen werden, offenbar eine Anspielung auf die „Ethik“ und „Politik“ des Aristoteles.

Herrschenden im Verfall begriffenes Staatswesen. Das muß uns, die naturgemäß am ehesten in dem Roman eine Wiederspiegelung von dem Glanz des Elisabethzeitalters und dem großen Aufschwung Englands während dieser Zeit erwarten würden, zunächst merkwürdig anmuten, erklärt sich aber zur Genüge aus den persönlichen Eindrücken und Erfahrungen Sidneys. So sehr die Gesandtschaft nach Deutschland seine Stellung befestigt hatte und so glänzend die äußere Rolle war, die er damals am englischen Hofe spielte, so litt er im Innern unter schweren Enttäuschungen und Depressionen. Auf der Reise war ihm in den Gesprächen mit den protestantischen Fürsten des Kontinents die Erkenntnis aufgegangen, daß seine Lieblingsidee von dem Bündnis der protestantischen Mächte Europas an der Indolenz der gekrönten Häupter scheitern würde, die nur reich werden und ihre Sinne befriedigen wollten[1]. Zum andern mußte er jetzt erleben, wie wenig auf seine Königin zu bauen war, die seinen Vater in seiner Eigenschaft als Lord Deputy of Ireland mit stetem Mißtrauen verfolgte. Gerade in dem Jahre 1577, in das wir den Beginn der Arcadia verlegt haben, war es dem Earl of Ormond, dem erbittertsten Gegner des alten Sidney, gelungen, die Königin so gegen ihn aufzuhetzen, daß er in Ungnade fiel und die Königin ihm am 9. August, gerade zu der Zeit, wo Philip in Wilton weilte und nach unserer Annahme die Arcadia entwarf, einen harten Brief senden ließ mit dem Befehl, sich wegen beleidigenden Verhaltens gegenüber Ormond und wegen angeblich übergroßer Ausgaben in Irland zu verantworten[2]. Philip war von diesen Umtrieben gegen seinen Vater genau unterrichtet und sandte schon im August Waterhouse, den erfahrenen Agenten seines Vaters, an den Hof, um nach dem Rechten zu sehen, ohne ihm aber besondere Instruktionen geben zu können, und zwar, wie er ausdrücklich bemerkt, aus dem Grunde nicht, weil die Gefühle und die

---

[1] Vgl. Fox Bourne a. a. O. S. 149.

[2] Fox Bourne a. a. O. S. 165.

Politik der Krone sich jeden Tag zu ändern pflegten[1]. Trotzdem Waterhouse geschickt vorging, entschloß sich doch Philip im September, Wilton zu verlassen und selbst an den Hof zu gehen, um gegen die Verleumder seines Vaters aufzutreten; noch in der ersten Hälfte des September[2] verfaßte er die umfangreiche Verteidigungsschrift für die Politik seines Vaters, durch die es ihm gelang, Elisabeths Argwohn für die nächste Zeit zu beschwichtigen. Diese Stimmungen Sidneys helfen uns den auffälligen Zug zu erklären, daß er in der Arcadia genau so wie in dem Festspiel *The Lady of the May*, das Lord Leicester im Frühjahr 1578 in Elisabeths Gegenwart aufführen ließ, sich jeglicher Schmeichelei gegenüber der Königin enthält, ja bei genauerem Hinsehen nicht nur durch diese Enthaltsamkeit, sondern auch durch positive Züge Kritik an ihr und ihrer Politik übt.

Dieser Zug von Kritik gegenüber der eigenen Nation und dem eigenen Herrscher, den die Arcadia mit Morus' Utopia teilt, ist sehr auffallend gerade für die damalige Zeit, wo die bedeutenderen Schriftsteller sich bemühen, das nationale Element stark in den Vordergrund treten zu lassen, so Spenser in seiner Feenkönigin allein schon durch die Wahl Arthurs als Helden, und Lyly dadurch, daß er England zum Schauplatz des zweiten Teiles des Euphues macht. Im einzelnen äußert sich Sidneys Kritik vor allem in der deutlichen Parallele zwischen Basilius, der die Zügel der Regierung am Boden schleifen läßt und dadurch das Reich in Gefahr bringt, und Elisabeth, die durch ihre Vorliebe für eine reine Defensivpolitik nicht zum energischen Vorgehen gegen den äußeren Feind zu bewegen war und den Beinamen *Elisabeth the peasible* führte[3]. Gegenüber der Politik der Defensive und der Kompromisse, wie sie Elisabeth und Burleigh begünstigten, war eine kleine Partei weitblickender und unternehmender Geister vorhanden,

[1] Fox Bourne S. 166 ff.
[2] Fox Bourne S. 174.
[3] Puttenham, Arte of English Poesie, ed. Arber S. 192.

darunter Walsingham, Essex, Drake und Raleigh, die für ein Zusammengehen Englands mit den protestantischen Mächten des Kontinents, besonders den Hugenotten, Verstärkung der Seemacht und vor allem Vorkehrungsmaßregeln gegenüber der spanischen Gefahr eintrat[1]. Spenser, den wir wiederum an der Seite Sidneys erblicken, hat seinen imperialistischen Ansichten in seinen Dichtungen deutlichen Ausdruck gegeben[2]; bei Sidney sind wir genötigt, Rückschlüsse zu ziehen aus den politischen Ansichten, die ihm Greville in seiner Lebensbeschreibung in den Mund legt, dem Briefwechsel mit Languet und einigen sonstigen Äußerungen. Eine wertvolle Unterstützung bieten die Ansichten Wilhelms von Oranien, die Greville in den Niederlanden an Ort und Stelle im Jahre 1579 empfangen hatte und in seiner Biographie wiedergibt; war doch Sidney kurz vor Abfassung der Arcadia (1577) bei Oranien gewesen und seitdem in steter Verbindung mit ihm geblieben. Oranien hatte Greville in der Unterredung vom Jahre 1579 Mitteilungen gemacht über die Gefahren, in denen sich England, die deutschen Staaten und die Niederlande durch den Ehrgeiz und die Eroberungslust Spaniens befänden, und über ihre unbegreifliche Sorglosigkeit[3]. Er hatte an der Königin von England *a little neglect in her Princely mildness* festgestellt, indem sie die Partei der Hugenotten in Frankreich nicht gegen die spanischen Ambitionen zu verwerten verstünde, hatte das *remiss looking on* der englischen Regierung gegenüber der Aktivität Österreichs, die das Vertrauen seiner Nachbarn weckte, ziemlich unumwunden für *an omission* erklärt und schließlich sogar seine Zweifel an dem

[1] Vgl. F. Brie, Imperialistische Strömungen in der englischen Literatur (Anglia XL, 1916, S. 19 ff.).

[2] Vgl. Greenlaw: Spenser and British Imperialism (Modern Philology IX 1911—12).

[3] Greville a. a. O. S. 21 ff. Bei Greenlaw, Sidney's Arcadia as an example of Elisabethan allegory (Anniversary Papers by Colleagues and Pupils of G. L. Kittredge 1913 S. 336 ff.) sind diese Äußerungen irrtümlicherweise Sidney in den Mund gelegt.

richtigen Überblick Englands und Frankreichs über die gegenwärtige Lage ausgesprochen: *Because while their Princes stood at gaze, as upon things far off, they still gave way for the Popish, and Spanish invisible Arts, and Counsels, to undermine the greatness, and freedom both of Secular and Ecclesiasticall Princes: a mortall sickness in that vast body of Germany, and by their insensible fall, a raising up of the house of Austria many steps towards her long affected Monarchy over the West.* Daß diese Ansichten Oraniens sich mit denen von Sidney deckten, können wir schon daraus schließen, daß gerade am Schluss dieser Mitteilungen Oranien seinem Unterredner den Auftrag gab, Sidney der Königin Elisabeth für jeden politischen Auftrag zu empfehlen als *one of the ripest, and greatest Counsellors of Estate . . . that at this day lived in Europe.* Außerdem aber teilt uns Greville in seiner Lebensbeschreibung auch direkt mit, daß Sidney es sich bei seiner diplomatischen Reise im Jahre 1577 zur Aufgabe machte, den vorsichtigen und langsamen Gemütern der deutschen Fürsten die Gefahren zum Bewußtsein zu bringen, die ihnen stündlich von Rom und Spanien her drohten (a. a. O. S. 42), und daß er das einzige Heil dagegen in *a general league in Religion* zwischen England und den protestantischen Mächten sah: *To this end did that undertaking spirit lay, or at least revive the foundation of a league between us, and the German Princes, which continues firme to this day: The defensive part whereof hath hitherto helped to support the ruines of our Church abroad, and diverted her enemies from the ancient ways of hostility, unto their Conclave, and modern undermining Arts* (a. a. O. S. 44). Bei seiner ausführlichen Schilderung der Ansichten, die Sidney über die europäische Politik seiner Zeit in den Jahren 1585—86 hegte, betont er noch einmal, wie Sidney *observed a fatall passivenesse generally currant, by reason of strange inequalities between little humors and great fortunes in the present Princes reigning* (a. a. O. S. 80).

Einige Ergänzungen dazu bietet auch der Briefwechsel mit Languet. Am 7. Mai 1574 klagt Sidney, daß die protestantischen Fürsten sich einem zu tiefen Schlummer hingeben. In dem Brief vom 8. Januar 1578 drängt Languet, daß man doch ja den Plan der Liga mit den protestantischen Fürsten in Deutschland aufrecht erhalten solle. Der Brief vom 10. März 1578 enthält eine resignierte Klage darüber, wie die Königin säumt, der protestantischen Sache zu helfen. Am 20. September 1578 bedauert Languet, daß die Engländer Belgien nicht genügend unterstützt haben[1]. Auch in dem Brief an seinen Bruder Robert vom Jahre 1578 spricht Sidney von den deutschen Fürsten *with whom we may have league* und von der Notwendigkeit, die Macht und die Gesinnung von Frankreich und Spanien gegenüber England zu überwachen. Mit größter Deutlichkeit spricht er endlich in der *Apology* (S. 45)[2] von der gegenwärtigen *over-faint quietness* und von *idle England* im Gegensatz zu den früheren kriegerischen Zeiten.

Die Erkenntnis, daß Spanien die deutschen Fürsten durch Drohungen und Versprechungen zu entzweien und gegeneinander aufzuhetzen suchte, um dadurch an ihnen eine leichtere Beute zu haben, und darauf ausging, sich die Herrschaft über den ganzen Westen zu sichern, während die europäischen Mächte dahinträumten und die von Spanien und dem Katholizismus drohenden Gefahren nicht sahen[3], ließ Sidney in der Schilderung, die Polybius in seiner Kriegsgeschichte (V 104 ff.) von den griechischen Staaten zu Ende des 3. Jahrhunderts v. Chr. gibt, die genaue Parallele zu den Zuständen seiner eigenen Zeit erblicken[4]. Das Schicksal des damaligen Griechenlands, das trotz aller Warnungen die von Rom drohende Gefahr nicht rechtzeitig genug erkannte und sich nicht zu einheitlicher Abwehr aufraffen konnte, bewog ihn, die Handlung der Arcadia in jener Zeit sich abspielen zu lassen und alle

---

[1] Pears a. a. O. S. 59, 135, 146, 151.

[2] Über die Abfassungszeit der *Apology* vgl. oben S. 28.

[3] Vgl. die Schilderung der Ansichten Sidneys bei Greville a. a. O. S. 86—109.

[4] Vgl. den Abschnitt „Die Arcadia nnd die Antike“.

seine Sorgen um eine stärkere Rüstung und ein energischeres Vorgehen gegenüber Spanien in die völlig unmotivierte, zur Handlung des Romans nichts beitragende Beschreibung von der Politik des weisen Euarchus von Makedonien zu Beginn des 5. Buches (B 580—582) niederzulegen. Sobald Euarchus den Verdacht hat, daß die Latiner die Gelegenheit benutzen wollen, um ihre alten Wünsche nach einer Unterwerfung Griechenlands in die Tat umzusetzen, sucht er dem dadurch zuvorzukommen, daß er durch Briefe und Boten die verschiedenen griechischen Staaten auffordert, ihre Kräfte gegenüber der drohenden Gefahr zu vereinigen[1], seine Küsten gegen eine Invasion sichert, Aushebungen und Ausbildung von Truppen im ganzen Lande regelt, seine Marine vermehrt und alle bedrohten Küstenplätze verstärkt. So wie die Latiner infolge dieses energischen Auftretens ihre Absichten aufgeben, sollte nach der Ansicht Sidneys und seiner Freunde Spanien zum Verzicht auf seine Angriffspläne gebracht werden.

Wie verbreitet in den gelehrten Kreisen des Hofes die Erscheinung war, daß jemand seine politischen Ansichten in literarischem Gewande niederzulegen suchte, zeigt uns das Beispiel von niemand anderem als von Greville selbst, der nach seinen eigenen Worten seine Jugendtragödie von Antonius und Cleopatra aus politischer Besorgnis dem Feuer überlieferte[2] und in seinen späteren Tragödien versuchte *to trace out the high waies of ambitious Governours, and to shew in the practice, that the more audacity, advantage, and*

---

[1] to move the states of Greece, by uniting their strength, to make timely provision against this peril; by many reasons making them see that, though in respect of place some of them might seem farther removed from the first violence of the storm, yet being embarked in the same ship, the final wreck must needs be common to them all (B 581).

[2] a. a. O. S. 156: Many members in that creature (by the opinion of those few eyes, which saw it) having some childish wantonnesse in them, apt enough to be construed, or strained to a personating of vices in the present Governors, and government.

good successe such Soveraignties have, the more they hasten to their owne desolution and ruine[1].

Das Entscheidende aber ist, daß eine sorgfältige Zergliederung des Inhalts der Arcadia unter dem Gesichtspunkt des politischen oder Staatsromans alle Behauptungen Grevilles bestätigt. Die wichtigeren politischen Bestandteile sind bezeichnenderweise schon in I vorhanden, wo dadurch, daß die Vorgeschichte der beiden Freunde in den Eklogen berichtet wird, die Persönlichkeit und die Schicksale des Basilius und seiner Angehörigen viel mehr in den Vordergrund treten, während die vielen Zusätze und Erweiterungen von II den politischen Charakter der Arcadia nur verwischen. Die beiden Figuren, die bereits Greville als die Hauptträger der politischen Ideen nennt, tragen allegorische Namen, die ihre Tendenz andeuten sollen, Basilius = βασιλεῦς, Euarchus = εὐάρχος. An dem Bilde des ersten will Sidney die Gefahren vor Augen führen, in die ein schwächlicher Monarch sein Reich stürzt, an dem Bilde des zweiten die vorbeugende und energische Politik, die der tüchtige Herrscher treibt. Diese Ausführungen sind in sachlichem, ernsten Tone gehalten, gleich als ob es sich nicht um Bestandteile eines Romans, sondern um wirkliche Ereignisse handle, und nehmen bisweilen einen so lehrhaft-systematischen Charakter an, daß wir eine staatsrechtliche oder politische Abhandlnng vor uns zu haben glauben. Diese Erscheinung wiederum legt von vornherein die Vermutung nahe, daß Sidney hier an irgendwelche ihm bekannte Auseinandersetzungen über Politik oder politische Theorien anknüpft. Damit streifen wir zum ersten Male die Quellenfrage, die bei der Arcadia wie auch bei den anderen Werken Sidneys deshalb so viel Schwierigkeiten bereitet, weil der Dichter über eine so ungewöhnliche Kenntnis der Schriften des Altertums und der Renaissance verfügt, wie sie sonst nur bei Gelehrten der Zeit vorzukommen pflegt. Dazu kommt, daß er alles,

---

[1] a. a. O. S. 221.

was er an Wissen und Ansichten anderer sich zu eigen macht, so intensiv aufgreift und so mit seiner ganzen Persönlichkeit durchdringt, daß es bei der Wiedergabe als etwas Neues und Eigenartiges erscheint, dem die Herkunft nur selten auf den ersten Blick anzusehen ist[1].

[1] Das Verhältnis von Entlehung und Erfindung hat er selbst anschaulich geschildert im ersten Sonett von *Astrophel and Stella*: Wenn er dichten will, so nimmt er sich die Werke anderer vor, um sich von ihnen zu eigenem Schaffen anregen zu lassen, aber die Worte kommen ihm nur zögernd und mangeln der Erfindung; denn Erfindung, das Kind der Natur, flieht die Schläge der Stiefmutter Studium, und die Füße der anderen scheinen nur Fremdlinge auf seinem Pfad. Voll Begierde zu sprechen und doch ohne dazu im stande zu sein, beißt der Dichter seine Feder und schlägt er sich selbst vor Zorn, bis die Muse ihn einen Narren nennt und ihn auffordert, in das eigene Herz zu schauen und zu schreiben.

IV. Die politischen Bestandteile der Arcadia und ihre Herkunft.

Sidneys Bekanntschaft und Zusammenwirken mit den großen Politikern seiner Zeit legt es nahe, zunächst an eine Anregung durch ihre Schriften zu denken. Erörterungen über die Regierungsformen der Staaten, die Herrscher und ihr Verhältnis zu den Untertanen waren dem Mittelalter, wenn man von der pädagogischen Literatur der Fürstenspiegel absieht, etwas Fremdes, lagen aber im Zeitalter der Renaissance, wo man Platos „Staat" und Aristoteles' „Politik" eifrig studierte, in der Luft und bildeten auch einen Lieblingsgegenstand der Unterhaltung zwischen Sidney und seinen Vertrauten, vor allem Languet; ist doch Sidneys aristokratischer Standpunkt, der sich in der Art kundgibt, wie er die Krone als ein auserwähltes Gut auffaßt, gern von dem *sacred name of majesty* spricht, die Tradition des Herrscherhauses verteidigt[1] und im Volke eine wankelmütige, verächtliche Masse sieht, der gleiche wie der von Languet. Die Utopia von Thomas Morus, die das Problem der Staatsverfassungen im Sinne des Kommunismus löste, konnte Sidney in politischer Hinsicht nichts bieten und so geht auch die ganze Idee des Idealstaates an ihm spurlos vorüber[2]. Machiavellis „Fürst", den er genau kannte[3], stand seinem ganzen Gedankengange nach Sidneys ethischer

---

[1] Vgl. besonders die Rede des Musidorus (B. 599).

[2] Vgl. auch das Urteil über die Utopia in der *Apology* (S. 17).

[3] Vgl. Sidneys Brief an Languet vom 29. April 1574 und Languets Brief an Sidney vom 13. Mai 1574; ebenso in dem *Discourse in Defence of the Earl of Leicester* (ca. 1584).

Veranlagung zu fern und trug zu sehr den Charakter eines praktischen, auf italienische Verhältnisse zugeschnittenen politischen Führers, um für die Gesamttendenz der Arcadia in Betracht zu kommen. Schwieriger liegen die Dinge bei den Schriften von Jean Bodin. Schon der weitschweifige *Methodus ad facilem historiarum cognitionem*, den Sidney in dem Brief an seinen Bruder Robert (18. Oktober 1580) zitiert, gibt in dem sechsten Abschnitt eine lange Schilderung der antiken Staatsverfassungen verglichen mit den modernen. Auch Bodins *Six Livres de la République* (Paris 1577) dürfte Sidney bei dem Ansehen, das Bodin genoß, bald nach Erscheinen zu Gesicht bekommen haben; auch hier fand er im zweiten Buche eine ausführliche Besprechung der verschiedenen Staatsverfassungen mit steter Bezugnahme auf die „Politik" des Aristoteles, zu der Bodin schon im Methodus kritisch Stellung genommen hatte. Berührungen im einzelnen sind indessen zwischen der Arcadia und den Schriften von Bodin nicht vorhanden. Während alles, was beiden Verfassern gemeinsam ist, sich ohne Schwierigkeit durch die gemeinschaftliche Benutzung von Aristoteles erklärt, ist bei Sidney die ständige Verbindung zwischen Politik und Ethik, die Rolle, welche die Tugenden des Herrschers spielen, u. a. m. nur durch ein direktes Zurückgehen auf Aristoteles verständlich.

Ferner kannte Sidney sicher die *Vindiciae contra tyrannos* (ca. 1574), als deren Verfasser wir heute den Hugenotten Plessis du Mornay ansehen, einen nahen Freund Languets, den Sidney wohl schon 1572 in Paris kennen gelernt hatte, mit dem er jedenfalls von 1577 ab in vertrautem Verkehr stand[1]. Obwohl Mornay trotz aller seiner kalvinistischen Ideen ein aristokratischer Geist war, der sich nicht scheute das Volk ein vielköpfiges Ungeheuer zu nennen, geht er doch bei der Erörterung freiheitlicher Probleme weit über Sidneys und Languets royalistische Anschauungen hinaus, so bei dem Problem von der Souveränität des Volkes und

[1] Vgl. Fox Bourne S. 181.

in den Fragen, wie weit der König ein Diener des Staates ist und wie weit Widerstand gegen einen Herrscher erlaubt ist, der einen Staat unterdrückt oder vernichtet[1]. Von Gedankengängen dieser Art ist in der Arcadia trotz aller an die Herrscher gerichteten Warnungen nicht die Rede.

Nicht der Renaissance, sondern der Antike gehören die Schriften an, auf die Sidneys politische Darlegungen in der Arcadia zurückzuführen sind. Das ist insofern nicht auffallend, als auch sonst, wie wir noch sehen werden, der ganze Charakter der Arcadia durch antike Einflüsse bestimmt ist. Zunächst läge es nahe an Einwirkungen durch die antiken Historiker zu denken, die sich alle, mehr oder weniger, mit den antiken Staatsverfassungen und ihren Schicksalen auseinandergesetzt haben. Zudem wissen wir, daß Sidney sie genau studiert hatte. Nach seinen eigenen Worten war es ihm nicht entgangen, daß die Geschichtsschreibung seiner Zeit noch auf geringer Höhe stand und sich der römischen anschloß, und so richtete er dem entsprechend sein Augenmerk auf die antiken Historiker wie Herodot, Thukydides, Xenophon, Plutarch, Dion Cassius, Diodorus Siculus, Livius, Justin und Tacitus. In dem Briefe an seinen Bruder (18. Oktober 1580) hebt er ausdrücklich hervor, wie er sich mit der Feder Exzerpte macht[2], und rät er auch dem Adressaten, sich tabellarische Auszüge aus den Historikern anzufer-

---

[1] Vgl. A. Elkan, Die Publizistik der Bartholomäusnacht und Mornays „Vindiciae contra Tyrannos“, Heidelberg 1905.

[2] The last point which tends to teach profit, is of a discourse, which name I give to whosoever speaks, *non simpliciter de facto sed de qualitatibus et circumstantiis facti* (and that it is which makes me and many others rather note much with our pen than with our mind, because we leave all these discourses to the confused trust of our memory, because they being not tied to the tenor of a question, as philosophers use sometimes places). — Auch die Angaben Aubreys in den *Brief Lives* stimmen damit überein: My great uncle, Mr. Thomas Browne, remembred him; and sayd that he was often wont, as he was hunting on our pleasant plaines, to take his table booke out of his pocket, and write downe his notions as they came into his head, when he was writing his Arcadia (which was never finished by him).

tigen, *witty words* aus Tacitus, *sentences* aus Livius oder *similitudes* aus Plutarch zu sammeln und alles gleich unter die richtigen Spezialrubriken einzuordnen. Gleichzeitig heißt er seinen Bruder, beim Studium der Geschichte sein Augenmerk richten auf die Beispiele von Tugend und Laster mit ihren guten und bösen Ausgängen, die Gründung und den Untergang großer Staatswesen samt den Ursachen, der Zeit und den damaligen Gesetzen und den Beginn und das Ende von Kriegen samt der Kriegsführung und der Disziplin der Soldaten. Wenn wir im Verlauf unserer Untersuchung auch werden feststellen können, daß der Dichter in der Arcadia gerade einigen von diesen Punkten seine Aufmerksamkeit zuwendet, und wenn wir auch für den historisch-geographischen Hintergrund eine starke Heranziehung von Schriftstellern wie Polybius, Justin, Strabo und Pausanias werden feststellen können, so ist es doch nicht möglich für die in der Arcadia behandelten politischen Fragen allgemeiner Art bestimmte Partien bei antiken Historikern als vorbildlich anzugeben. Vielmehr erhielt Sidney die entscheidenden Anregungen für die politische Färbung seines Romans durch die theoretische Staatslehre des Altertums und zwar in erster Linie durch die „Politik" des Aristoteles[1]. Die „Politik", die mit einer anderen Schrift von Aristoteles, der „Nicomachischen Ethik", aufs engste verknüpft ist, bot Sidney in zweierlei Hinsicht ein wertvolles Material, durch ihre staatsrechtlich-politischen und ihre ethischen Lehren. Von den ethischen Bestandteilen der „Politik" wird später, wenn wir im Zusammenhang den ganzen Einfluß der Aristotelischen Tugendlehre auf Sidney untersuchen werden, die Rede sein[2]. Von den uns im Augenblick interessierenden staatsrechtlich-politischen Partien der „Politik" zogen ihn

---

[1] Auch die Korrespondenz mit Languet zeigt, wie sorgfältig Sidney die „Politik" studiert hatte. Vgl. Sidneys Brief vom 4. Februar 1574: „Von den Schriften des Aristoteles halte ich die „Politik" für die lesenswerteste." Am 28. Mai desselben Jahres zitiert er das „delphische Schwert" nach Aristoteles' „Politik" (I 1).

[2] Vgl. S. 114 ff.

vor allem an die Ausführungen von Aristoteles über die drei antiken Staatsformen, Monarchie, Aristokratie und Republik samt ihren Ausartungen, Tyrannis, Oligarchie und Demokratie, und über die Ursachen, die zum Sturze der verschiedenen Staatsverfassungen sowie zu bürgerlichen Streitigkeiten führen. Die bei Aristoteles gefundenen Lehren überträgt er auf den Staat Arcadia und seine Nachbarländer. Während aber Aristoteles als Athener naturgemäß die Staatsformen der Demokratie und Aristokratie ausführlicher als die der Monarchie (Tyrannis und Königtum) behandelt, läßt Sidney den Verhältnissen seiner Zeit gemäß die Demokratie unter den Regierungsformen aus und stellt, was auch seinen persönlichen Neigungen entsprach, die Probleme der Monarchie in den Vordergrund, vor allem das von den Ursachen der Revolutionen in Monarchien, das sich auch bei Aristoteles („Politik" VIII 10) behandelt findet. Die Ursache, die Aristoteles als die häufigste hinstellt, daß nämlich der Tyrann oder König von seinem Volke verachtet wird, rückt bei Sidney in den Mittelpunkt der Betrachtung[1]. Während aber Aristoteles bei seinen Beispielen diese Verachtung zumeist auf das wollüstige Leben und den sinnlichen Genuß des Monarchen zurückführt, tritt bei Sidney, wie wir oben schon andeuteten, eine andere Ursache, die ihm durch die politischen Verhältnisse des damaligen Englands nahe gebracht wurde, in den Vordergrund, die Untätigkeit und Leichtgläubigkeit des Monarchen. Aus der systematischen Darstellung bei Aristoteles erklärt sich endlich auch die ganze abstrakte Art, mit der Sidney die politischen Probleme behandelt; an ihr fällt nichts so sehr auf, als der Mangel

[1] Vgl. auch die folgende Stelle der „Politik" (VIII 11): „In den erblichen Königreichen kommt zu diesen Ursachen noch eine andere für deren Untergang hinzu, indem diese Könige sich oft verächtlich machen und übermütig werden, obgleich sie nicht die Gewalt eines Tyrannen, sondern nur die Würde eines Königs besitzen. Hier ist der Sturz leicht; denn ein König kann sich gegen den Willen seiner Untertanen nicht lange halten, und nur der Tyrann vermag auch über Widerwillige zu herrschen."

an einem Eingehen auf einzelne Fragen, Ereignisse und Persönlichkeiten seiner Zeit[1].

Um einen Begriff davon zu geben, in wie hohem Maße nicht nur in I, sondern auch in II das politische Element den Rahmen oder Untergrund der Handlung abgibt, ist es nötig genauer auf die einzelnen politischen Partien einzugehen, schon darum, weil die bisherigen Inhaltsanalysen diesen Punkt gänzlich außer Acht lassen. Trotz ihrer Zahl und ihres Umfangs wollen wir im folgenden die Stellen in möglichst engem Anschluß an das Original skizzieren und auf die Entsprechungen bei Aristoteles verweisen; eine völlig wörtliche Wiedergabe ist wegen der komplizierten Stilmittel Sidneys, die im Deutschen den Inhalt unnötig verdunkeln und verbreitern würden, nicht angebracht.

Schon in der ersten Schilderung des arkadischen Gemeinwesens (F 19) erkennen wir deutlich den Einfluß der aristotelischen „Politik". Arcadia ist der gefeiertste Staat in Griechenland, berühmt vor allem *for the well tempered minds of the people*, denn seine Bürger sehen ihr Glück nicht wie die anderer Nationen im Ruhm, sondern geben durch ihre Gerechtigkeit und Fürsorge weder den Nachbarn Grund zum Angriff, noch gehen sie selbst aus Ruhmsucht auf Eroberung aus. Diese Schilderung ist eine deutliche Nachbildung von der Beschreibung, die Aristoteles (IV 15) von der besten Staatsgemeinschaft gibt, wo die Bürger weniger die kriegerischen Tugenden pflegen als die größeren und mehr Genuß bietenden der Arbeit und Muße. „Deshalb ziemt es sich, daß die Bürgerschaft mäßig, tapfer und standhaft sei. . . . Deshalb braucht man die

[1] Sidneys Anlehnung an die Politik des Aristoteles drängt ganz von selbst zu der Frage, ob für die Arcadia nicht auch Anregungen aus der anderen großen staatspolitischen Schrift des Altertums, Platos „Staat", in Betracht kommen. Dies ist von vornherein schon unwahrscheinlich wegen des utopischen und kommunistischen Charakters des platonischen Staatsgebildes mit seiner Gemeinschaft von Weibern, Kindern und Gütern; in der Tat ist mir auch in der ganzen Arcadia kein Zug begegnet, der an Platos Darlegungen im „Staat" erinnern könnte.

Tapferkeit und die Standhaftigkeit für die Arbeit, die Philosophie für die Muße und die Selbstbeherrschung und Gerechtigkeit für beide Zustände und mehr noch für ein friedliches, der Muße geweihtes Leben . . . denn die, denen es am besten geht und welche den Genuß aller Glücksgüter haben, bedürfen eines hohen Maßes von Gerechtigkeit und Selbstbeherrschung, gleich denen, die dem Dichter zufolge sich auf der Insel der Seligen befinden. Diese werden um so mehr der Philosophie, der Selbstbeherrschung und der Gerechtigkeit bedürfen, je mehr sie ihre Muße im Überfluß solcher Güter genießen. Deshalb muß offenbar ein Staat, welcher glücklich und sittlich werden will, an diesen Tugenden Teil haben."

Wenn wir weiter (F 19) hören, daß Arcadia ein ruhiges Land ist, wo der treffliche Sinn der früheren Herrscher gute Gesetze verliehen hat und wo „die gute Erziehung der Bürger als ein überaus sicheres Band zu ihrer Innehaltung dient", so erkennen wir in dem letzten Vermerk unschwer eine Wiederspiegelung der großen Rolle, die bei Aristoteles (IV 15, V 1 ff.) die staatliche Erziehung des Bürgers für das Gedeihen des Gemeinwesens spielt. Die anschließende Schilderung des Herrschers Basilius (F 19) zeigt bereits die aristotelische Scheidung zwischen öffentlichen (Bürger- und Herrschertugenden) und privaten Tugenden, von der später noch genauer die Rede sein wird[1]. Wenn Kalander mitteilt, daß Basilius zwar nicht in den Tugenden hervorragt, die Bewunderung hervorrufen, wie Tiefe der Weisheit, Höhe des Mutes und Weite der Großherzigkeit (largenesse of magnificence), dagegen bekannt sei für die, welche Zuneigung hervorrufen, wie Wahrheitsliebe, Milde, *courtesie*, Mitleid und Freigebigkeit, so will er damit andeuten, daß Basilius der spezifischen Herrschertugenden entbehrt; nennt doch Aristoteles (Politik III 4) die Weisheit die eigentliche Tugend des Herrschers und die Großherzigkeit eine Tugend, die nur den Männern von edler Abkunft,

---

[1] Vgl. unten S. 114, 136 ff.

hohem Ansehen oder ähnlichem zukommt; zum Überfluß bemerkt Kalander noch, daß Gynecia ihrem Gatten Basilius an *princely vertues* überlegen ist, von denen drei, *wisdome, greatnesse* und *nobilitie* (F 20), angeführt werden.

Durch eine Reihe von weiteren Einzelzügen sucht uns der Dichter vor Augen zu führen, daß Basilius alles andere ist als ein idealer Herrscher, obwohl er dreißig Jahre lang im Einvernehmen mit seinen Untertanen und in Frieden mit seinen Nachbarn gelebt hat (F 24). Kalander stellt fest, daß Basilius nach der Art der Fürsten vorgeht, die, wenn ihre Handlungen oft von gutem Erfolg begleitet gewesen sind, schließlich glauben, nichts sei so töricht, daß sie es nicht doch ehrenvoll machen könnten (F 22), und daß er nach der Art der Großen verliebt in das ist, was er selbst getan hat (F 22). Wichtige Aktenstücke läßt er herumliegen, so daß seine Hofleute im Stande sind Abschriften davon zu nehmen (F 23). Seine Hauptschuld aber, welche die ganze Katastrophe nach sich zieht, besteht darin, daß er, anstatt der eigenen Kraft zu vertrauen und durch das Beispiel einer guten Lebensführung weiterhin seine Untertanen an sich zu fesseln, energielos und leichtgläubig das Orakel in Delphi um die Zukunft befragt und, um die geheimnisvolle, Gefahr verheißende Botschaft des Orakels zu nichte zu machen, sich schwächlich von der Ausübung des Herrscheramtes zurückzieht und sich in dem Entschluß, seine Töchter von allen Bewerbern fernzuhalten, samt seiner Familie in die unstandesgemäße Umgebung ländlich-schäferlichen Lebens begibt. Die Warnungen seines treuen Verwesers Philanax, dem er das Reich anvertraut hat und der ihn darauf aufmerksam macht, wie gefährlich es sei, die bisherige glückliche Regierungsform infolge grundloser Befürchtungen aufzugeben und einen neuen Weg einzuschlagen, läßt er unberücksichtigt (F 24). In beabsichtigter oder auch nur zufälliger Übereinstimmung mit den Ausführungen des Aristoteles (Politik VIII 11), daß es die Eigentümlichkeit der Tyrannen sei, nur die zu lieben, die Anlage haben ihnen zu schmeicheln, vertraut Basilius seine Tochter Pamela der Obhut des unwürdigen und rüpelhaften Dametas an, ohne dessen kriecherischen und minderwertigen Charakter zu durchschauen (F 21, 26). Durch den Mund von Kalander erfahren wir, welche politischen Folgen das Verhalten des Basilius bereits gezeitigt hat. Dadurch, daß er das Steuer der Regierung verloren hat, laufen einmal unter den erstaunten Bürgern viele seltsame Gerüchte herum, darunter das nicht ganz grundlose von der Gefahr, die dem Lande durch Amphialus, den tapferen Neffen des Basilius, droht, zum anderen herrscht unter den ehrgeizigen Vornehmen viel Neid wegen der Erhebung von Philanax zum Verweser des Landes (F 26).

Im Gegensatz zu diesen schlimmen Zuständen in Arcadia wird an dem makedonischen Reiche die ideale Monarchie und an der Gestalt des Euarchus der ideale Herrscher gezeichnet (F 184 ff.). Während Basilius ein gut erhaltenes Staatswesen gefährdet, richtet Euarchus ein zerfallenes wieder auf. Während Basilius der Herrschertugenden entbehrt, ist Euarchus ihr eigentlicher Vertreter[1]. Zur vollen Geltung gelangt diese Gegenüberstellung allerdings nur in I, wo die Schilderung von Euarchus und Makedonien unmittelbar auf die Schilderung von Arcadia und Basilius folgt[2]. Wie sehr Sidney selbst das Gefühl hatte, daß er an dieser Stelle einen theoretischen politischen Exkurs gab, geht daraus hervor, daß er den Redner, dem er in II diese lange Beschreibung von Person und Wirksamkeit des Euarchus in den Mund legt, mit den Worten schließen läßt, er könne ebensogut die ganze Kunst des Regierens auseinandersetzen als ein Bild von der ganzen Tätigkeit des Euarchus geben[3]. Handelt es sich doch auch hier wie bei den nachfolgenden Auseinandersetzungen um Dinge, die mit der Handlung des Romans nicht das geringste zu tun haben. Euarchus in seiner Tatkraft ist das genaue

[1] Vgl. darüber unten S. 136 ff.
[2] Vgl. oben S. 8.
[3] In summe I might as easily sette downe the whole Arte of government, as to lay before your eyes the picture of his proceedings (F 187).

Gegenstück zu Basilius. Während Basilius ein friedliches Erbe antritt, kommt auf ihn die Herrschaft über ein im Zerfall begriffenes Reich. Makedonien hat wohl in früherer Zeit die Oberherrschaft über die andern Staaten Griechenlands, auch Arcadia, besessen, aber zur Zeit seiner Thronbesteigung hat sich durch die Nachlässigkeit oder das Mißgeschick seiner Vorfahren diese Abhängigkeit gelockert. Daher läßt Euarchus die alten Ansprüche fahren und beschränkt sich klug auf die Leitung seines eigenen Staatswesens. Er ist das Urbild eines Herrschers, der seine Größe in Tugend (goodness) sucht, in beabsichtigter oder zufälliger Übereinstimmung mit dem aristotelischen Grundsatz (VIII 10), daß das sinnlich Angenehme der Zweck sei, wonach der Despot, das moralisch Gute der Zweck, wonach der wahre König strebt. Etwa 50 Jahre alt ist er von gutem Aussehen und einer ernsten Majestät, versehen mit einem Körper, den er durch systematische Übungen gleich weit im Unternehmen und Aushalten gebracht hat[1].

Waise von Vater und Mutter her fand Euarchus bei seiner Mündigwerdung die Leitung seines Staatswesens so in Verfall, daß selbst der Königstitel beim Volke unpopulär geworden war, und zwar aus dem Grunde, weil die Großen des Landes in der Zwischenzeit Mißbrauch mit ihm getrieben hatten. Es folgt ein Exkurs über die Schäden der Oligarchie, im Geiste von Aristoteles gehalten, der in der Politik (III 7 ff.) die Oligarchie als eine ausgeartete Aristokratie beschreibt. Die genannten Lords hatten während der Unmündig-

[1] Die Schilderung des Euarchus erinnert in manchen Zügen wiederum an eine glänzende Herrschergestalt der damaligen Zeit, Wilhelm I. von Oranien, genannt der Schweiger (geb. 1533), mit dem Sidney unmittelbar vor Abfassung der Arcadia (1577) in den Niederlanden bekannt geworden war. In dem damals etwa 45jährigen Oranien, mit dem ihn in späteren Jahren eine enge Freundschaft verband, sah Sidney den anerkannten Führer der Protestanten Europas und den größten Staatsmann der Zeit. Leider bin ich nicht imstande festzustellen, ob die Anspielung auf die fünfzig Jahre des Euarchus sich bereits in I findet; sollte sie erst in II (1581—82) vorhanden sein, so würde das Alter genau auf Wilhelm von Oranien passen.

keit des Euarchus dadurch, daß sie ihre Parteigenossen ungerechterweise begünstigten und die, die ihre Freiheit gegen sie verteidigen wollten, unterdrückten, ganz unmerklich die schlimmste Art von Oligarchie errichtet[1], die darin besteht, daß die Untertanen durch einige wenige regiert werden und doch nicht erfahren, wer diese sind, denen sie gehorchen sollen. „Diese Lords, die wohl die Macht von Königen, aber nicht deren Art (*nature*) besaßen, machten von der Gewalt Gebrauch wie die Pächter von ihren Gütern, wenn sie wissen, daß sie innerhalb eines Jahres aus der Pacht heraus müssen; sie bestraften mit des Königs Schwerte die, welche sie haßten, und belohnten mit des Königs Börse die, welche sie liebten, und, was am schlimmsten war, sie ließen auf diese Weise den königlichen Namen dazu dienen, die königliche Herrschaft zu untergraben; denn die Untertanen hatten von ihrem Könige keinen anderen Gewinn als schwere Steuern zu nichtigen Zwecken, Gesetze, die mehr dazu gemacht waren Fehler aufzuspüren als zu verhindern, und einen Fürstenhof, der mehr für einen Ort privilegierter Zügellosigkeit galt als für den Sitz dessen, der wie ein Vater dem Volke ein väterliches Beispiel geben sollte. Hieraus erwuchs eine Auflösung aller Stände, während deren die Bedeutenderen gemäß der Natur des Ehrgeizes, der nie satt wird, Parteien unter sich bildeten und die Schwächeren, froh denen untergeordnet zu sein, die sie am wenigsten haßten, sich vor denen hüteten, die sie am meisten haßten. Tugendhafte Männer wurden unterdrückt, damit ihre Reinheit nicht die Gemeinheit der anderen offenbare, und auf die Dauer geriet die Tugend selbst fast in Vergessenheit, da sie kein Ziel mehr hatte, worauf sie sich richten konnte. Die alten Leute, die in Korruption großgezogen waren, verachteten die, die nach Besserung strebten; die jungen Leute fanden überall Fehler, aber hatten selbst viele; hinneigend nach dem Neuen in Sitten, Tracht und allem andern, waren

---

[1] had brought in (by a more felt then seene maner of proceeding) the worst Kind of *Oligarchie* (F 185).

sie nach der Gewohnheit des schuldbewußten Lasters froh über jede Änderung, obwohl oft zum schlechteren; der Handel wurde mißbraucht und die Städte gingen zu Grunde aus Mangel an gerechter und natürlicher Freiheit; die Ämter, selbst die der Richter, wurden verkauft; die öffentliche Verteidigung wurde vernachlässigt. Kurz, alles stand schief und geriet dadurch auf die allerschiefste Bahn, daß der Verstand mehr dazu mißbraucht wurde, um Gründe zu erdichten, warum alles verkehrt sein sollte als um danach zu suchen, wie man es abstellen solle."

In einem solchen Zustand fand Euarchus sein Reich vor, als er zur Herrschaft gelangte, die er nun wegen der langen Periode der Mißbräuche durch bisweilen weitgehende Strenge zu befestigen genötigt war, nicht so sehr wegen der Missetaten, die er lieber zu verhindern als zu bestrafen suchte, als wegen der Missetäter, die auf seine Jugend mit Verachtung blickten und sich nicht darein finden konnten, daß der Mann, den sie so lange zur Maskierung ihrer eigenen Gelüste benutzt hatten, sie nun zur Ordnung zu bringen gewillt war. Aber sodald er durch einige wenige, aber beachtenswerte Exempel seinen Untertanen das Bewußtsein ihrer Pflicht eingeprägt hatte, bewies er, daß weder niederer Argwohn noch Neid einen solchen Herrscher bestimmen konnten. Die ehrfurchtsvolle Scheu, die seine Gerechtigkeit hervorrief, ließ seine alsdann zu Tage tretende Liebe bei den Untertanen aufs liebenswerteste erscheinen. „Seine erste und Hauptsorge war seinen Untertanen so zu erscheinen, wie er sie sich selbst wünschte und so zu sein, wie er erschien; sein Leben gestaltete er zum Vorbild seiner Gesetze und ließ seine Handlungen aus seinen Taten entspringen. So gewann er in kurzer Zeit einzigartige Liebe und einzigartiges Vertrauen unter seinem Volke. Denn wie konnten sie anders als den lieben, von dem sie sahen, daß er sie so treu liebte? War er doch auch der Ansicht, daß die, welche die Obhut über Tiere hätten, ihre Aufgabe lieben und für sie sorgen sollten und daß um so mehr der seine edle Aufgabe lieben solle, der des ausgezeichnetsten Geschöpfes zu walten habe. Während die meisten Herrscher, von Schmeichelei dazu verführt werden, auf falschen Regierungsgrundsätzen zu fußen und sich so zu etwas anderem als das Volk machen, infolgedessen das als Gewinn betrachten, was sie von diesem erlangen können, und sich selbst (als ob wie bei zwei Wagschalen ihr Stand *[estate]* am meisten emporschnellte, wenn das Volk am tiefsten stände) durch einen falschen Schluß am meisten Herrscher dünken, wenn ihre Untertanen am tiefsten unterdrückt sind, erkannte Euarchus dagegen in seiner Tugend und Weisheit, daß er mit seinem Volke eine einzige politische Körperschaft *(all but one politike bodie)* bilde, von der er selbst das Haupt sei, und sorgte für sie wie für seine eigenen Glieder, indem er niemals ihre Freiheit beschnitt, außer wo sie zur Ausschweifung ausartete, noch sie ihrer Güter beraubte, die, wie sie bemerkten, nicht zum Erwerb eines größeren Gutes verwendet wurden; vielmehr zeigte er in allen seinen Handlungen Freude an ihrem Wohlergehen und brachte es so zustande, daß er, ohne etwas gewaltsam zu nehmen, alles durch ihre Liebe besaß" (F 187).

Diese ganze Erörterung über die Mittel, durch die Euarchus seine Herrschaft aufzurichten und sich die Liebe seiner Untertanen zu gewinnen weiß, schließt der Sprecher mit den Worten, daß er ebensogut die ganze Kunst des Regierens auseinandersetzen als ein Bild von der ganzen Tätigkeit des Euarchus geben könne. Die ganze Erörterung faßt viele einzelne Punkte von dem zusammen, was Aristoteles im 8. Buche von der Erhaltung der Herrschaft sagt. Es mag an dieser Stelle genügen auf die Zusammenfassung zu verweisen, die Aristoteles zum Schluß des 11. Kapitels gibt: „Die Natur und die Absicht der allgemeinen Regel ist klar; sie geht dahin, daß der Beherrscher eines Staates, der sich erhalten will, seinen Untertanen nicht als Tyrann, sondern als ein König und Haushalter des Staates erscheine, nicht als einer, der nur für sich sorgt, sondern als ein Vormund für sie, und daß er in seiner Lebensweise Maß hält, nicht in das Übermaß sich stürzt und nicht bloß mit den Vornehmen verkehrt, sondern gegen die Menge sich gefällig zeigt. Dann muß seine Herrschaft sich nicht allein schöner und beneidenswerter gestalten, weil er über bessere und nicht herabgedrückte Menschen herrscht, sondern seine Herrschaft wird dann auch weder fortwährend gehaßt, noch gefürchtet werden, vielmehr sich lange Zeit erhalten.“

Den Einfluß von Aristoteles vermögen wir auch daran zu erkennen, daß der Idealherrscher Euarchus völlig mit dem alten Typus des Eroberer-Herrschers bricht. Er begnügt sich mit dem ererbten Besitz und zieht nur in den Krieg, um seinem Freunde, Dorilaus von Thessalien, gegen einen feindlichen Überfall durch die Könige von Phrygien, Lydien und Kreta zu helfen. Den von Aristoteles beständig betonten Gedanken (vgl. IV 15), daß der Friede das Ziel des Krieges ist, drückt Sidney mit den Worten aus, daß Euarchus und Dorilaus *begat of a just war, the best child, peace* (F 188). Entsprechend den Ansichten des Aristoteles, daß alle Sorgfalt für den Krieg zwar als gut anzusehen ist, aber zugleich nur als Mittel für das Ziel und nicht als das höchste Ziel selbst (IV 2), trifft Euarchus bei der drohenden Gefahr eines Einfalls durch die Latiner mit der größten Sorgfalt alle Kriegsvorbereitungen, bricht sie aber sofort wieder ab, sobald die Gefahr beseitigt ist (B 581 ff.).

Eine bedeutsame Figur, die gleich zu Anfang des Romans eingeführt wird und bis zum Schluß eine ausschließlich politische Rolle spielt, die der Verkörperung des Staatsgedankens, ist Philanax, der Ratgeber und Landesverweser des Basilius. Er, von dem gleich zu Anfang (F 23) bemerkt wird, daß es zweifelhaft sei, ob er Basilius oder den Monarchen mehr liebte, redet und handelt überhaupt nur aus Staatsinteresse, entweder direkt oder auf dem Umweg seiner Liebe zu dem Monarchen. Die Absichten, die der Dichter mit ihm verband, erhellen daraus, daß er bei allen wichtigen Entscheidungen von Basilius um Rat angegangen wird und so Gelegenheit erhält seine Ansichten ausführlich zu begründen, daß aber Basilius nie seinem Rate folgt. So dient er dazu, dem Leser vor Augen zu führen, wie Basilius in den entscheidenden Augenblicken seiner Stellung als Herrscher und dem Wohl des Landes entsprechend hätte handeln sollen. Auch in den Hinzufügungen der erweiterten Fassung ist dieser ausschließlich politische Charakter des Philanax sorgfältig gewahrt. Wegen der Aufhebung der Belagerung von Cecropias Burg um Rat befragt, hält er eine Rede über die Pflichten des Monarchen (F 466 ff.); außer stande Basilius umzustimmen, bemüht er sich um die Wiederaufrichtung der durch den Bürgerkrieg erschütterten Monarchie (F 510 ff.). In der Katastrophe am Schlusse ist er aus Liebe zu dem totgeglaubten Monarchen der starre Vertreter des öffentlichen Interesses gegenüber jedem privaten Gefühl, mit dem einzigen Ziel im Auge, die staatliche Ordnung wiederherzustellen[1].

Im Anschluß an die Darlegungen des Aristoteles über Umwälzung der Staatsverfassungen und Ursachen bürgerlicher Streitigkeiten und Unruhen (VIII 1—4) zeigt Sidney an der Haupthandlung des zweiten Buches der Arcadia, wie das schwache Regiment des Basilius zum Aufstand des Volkes führt. Die Entstehung des Aufstandes geht folgendermaßen von statten: Als die Menge den Geburtstag des Basilius beim Wein feiert, beginnen die Leute in ihrer Trunkenheit, ermutigt durch die zurückgezogene Lebensweise von Basilius, sich in Schmähungen über ihn zu ergehen. Die öffentlichen Angelegenheiten werden mit den privaten vermengt und niemand wird für verständig gehalten, der nicht irgend welche Unzufriedenheit zeigt. Schmähungen werden als Frucht der Freiheit betrachtet, und Schweigen im besten Falle als Zeichen der Unwissenheit. Durch ihre ungezügelten Worte angefeuert gehen die Untertanen dazu über, seine Zurückgezogenheit abfällig zu beurteilen und konstruieren als Grund, daß Basilius sie verachte. Was wäre dabei der Glanz seiner Stellung, wenn ihre Arme ihn nicht erhielten? Wer würde ihn einen Fürsten nennen, wenn er nicht ein Volk hätte? Einige, die nichts zu verlieren haben, beginnen anzuregen,

[1] Vgl. besonders B 552 ff., 568.

daß man seine Regierung beaufsichtigen und nachforschen müsse, auf welche Weise er die großen Schätze, die er aus ihren Taschen zöge, verbrauche und warum nur vornehme Leute zur Beratung herangezogen würden. Ob die Bürgerlichen dazu zu einfältig wären? Und doch müsse ihr Blut und Schweiß alles im Gang halten. Man wisse nicht, ob Basilius in seiner Zurückgezogenheit nicht ein Opfer von Verrat geworden sei, nicht einmal, ob er noch lebe. Es wäre Zeit für sie selbst einmal nachzusehen und zu hören, warum Basilius, wenn er Arcadias überdrüssig sei, sich nicht von dieser Last befreie. Da das Land ihr Eigentum sei und die Regierung nur eine Zutat zum Lande, warum sollten sie nicht ebenso über die letztere verfügen wie das erstere bewohnen? Sie wollten sich von diesem Mangel an einem wahren Fürsten befreien und sich nicht mehr mit leeren Titeln begnügen, deren Stärke nur in ihrer Stärke beruhe. Wie ein Sturm reißen diese Worte ihre schon an und für sich geneigten Gemüter mit sich. Ohne in ihrer Trunkenheit daran zu denken, wie sie sich zu bewaffnen hätten, nehmen sie jeden Gegenstand, der sich ihnen bietet, als Waffe. In rasender, sich steigernder Wut stürzen sie nach der Behausung von Basilius. Selbst die, die anfangs vorgaben, Basilius schonen oder bessern zu wollen, hielten jetzt seinen Tod für ihre einzige Sicherheit (F 321 ff.).

Die Gefahr, die der Krone durch die Menge droht, wird abgewendet durch die diplomatische Ansprache von Zelmane (Pyrocles), welche die Menge an die dreißigjährige friedliche Regierung des Basilius erinnert und sie ermahnt statt der Herrschaft eines angestammten Fürsten nicht das tyrannische Joch eines Mitbürgers auf sich zu laden, in dem die eingeborene Niedrigkeit nur Habgier, und die Neuheit seines Ranges nur mißtrauische Grausamkeit hervorbringen würde — kurz eine Tyrannis im aristotelischen Sinne. Was könnten ihre Feinde ihnen Schlimmeres wünschen als daß sie ihre eigene Herrschaft mit ihren eigenen Händen untergrüben? Was würden ihre Ahnen sagen, wenn sie heute lebten und ihre Nachkommen solch ein herrliches Fürstentum zerstören sähen, das sie mit soviel Mühe und Blut so weise errichtet hätten? Ob sie die für Toren hielten, die voraussahen, daß sie sich ohne eine Regierung nicht ihrer Güter und Familien erfreuen könnten und daß es keine Regierung ohne eine Obrigkeit und keine Obrigkeit ohne Gehorsam geben könnte und keinen Gehorsam, wenn jeder auf eigene Hand die Taten der Herrscher kritisieren dürfte?

Wie der Dichter selbst an anderer Stelle andeutet[1], wird durch dieses Auftreten von Zelmane (Pyrocles) nicht nur Basilius, sondern der ganze Staat vor dem Untergang gerettet. So wenig schon die politischen Ausführungen Sidneys, die wir bis jetzt besprochen haben, in einen Roman hineingehören, der nicht wie Morus' Utopia den ausgesprochenen Charakter eines Staatsromans trägt, so gibt doch die eigentliche Entscheidung über die ganze Frage, wie weit die politischen Absichten als die Entstehungsursache der Arcadia aufzufassen sind, erst die Katastrophe im 4. und 5. Buche, die gleichzeitig den Höhepunkt des Romans bedeutet. In diesen Partien, die nur in der ersten, unbearbeiteten Fassung vorliegen, dreht sich die Haupthandlung noch einmal um das Thema von den Gefahren, die dem Bestande der Monarchie drohen. Als nach der scheinbaren Ermordung des Monarchen Basilius als Thronerben nur die beiden noch nicht successionsfähigen Töchter vorhanden sind, droht eine allgemeine Anarchie auszubrechen, die nur durch das rasche und energische Einschreiten des Landverwesers Philanax verhindert wird. Der Wortlaut der betreffenden Stelle bestätigt, daß es sich für Sidney hier wiederum nur um die Darstellung einer politischen Theorie handelt: „Da gab es ein bemerkenswertes Beispiel dafür, welch großen Auflösungen

---

[1] . . the notable act he had done, when with his courage and eloquence, he had saved Basilius, perchance the whole state from utter ruin (B 549).

eine monarchische Regierung unterworfen ist[1].“ „Wo der Fürst und Führer sie verlassen hatte, hatten die Untertanen keine Erfahrung im Herrschen und niemanden, dem sie gehorchen mußten. Da die öffentlichen Angelegenheiten immer privat geleitet worden waren, hatten sie keine lebendige Empfindung dafür, was gut für sie wäre; vielmehr war ihnen alles entweder aufs äußerste erwünscht oder ebenso verhaßt. Allen schwebten Einfälle der Nachbarn, Bürgerkrieg, Grausamkeit des kommenden Herrschers und alles, was nur immer dem gewöhnlichen Verstande schrecklich vorkommt, vor Augen, aber nur wenigen, wie man das verhindern könnte. Indem sie auf jedes Gerücht hörten, auf alles Verdacht hatten, die Männer verurteilten, die sie früher geehrt hatten, und seltsame und unmögliche Erzählungen über den Tod des Königs erfanden, glaubten sie sich gleichzeitig in Gefahr und wünschten nichts als Sicherheit; sobald sie aber sich sicher zu fühlen begannen, wünschten sie weitere Zuwendungen als Entschädigung für frühere Unbilden, für die niemand indessen die Ursachen oder Folgen anzugeben verstand; wohl waren sie sich alle einig in dem allgemeinen Gerede von Neigung und Abneigung, doch wichen sie in den speziellen Punkten völlig von einander ab.“ „Und dies war die allgemeine Anklage; daneben aber herrschte noch ein großes Durcheinander der verschiedensten Ansichten, indem die Großen danach trachteten sich durch Spaltungen stark zu machen, indem die *gentlemen* teils sich ihnen zuneigten, teils auf sich selbst vertrauten, teils jene wenigen zu stürzen trachteten, die sie über sich glaubten, indem die Soldaten auf Unruhen aus waren, um dabei Beute zu machen und indem alle Bedürftigen, wenn auch in anderer Art, diesen ähnlich waren, die Reichen aber voll Furcht, die Klugen voll Sorge. Diese Verbindung von Einbildungen brachte eine gefährliche Unruhe hervor, die noch gefährlicher gewesen wäre, wenn sie nicht in so viele Teile zerfallen wäre, daß niemand

[1] There was a notable example, how great dissipations monarchical government is subject unto (B 564).

genau wußte, gegen wen er sich hauptsächlich zu wenden hätte." — Der Dichter benutzt die Wünsche des Volkes, um in Kürze eines der Hauptthemen der „Politik" (VI Kap. 1—10) zu berühren, die Frage nach den Vorteilen und Nachteilen der drei Verfassungsformen der Monarchie, Aristokratie und Demokratie, und um auf die lakonische und athenische Verfassung zu verweisen (vgl. Politik II Kap. 9, 12); seinem politischen Standpunkt gemäß kann er sich dabei nicht enthalten auf die monarchische Form als die einzig zweckmäßige zu verweisen: „Einige schrien, daß das Staatswesen geändert werden müsse und nicht mehr von einem Fürsten geleitet werden dürfe; viele wünschten als Folge der Umwandlung die lakedämonische Regierung durch einige gewählte Senatoren, andere die athenische, wo die Stimme des Volkes die Hauptautorität sei. Aber dies waren Leute mehr der gesprächigen als der tätigen Art, da die Sache mehr in der Einbildung als in der Wirklichkeit existierte. Am besten entsprachen der gegebenen Situation, der eines Landes, das keine Verfassung ohne einen Fürsten kannte, die Leute, die darum stritten, wen sie zum Herrscher machen sollten" (B 565). Eine große Anzahl ist für sofortige Ernennung der Prinzessin Pamela; einige, die ihr zum Vorwurf machen, daß sie ihr eigenes Land im Stiche gelassen habe, sind mehr für Philoclea; andere wünschen Gynecia als Regentin bis zur Verheiratung von Pamela. Viele aber, die die gerechte Verwaltung des Philanax kennen gelernt haben, wünschen ihn zum Statthalter; das waren die volksmäßigsten Leute, die nach den greifbaren Vorteilen urteilten. Aber die Ersten an Ehren und Macht, die schon lange zuvor seine Begünstigung durch Basilius beneidet hatten, widersetzten sich einer solchen Beförderung und waren, um nur Philanax entgegenzuarbeiten, dazu bereit, die Unternehmungen die sie im übrigen billigten, zu verhindern.

Während das vierte Buch mit einer Beschreibung des Widerstandes schließt, den Philanax von seiten der verschiedenen Parteiungen findet (B 565—569), zeigt der Beginn des fünften die Monarchie am Rande des Abgrundes:

„Die gefährliche Spaltung der Gemüter, die verderbliche Uneinigkeit aller Stände, hatte jetzt Arcadia dahin gebracht die Ängste der äußersten Gefahr zu spüren, Zuckungen, die niemals kommen, ohne daß das Leben der betroffenen Regierung sich seinem Ende naht" (B 577). Nur das Eintreten der Nacht hindert den Ausbruch des Bürgerkrieges (B 578). Das Staatswesen wird gerettet nur durch den Zufall, daß Euarchus, der Herrscher von Makedonien, der nichts von den Geschehnissen ahnt, nach Arcadia kommt, um seinen Freund Basilius zu besuchen, in der Hoffnung, ihn durch seine Autorität aus seiner Verborgenheit zu ziehen und ihn zu bewegen den Rest seines Lebens zu guten Taten zu verwenden (B 583). „Denn außer der allgemeinen Sache Griechenlands, die dadurch einer Hauptstütze beraubt wurde, erwog und bemitleidete er den mitleidswürdigen Zustand des arkadischen Volkes, das in schlimmerer Lage war, als wenn der Tod seinen Herrscher hinweggenommen hätte. Denn in diesem Falle würde ihre Not jemanden an das Ruder gestellt haben; jetzt aber, wo Basilius als Herrscher und doch nicht wie ein Herrscher handelte, den Rang wohl bekleidete, aber nicht ausfüllte, waren sie in um so schlimmerer Lage, als sie dem Übel nicht steuern konnten." Philanax gewinnt die verschiedenen Parteien dafür, daß alle die Dinge, über die sie uneinig sind, das Begräbnis des Basilius, die Bestrafung seiner Mörder, sowie die Heirat und Krönung der Prinzessin der Entscheidung des Euarchus anheimgegeben werden. Philanax stellt Euarchus vor, daß Arcadia „wie ein Schiff ohne Pilot auf unsicheren Wogen einhertreibt, bis es entweder auf den Felsen der Selbstzerspaltung aufrennt oder durch den stürmischen Wind fremder Gewalt überwältigt wird" (B 584) und bittet ihn das Protektorat über Arcadia anzunehmen, bis alles geordnet sei. Der Dichter vergißt auch nicht durch den Mund des Philanax leise auf die Gefahr hinzudeuten, die darin lag, daß ein weniger tugendhafter Herrscher als Euarchus die Situation hätte benutzen können, um die Herrschaft Arcadias dauernd an sich zu reißen (B 585).

Besonders deutlich wird die überragende Stellung des politischen Elements dadurch, daß der Dichter in der Schlußpartie die Wiederaufrichtung des von Parteien zerrissenen arkadischen Reiches durch Euarchus mehr in den Vordergrund rückt als das Schicksal der beiden Liebespaare, das von der Beantwortung politischer Erwägungen abhängig gemacht wird. Obwohl die Überlegungen des Euarchus, ob er sich in die arkadischen Händel, die ihn eigentlich nichts angehen, einmischen dürfe (B 585), ja gar nichts mit der Liebeshandlung zu tun haben, werden sie vom Dichter mit liebevoller Ausführlichkeit, mit allem Für und Wider behandelt. Die zeitweilige Übernahme des Protektorates von Arcadia durch Euarchus gehört nach den Worten des Philanax zu den *politic matters, which receive not geometrical certainties* (B 587). Auch das Richteramt des Euarchus an Gynecia und den Liebenden wird von den Nächstbeteiligten als ein politischer Akt aufgefaßt, der nur nach politischen Gesichtspunkten beurteilt werden darf (B 587). Aus staatsmännischen Rücksichten tritt Euarchus als neugeschaffener Protektor Arkadiens sein Richteramt mit allem Pomp an, da er „wohl wußte, daß in solchen pomphaften Zeremonien viel von dem Geheimnis des Regierens beschlossen liegt" (B 588 ff., 596). Die ganze lange Gerichtsszene wird nur verständlich unter dem Gesichtspunkt der Staatsaktion. So spielt bei dem Todesspruch über Gynecia als Giftmischerin der Gedanke eine große Rolle, daß es neben dem Gatten der Monarch ist, an dem sie sich vergriffen hat (B 603). In ganz ähnlicher Weise betrachtet auch der Ankläger Philanax das Vergehen des Pyrocles, die versuchte Entführung der Philoclea, als ein Vergehen gegen den Staat (B 607); trotz allen Grolls behandelt er aber Pamela als die Thronerbin mit *a sullen Kind of reverence* (B 563). Als die beiden Freunde plädieren, daß der Gerichtshof für sie als souveräne Prinzen nicht zuständig sei, werden sie mit staatsrechtlichen Gründen eines besseren belehrt (B 604 ff.). Ebenso entscheidet Euarchus die Frage nach der Berechtigung seiner Jurisdiktion über die Angeklagten mit einem staatsrechtlichen Argumente (B 519) und betrachtet es als das erschwerendste Moment, daß die Freunde gerade die Kinder des Monarchen zu entführen versuchten (B 621); auch durch eine Heirat könne der Schade nicht wieder gutgemacht werden, denn es schickt sich nicht für den Staat, ein derartiges Zustandekommen einer Heirat zu gestatten (B 622). Diese politischen Erörterungen nehmen den Verfasser so gefangen, daß er nicht imstande ist, den tragischen Konflikt, der dadurch entsteht, daß Euarchus der Vater von Pyrocles und der Onkel des Musidorus ist, dem Leser wirklich nahe zu bringen. Der Leser empfindet es als unnatürlich, daß Vater und Sohn, Onkel und Neffe sich nicht erkennen, und als innerlich unwahr, daß nach der Erkennung Euarchus doch bei seinem einmal gefällten Urteilsspruch beharrt. Der Leser fühlt einen Zwiespalt heraus zwischen der Rolle des Euarchus als Träger wirklich bedeutsamer politischer Ideen und der Art, wie er plötzlich in die romantischen Begebenheiten der Liebeshandlung hineingezogen wird.

Alle diese Punkte zusammen bilden eine glänzende Rechtfertigung für Grevilles Theorie von den politischen Absichten Sidneys in der Arcadia. Denn wäre es Sidneys ursprüngliche Absicht gewesen einen Liebesroman in der Art von Heliodor oder Achilles Tatius zu schreiben, so war dieser ganze politische Rahmen nicht nur überflüssig, sondern geradezu ein heterogenes und störendes Element, welches das Interesse des Lesers von der Liebeshandlung abziehen mußte. Dagegen läßt sich sein Vorhandensein ohne Schwierigkeit erklären, wenn man annimmt, daß Sidney ursprünglich einen politischen Roman schreiben wollte und die Liebeshandlung zunächst nur als etwas Sekundäres auffaßte, bis sich allmählich das Verhältnis verschob und die Liebeshandlung zusammen mit den Eklogen den Hauptinhalt des Romans ausmachte. Das mußte zu allerhand Inkonsequenzen und Widersprüchen führen. Einen solchen Fall stellt, wie wir eben sahen, die Figur des Euarchus dar; ein anderer liegt vor, wenn wir glauben sollen, daß derselbe Basilius, unter dem Arcadia dreißig Jahre lang geblüht hat, und der einen Euarchus und Philanax zum Freunde hat, sich in einer so törichten Weise in den verkleideten Pyrocles verliebt und sich so von einem Dametas beeinflussen läßt.

Die Bestätigung, welche die Aufstellungen Grevilles durch unsere Untersuchung gefunden haben, läßt uns auch den Mitteilungen Vertrauen schenken, die er in seiner Biographie (S. 14 ff.) darüber macht, wie Sidney im Falle seines Weiterlebens die revidierte Fassung zu Ende geführt hätte. Nach seiner Darstellung hätte auch hier das politische Element eine bedeutsame Rolle gespielt, indem die Fortsetzung gehandelt hätte von der Rückkehr des Basilius von seinen Launen zu seinem früheren ehrenvollen Stande, von der Heirat der beiden Liebespaare, ihrer Nachkommenschaft, den von Amphialus herbeigeführten Kriegen, seiner Heirat mit *Helena* und ihrer Nachkommenschaft *together with the incident Magnificences, pompes of state, providences of councells in treaties of peace, or aliance, summons of warres, and orderly execution of their disorders; I say, what a large field an active able spirit should have had to walk in, let the advised Reader conceive with grief.*

So sehr, wie wir sahen, die ganze abstrakte Art, mit der Sidney in der Arcadia die politischen Dinge anfaßt, von vornherein auf Aristoteles als sein Vorbild hinwies, so legen auf der anderen Seite Erwägungen verschiedener Art die Vermutung nahe, daß Sidney auch noch von einer anderen antiken Schrift mit starkem staatspolitischen Einschlag, Xenophons großem Geschichtsroman und Fürstenspiegel, der Cyropaedie, Anregungen empfing. Sahen wir doch schon, daß Xenophons Schrift Sidney in ganz ungewöhnlichem Maße beschäftigt hat. Abgesehen davon, daß sie in seinen Briefen an Languet (15. April 1574) erwähnt wird, spielt sie eine bedeutende Rolle in der *Apology*[1]. Wenn Sidney hier Cyrus für das Urbild eines Herrschers

[1] Sir Philip Sidney, The Defense of Poesy, ed. by A. S. Cook (Boston 1890), S. 8, 11, 17, 19, 20, 24, 30, 37 &c.

erklärt, vom Dichter dazu entworfen, daß andere an ihm lernen mögen ihm gleich zu sein, so folgt er in dieser Wertschätzung Xenophons außer Cicero wohl noch Roger Ascham, dessen Schriften er genau kannte[1]. Ganz im Geiste von Ascham, der im *Schoolmaster* (1570), unzufrieden mit der englischen Erziehung, Leben und Dichten nach dem Vorbild der Antike umformen wollte und die Cyropaedie als das Muster für eine gute Erziehung hinstellte, von der sowohl der Hof als das Volk großen Gewinn haben könnten, führt Sidney in der *Apology* aus, daß keine Lehren eines Philosophen einen Herrscher so anleiten könnten wie die Gestalt des Cyrus, an dem ähnlich wie an Aeneas und an Ulisses alles nachahmenswert sei. Gemäß seiner Anschauung von dem zweiten tieferen, nur dem Eingeweihten verständlichen Sinn jeder Dichtung glaubt er, in diesem Falle mit mehr Recht als sonst, daß für Xenophon die Gestalt des Cyrus nur ein Mittel sei, seine Lehren in anschaulicher und anziehender Form vorzubringen. Die Gestalt des Cyrus habe Xenophon ähnlich wie Vergil die des Aeneas nur gewählt, um zu zeigen, was Männer von ihrem Rang und Ruhm vollbringen sollten; Xenophons Schrift enthalte das Spiegelbild des wahren Staates.

Bei einer so genauen Kenntnis der Cyropaedie liegt trotz der geringen Übereinstimmungen in beiden Werken

---

[1] In der zweiten Hälfte des 16. Jahrhunderts wird die Cyropaedie von den Humanisten aller Länder aufs höchste gepriesen, vgl. etwa Bodins Methodus historiarum (1566). Auch in dem Kreis um Sidney scheint die Cyropaedie, von der 1560 die ersten sechs Bücher, 1567 der ganze Text in englischer Sprache erschienen war, sich größter Beliebtheit erfreut zu haben. Auf die Übersetzung von 1567 spielt offenbar Thomas Howell an in seinem Gedichte *The infortunate ende of Cresus Kynge of Lydia* (New Sonets and Pretie Pamphlets, ca. 1568). Vielleicht unter dem Einfluß von Sidney zieht auch Spenser in dem Widmungsbriefe an Raleigh zur Rechtfertigung der lehrhaften Tendenzen der Feenkönigin die Cyropaedie heran (vgl. oben S. —). Ebenso wird sie in den Schriften von Harvey beständig zitiert. — Eine Episode der Cyropaedie wurde zwischen 1587 und 1594 dramatisiert in den anonymen *Wars of Cyrus*.

der Gedanke gewiß nicht fern, daß Sidney durch Xenophon Anregungen für die Arcadia erhielt und von hier zuerst die Idee empfing, sich der Form des Prosaromans zur Vermittlung seiner politischen Ideen zu bedienen.

Diese Ansicht gewinnt an Wahrscheinlichkeit durch den Umstand, daß Sidney auch in anderer Hinsicht mit der Cypropaedie wetteifert. In der *Apology* wird Xenophons Schrift als ein großes heroisches Gedicht in Prosa bezeichnet, und Cyrus selbst in einem Atem genannt mit den großen *Champions*, den Helden der großen heroischen Epen, Achilles, Aeneas, Turnus, Tideus und Rinaldo: mit anderen Worten, die Cyropaedie ist nach Sidneys Anschauung ein heroisches Epos so gut wie Homers Ilias, Vergils Aeneis und Ariosts Rasender Roland, Ein heroisches Epos in Prosa zu schreiben, war aber ebenfalls das Ziel, das Sidney bei Abfassung der Arcadia vorschwebte.

Der Gedanke des heroischen Epos lag zu Sidneys Zeit in der Luft. Nicht nur betrachteten alle Kritiker der Renaissance, von Minturno bis Sidney, nach antikem Vorbild das Epos als die höchste Dichtungsgattung, sondern in allen Ländern bestrebten sich die Dichter, im Wetteifer mit der Antike ein großes heroisches Epos zu schaffen. Du Bellay hatte in dem ersten Manifest der Plejade seine Zeitgenossen aufgefordert, eine neue Ilias oder Aeneis zur Ehre und zum Ruhme Frankreichs zu versuchen; zwanzig Jahre hatte Ronsard an seiner unvollendeten Franciade gearbeitet. Auch in England standen Homer und Vergil damals auf der Höhe ihres Ruhms und man empfand bereits mit Neid, daß Italien sich mit Ariosts Rasendem Roland einen ebenbürtigen Rivalen zur Ilias und Aeneis geschaffen hatte. Es ist die Zeit, wo Spenser offen zugibt, mit Ariost wetteifern zu wollen (1580) und wo Harvey davon träumt, daß jemand im Wettstreit mit Homer die englischen Vorkämpfer gegen Spanien besingen möge[1].

---

[1] In den Four Letters (1592), in Pierces Supererogation und im New Letter (1593). Vgl. Berli a. a. O. S. 74—77.

Was bei Sidneys Arcadia dem heutigen Leser die Vorstellung von einem heroischen Epos so sehr erschwert, ist der merkwürdige, aber von uns im Vorausgehenden genügend begründete Umstand, daß er sich nicht wie Spenser einen nationalen Helden wählt und nicht das eigene Land zum Schauplatz der Begebenheiten macht; daß er aber nach dem Urteil seiner Zeitgenossen in der Arcadia wirklich ein heroisches Epos geschaffen hatte, dafür genügt es, auf die Worte Harveys über die Arcadia hinzuweisen[1] und auf Abraham Fraunce, der in seiner *Arcadian Rhetorike* (1588) die Arcadia, die er ebenso wie die Feenkönigin im Ms. benutzte, völlig auf eine Stufe stellt mit der Ilias, der Odyssee, der Aeneis und dem Befreiten Jerusalem. Beide Zeugen standen mit Sidney in näheren persönlichen und literarischen Beziehungen und waren mit seinen Absichten betreffs der Arcadia sicher vertraut. Die Arcadia wird nun aber zu einem heroischen Roman nicht durch die oben skizzierte politische Handlung und deren Träger Basilius und Euarchus, sondern erst durch die Gestalten und Taten der beiden Freunde Pyrocles und Musidorus. Hier also, wenn irgendwo, dürfte sich auch zunächst eine Einwirkung der Cyropaedie wahrnehmen lassen. Zunächst sind die beiden Prinzen, ebensowenig wie Basilius oder Euarchus, Romanhelden im herkömmlichen Sinne, sondern sie unterscheiden sich von den bisherigen Rittern und Liebhabern unverkennbar durch einen politischen Zug. Sie sind keine Ritter, sondern Prinzen, und ihre Mitspieler keine *ladies*, sondern Prinzessinnen, mit staatsrechtlich-politischem Charakter. Während in II dieser Tatbestand durch die ritterlich gefärbten Episoden verdunkelt wird, tritt er in I, namentlich bei der großen Staatsaktion gegen Schluß, stark zutage. Nur dieser politische Charakter der beiden Freunde bewirkt, daß die Liebeshandlung und der große politische Rahmen nicht völlig getrennt nebenherlaufen, sondern daß sie wenigstens leidlich,

---

[1] In Pierces Supererogation (1593); zitiert in dem Abschnitt „Die Arcadia und die Antike“.

ohne zu große Widersprüche, sich miteinander vertragen und in der großen Staatsaktion am Schluß sogar sich vereinigen. Zwar empfängt nun, wie wir noch sehen werden, der Charakter der beiden jugendlichen Helden sowie die Handlung, die sich zwischen ihnen und ihren Geliebten abspielt, überhaupt die ganze Atmosphäre von Tugend, Freundschaft Ritterlichkeit, Heldentum und Liebe, ihre eigenartige Färbung in erster Linie durch die Persönlichkeit des Dichters und seine eigene heroisch-ritterliche Gesinnung, dann auch durch Anlehnung an die Tugendlehre von Aristoteles und Plato und die heroischen Epen von Homer und Vergil, aber daneben kommt auch ein Einfluß der Cyropaedie in Betracht für die politische Färbung der Gestalten und einen Teil der Handlung, nämlich die Vorgeschichte der Prinzen vor ihrer Ankunft nach Arcadia, die in I in den Eklogen kurz erzählt und in der revidierten Fassung ausführlicher im 2. Buch berichtet wird[1]. Bei Sidneys Eigentümlichkeit, sich nie stark an irgend ein Vorbild anzulehnen, dürfte es zweckmäßig sein, auch die weniger deutlichen Parallelen zu Xenophon mit hervorheben[2]. Bei der Jugenderziehung der beiden Prinzen durch ihre Mutter nach den Ratschlägen des Euarchus (F 189 ff.) werden wir eine Anlehnung an die Jugenderziehung des jungen Cyrus zwar höchstens in der Ausführlichkeit erblicken können, mit der Sidney die Erziehung seiner Helden beschreibt, aber schon wenn der Fortgang ihrer Ausbildung in der Weise vor sich geht, daß die Mutter des Musidorus den Sohn und mit ihm seinen Freund Pyrocles ihrem Bruder Euarchus, der gerade Byzanz eingenommen hat, zu Hilfe schickt, so läßt sich

[1] Greenlaw sucht in seinem bereits erwähnten Aufsatz (Sidneys Arcadia as an example of Elisabethan allegory) eine ganze Reihe von Übereinstimmungen zwischen der Arcadia und der Cyropaedie festzustellen, von denen indessen ein Teil nicht aufrecht erhalten werden kann.

[2] In I spielt das politische Element in der Vorgeschichte der beiden Freunde nur eine geringe Rolle. Immerhin handelt es sich auch hier schon neben Abenteuern herkömmlicher Art um Staatsaktionen, wie das Schiedsgericht um den Thron von Syrien. Genauere Angaben oder Schlüsse läßt der kurze Bericht bei Wolf a. a. O. S. 473 nicht zu.

hier eine Ähnlichkeit damit nicht verkennen, daß Cyaxares, der Oheim des Cyrus, sich den jungen Cyrus zu Hilfe gegen seine Angreifer kommen läßt (I, 5)[1]. Aber die Entscheidung bringt doch erst die Partie, welche die weitere Ausbildung zum Helden, die ersten Taten der Prinzen, enthält. Diese Taten werden vom Dichter selbst sorgfältig geschieden in eine erste Serie von *public actions* (F 204) und eine zweite von *privat chivalries* (F 213). Die Reihe der *public actions*, die aus Handlungen gleichzeitig der Politik und der Gerechtigkeit sich zusammensetzen und den Heldentaten der Ritterromane, des griechischen Romans oder der antiken Epen ganz fern stehen, unterscheiden sich trotz ihrer politischen Tendenz als Einzeltaten völlig von dem großen politischen Hintergrund der Ereignisse in Arcadia und nähern sich unverkennbar den politischen Unternehmungen des Cyrus bei Xenophon, unter denen wir auch Absetzungen von Tyrannen, Aufrichtung neuer und besserer Regierungen und Gewinnung von Bundesgenossen begegnen. Ein so auffallender Zug wie die Fürsorge, mit der sich die beiden Freunde jedes Mal des verwaisten Volkes annehmen, läßt sich kaum ohne Einwirkung der Cyropädie erklären. Ob noch weitere Berührungspunkte vorhanden sind, mag dahingestellt bleiben. Von den angeblichen Übereinstimmungen, die Greenlaw[2] ins Feld führt, scheint mir höchstens eine noch in Betracht zu kommen, die mit den eben erwähnten politischen Handlungen in enger Beziehung steht, der Triumph der beiden Freunde in Pontus vor ihrem Aufbruch nach Griechenland. Dieser Triumph, zu dem alle befreundeten und unterworfenen Herrscher Asiens und viele andere Bewunderer zusamenströmen, um die beiden Freunde mit königlichen Geschenken zu überhäufen und ihre Kronen aus den Händen der Prinzen als Lehen zurückzuempfangen (F 301 ff.), bildet den Höhepunkt und Abschluß der Vor-

[1] Noch deutlicher ist die Ähnlichkeit in I, wo Euarchus selbst nach seinem Sohn und nach seinem Neffen schickt. Vgl. die Angaben bei Wolf a. a. O. S. 470.

[2] a. a. O.

geschichte der beiden Freunde und erinnert in der Tat an die Art, wie die fremden Fürsten dem Cyrus ihre Huldigungen darbringen. Im übrigen könnte wohl nur noch ganz allgemein die sorgsame und sachliche Schilderung des zugleich staatsmännisch klugen und vorbildlich ehrenhaften Verhaltens, das die Freunde bei den genannten Unternehmungen an den Tag legen, zum Vergleich mit den Darlegungen Xenophons von dem Verhalten des persischen Musterfürsten herausfordern.

Auch bei der Schilderung dieser politischen Unternehmungen, die der Vorgeschichte der beiden Freunde vor ihrer Ankunft nach Arcadia angehören, bleibt Sidney seiner allegorischen Methode und seiner Ansicht treu, daß das *feigning notable images of virtues, vices, or what else, with that delightful teaching*[1] das wahre Kennzeichen des Dichters sei. Während er aber vorher seine politischen Lehren durch den groß angelegten Kontrast eines schwächlichen mit einem energievollen Monarchen vermittelte, versucht er es jetzt in kurzen Einzelepisoden politischen Charakters, die alle mehr oder weniger auf kleine, aber sorgfältig ausgeführte politische Porträts hinauslaufen. Diese Porträts stehen in engem Zusammenhang mit Sidneys Vorliebe für allegorisch-typische Charaktere überhaupt, von der später noch die Rede sein wird. Die ausführliche Zeichnung der neuen politischen Porträts hat mit dem Fortgang der Liebeshandlung ebensowenig etwas zu schaffen, wie die tendenziöse Gegenüberstellung von Basilius und Euarchus. Die engere Absicht des Dichters ging dahin, als Ergänzung zu der Schilderung dieser beiden Monarchen und ihrer Staaten nun auch Typen von Tyrannen und Tyrannenherrschaften vorzuführen und zu zeigen, wie die ungerechte Erlangung der Herrschaft zum Untergange führt. Die Bestätigung für die letzte Vermutung gibt uns die *Apology*, indem hier Sidney bei der Gegenüberstellung von Geschichte und Dichtkunst (S. 21 ff.) feststellt, daß in der Darstellung

---

[1] Apology a. a. O. S. 11.

des Geschichtsschreibers die lasterhaften Tyrannen, wie Cypselus, Periander, Phalaris oder Dionysius triumphieren, während der Dichter imstande sei, ihnen auf Erden die gebührende Strafe zukommen zu lassen und sogar neue Höllenqualen für sie zu ersinnen. Für die Zeichnung seiner Tyrannen lehnt sich der Dichter deutlich an die Gegenüberstellung der beiden Staatsverfassungen von Monarchie und Tyrannis bei Aristoteles (VIII 10 ff.) an.

Als auf der Reise zu Euarchus die Freunde durch den Schiffbruch getrennt werden, wird Pyrocles an die Küste von Phrygien geworfen und dort gefangen genommen. Seine Verurteilung zum Tode, Musidorus' Angebot sich für ihn zu opfern und die Errettung des Musidorus durch Pyrocles im Moment der Hinrichtung sind völlig untergeordet der Schilderung des schändlichen Tyrannen, der von den beiden Prinzen als Vertretern einer gerechten Politik gestürzt wird. Wie der *overseer of the print* (Greville) in der Überschrift mit den Worten andeutet *That suspicious tyrant naturalized*, wird das Wesen dieses Tyrannen zergliedert (F 196 ff.) und zwar in offenbarem Anschluß an Aristoteles, der in der „Politik“ sowohl die Ursachen vom Sturz einer Tyrannis (VIII 10), wie die Mittel, wodurch ein Tyrann sich erhält (VIII 11), ausführlich erörtert. Nach Aristoteles strebt der Tyrann danach, die hervorragenden Untertanen zu schwächen, die Männer von Charakter zu beseitigen, die Leute auszuhorchen und untereinander zu verfeinden; er vermag sich nicht an einem ehrenhaften oder freiheitlich gesinnten Menschen zu erfreuen und wünscht bei seinen Untertanen kleinmütige Gesinnung und gegenseitiges Mißtrauen. Sidneys Tyrann von Phrygien ist von einer *melancholy constitution both of bodie and mind*, von bösartiger Düsterkeit und stets auf schreckliche Dinge bedacht; jedermann hat er im Verdacht des Bösen, weil er kein Auge für die Tugend hat. Von allen Menschen passen die anklägerischen Sycophanten am besten zu seiner Natur; aber selbst diese Sycophanten vermögen ihm nichts zu hinterbringen, was er nicht schon selbst herausgefunden hat, und dienen ihm nur dazu, sein Wissen zu bestätigen. So muß nach Aristoteles (VIII 11) „der Tyrann dafür sorgen, daß nichts von dem verborgen bleibe, was die Untertanen sprechen oder tun und es müssen Spione bestellt werden, wie in Syrakus die sogenannten Potatogiden“. Während der phrygische Tyrann in seinen jüngeren Jahren noch nicht ganz so unzugänglich war, änderte er später seine Sinnesart. Den unglücklichen Ausgang des Krieges gegen Euarchus schob er auf die Absicht seiner Untertanen, ihn nicht hochkommen zu lassen. Von jetzt ab bildete er sich ein, ein Gegenstand ihrer Verachtung zu sein und suchte dieser durch Schrecken und strenge Strafen zu begegnen. Waren keine Fehler zu finden, so wurde selbst die Vortrefflichkeit zum Fehler und es genügte für ihn, um jemanden schuldig zu finden, daß der Betreffende die Macht hatte, schuldig zu sein. Stets standen ihm auch verzweifelte ehrgeizige Existenzen zu Gebote, die bereit waren, ihr Haus auf den Trümmern von anderen aufzurichten. Knechtschaft kam über die armen Leute, deren Taten nicht nur bestraft, sondern deren Worte gezüchtigt und deren Gedanken sogar durch irgend welche Mittel aus ihnen herausgezerrt wurden. Der Verdacht erzeugte den Hang zur Grausamkeit und die Wirkungen der Grausamkeit erzeugten neue Ursachen zum Verdacht. Der Sturz der Tyrannenherrschaft kommt zustande (F 200 ff.), indem bei einer Streitigkeit der Soldaten untereinander die Menge, die nicht weiß, worum es sich handelt, und durch das tyrannische Regiment an Furcht, aber nicht an tapfere Selbsthilfe gewöhnt ist, „Verrat“ zu schreien beginnt. Daraufhin beginnt der feige Tyrann zu fliehen; sogleich entsteht ein Gerücht, daß er erschlagen sei; einige der tapfersten jungen Leute schreien laut „Freiheit“, ermuntern die anderen Bürger, ihnen zu folgen, stürzen sich auf die Garde und die Soldaten als die Hauptwerkzeuge der Tyrannei und haben bald alle erschlagen, die ihre Hand bei ihrer Unterdrückung im Spiele gehabt haben und daneben viele Schuldlose. Wenn der Dichter einige der Weisesten einsehen läßt *that a popular licence is indeede the manyheaded tyranny* (F 201) und sie dann die Übrigen bestimmen, Musidorus zum Führer zu machen, so haben wir darin wohl eine Anlehnung an den Ausspruch des Aristoteles (VIII 10) zu erblicken, daß die äußerste Oligarchie und Demokratie „auch nur eine vielköpfige Tyrannis" darstellen.

Auf die Schilderung des Tyrannen von Phrygia und seinen Sturz folgt sofort (F 202 ff.) die Schilderung eines neuen Typus von Tyrann, des Herrschers von Pontus, samt seines Ratgebers, vom *overseer of the print* in der Überschrift angekündigt mit den Worten *Inconstancy and envie purtraied in the king and his Counsellor.* Sidney selbst sorgt dafür, daß der Leser die beiden Tyrannen-Porträts auseinander hält, indem er den neuen Tyrannen bezeichnet als *Tyrant also, not thorow suspition, greedines or unrevengefulnes, as he of Phrygia, but (as I may terme it) of a wanton crueltie.* Auch hier schließt die Episode mit dem Sturz des Tyrannen und des bösen Ratgebers, mit der Weigerung eines der Prinzen, Pyrocles, die ihm angetragene Krone anzunehmen und der Einsetzung eines neuen Regimentes, in der Weise, daß Pyrocles eine allgemein geachtete Schwester des Tyrannen, die in der Erwartung lebt, das Schicksal ihres Bruders zu teilen, mit einem Freunde seines Vaters verheiratet und ihnen die Krone überträgt.

Auf die Beschreibung der beiden Tyrannen folgt die des gigantischen Brüderpaars, das von einer unnahbaren Felsenburg aus das Land ringsum verheert. Die Art, wie der Dichter die eigentliche Fabel, die Schreckenstaten des Paares und seine Überwindung, ganz kurz abmacht, dagegen das Hauptgewicht auf die Zeichnung der Charaktere legt, legt auch hier die Vermutung nahe, daß es sich bei dieser breiten Schilderung bestimmter Eigenschaften und der Wirkungen, die eine falsche Behandlung hervorbringt, um eine Allegorie oder politische Lehre handelt. Das Paar hat dem Könige von Pontus durch seinen unüberwindlichen Mut und seine plumpe Treue längere Zeit hindurch in all seinen Angelegenheiten, besonders im Kriege, gute Dienste geleistet;

als dieses Paar, das nicht ehrgeizig, aber empfindlich gegen Unrecht ist und ein unschätzbares Kleinod in den Händen eines klugen Mannes darstellt, nach all ihren Leistungen von dem Herrscher achtlos beiseite geworfen wird, beschließt es Rache; voll blinder Wut verwüstet es das Land des Herrschers und findet, mit der Ausübung dieses Verbrechens immer übler werdend, Vergnügen am Gemetzel und an seiner Macht, andere zu vernichten. In diesem Paar, dessen Ungestüm im Dienste des Herrschers *was a serviceable power of the minde to doo publike good*, sich selbst überlassen aber fast zum Untergange des Landes führte, werden wir vielleicht eine Allegorie für ein Söldnerheer zu sehen haben, das durch unvorsichtige oder undankbare Behandlung von seiten des Monarchen zur offenen Empörung und Verwilderung getrieben wird [1].

Auch die berühmte Episode von dem blinden König von Paphlagonien (F 206 ff.), die wiederum zu der Absetzung eines Tyrannen — des dritten in der Reihe — und zur Einsetzung eines neuen Herrschers führt, läuft in letzter Hinsicht auf die Zeichnung verschiedener politischer Porträts hinaus. Zwar spricht der Dichter selbst nur davon, daß er darin ungewöhnliche Beispiele von ursprünglicher Güte und verruchter Undankbarkeit geben wolle [2], aber der ganze Vorgang ist eine Staatsaktion und die Träger der genannten Eigenschaften sind der Thronerbe und sein Rivale.

Ein alter König wird durch seinen heuchlerischen Bastardsohn Plexirtus dahin gebracht, daß er ihm die ganze Regierungsgewalt überläßt. Der Bastard entthront den Vater, blendet ihn und überläßt ihn seinem Elend. Daneben aber sucht er seine Tyrannis durch unrechtmäßige

[1] Zu etwas abweichender Deutung gelangt Greenlaw a. a. O., der in dem Paar sehen will: a mistreated populace, useful to a wise prince, but a source of danger made greater through their ignorance.

[2] an adventure . . . worthy to be remembred for the un-used examples therein, as well of true natural goodnes, as of wretched ungratefulnesse (F 206).

Mittel zu befestigen *by force of stranger souldiers in Cittadels, the nestes of tyranny, & murderers of libertie* (F 209) und durch Entwaffnung seiner Landsleute (disarming all his own countrimen). Nicht nur der Ausdruck *countrimen* in diesem Zusammenhange zeigt, daß dem Dichter hier wieder das Bild einer antiken Tyrannis vor Augen schwebt, sondern wir haben eine deutliche Wiederspiegelung vor uns von Aristoteles' Beschreibung des Tyrannen, der seine Leibwache nicht aus Bürgern, sondern aus Fremden zusammenstellt und der Menge so sehr mißtraut, daß er ihr die Waffen wegnehmen läßt (VIII 10). Der Dichter läßt den Vater um das Leben des guten Sohnes, des Leonatus, zittern, weil der Tyrann in diesem eine Gefahr sehen muß, die eines Tages *the seate of a never secure tyrannie* erschüttern kann. Als Staatsaktion aufzufassen ist die Übertragung der Krone auf den guten Sohn durch den alten König, die Belagerung des Tyrannen mit Hilfe von Truppen aus Pontus und Phrygia und die Art seiner Unterwerfung in der Weise, daß er barfuß und mit einem Strick um den Hals zu seinem Bruder kommt und ihn um Gnade anfleht (F 213.) Bereits hier, aber noch mehr bei der Fortsetzung der Episode (F 293 ff.) haben wir wieder die Erscheinung, daß der Dichter mehr Raum und Sorgfalt auf die Schilderung des heuchlerischen Charakters von Plexirtus verwendet als auf die Darstellung der Geschehnisse[1].

Als Leonatus merkt, daß sein Bruder Plexirtus ihn durch Gift aus dem Wege zu räumen sucht, weist er ihm als Betätigungsfeld für seinen Ehrgeiz die Herrschaft über *Trebisonde* zu, die Plexirtus auch mit Hilfe seiner beiden treuen Helfer und Freunde, der Brüder Tydeus und Telenor, erlangt. Bald aber beginnt er ihre Macht und Beliebtheit zu fürchten und ersinnt einen teuflischen Plan, wie er im Vertrauen auf ihre Freundschaft zu ihm den einen durch den anderen vernichten kann.

---

[1] Vgl. Greenlaw a. a. O. S. 334, der in Plexirtus eine beabsichtigte Verkörperung des Machiavellismus sieht.

Zu den politischen Handlungen der beiden Freunde muß endlich auch der Vertrag gezählt werden, den Pyrocles als mehr oder weniger unfreiwilliger Führer der Heloten in ihrem Kampfe gegen die Lakedämonier mit den letzteren abschließt (F 46 ff.), ein Vertrag, der den Heloten in allen Punkten Freiheit und Gleichberechtigung neben ihren bisherigen Unterdrückern sichert.

Zu diesen politischen Episoden, die der Jugendgeschichte der beiden Prinzen zugeteilt sind, kommen im Verlaufe von II noch einige weitere. So schließt sich etwa die Erzählung von Antiphilus (F 329) ihrer Art nach völlig den drei oben geschilderten Tyrannenporträts an, indem auch hier die Handlung zurücktritt hinter der Schilderung der politischen Vorgänge. Es kommt dem Dichter deutlich darauf an, zu zeigen, wie ein Mann niederer Herkunft den Aufgaben eines Thrones nicht gewachsen ist, vielmehr von Schmeichlern und niederen Lastern zu Grunde gerichtet wird. Durch Eronas Liebe zum König gemacht, verliert er seine Urteilskraft so sehr, *that remembring only that himselfe was in the high seate of a king, he coulde not perceive that he was a king of reasonable creatures, who would quickly scorne follies, and repine at injuries.* Ohne Verständnis für das wahre Wesen der Herrschaft *he quickly made his kingdome a Teniscourt, where his subjects should be the balles* (F 330). Wiederum erhalten wir das Bild einer Tyrannis aristotelischer Zeichnung. Aus dem Nichts zu absoluter Gewalt erhoben, läßt Antiphilus sich von seinen Launen regieren; dazu trägt besonders die Schmeichelei seiner Untertanen bei, die teils aus niederer Gesinnung erfolgt, teils aus Haß in der Hoffnung, ihn so zugrunde zu richten. Eine Beute der Schmeichler, hält er sich für den weisesten, würdigsten und geliebtesten Herrscher; durch Aufstellung falscher Stammbäume macht er sich zum wahren Erben der Krone. Sein Traum, durch eine Verbindung mit Artaxia die Krone von Armenien und dadurch noch weitere Reiche zu erwerben, findet sein Ende durch Artaxias Verrat und seine Hinrichtung. Die unpolitische Heirat, die Erona gegen den Willen ihres Volkes mit Antiphilus eingegangen ist, verhindert, daß ihr Volk, die Lykier, für sie eintreten. Sobald der nächste Thronerbe von ihrer Gefangennahme hört, bemächtigt er sich *with the true play that is used in the game of kingdoms* ihrer Stellung, macht sie wegen ihrer Heirat beim Volke verhaßt und fordert Artaxia auf, sie hinrichten zu lassen.

Selbst bei der bedeutsamsten und längsten Hinzufügung von II, bei der Episode von Cecropia und der Gefangenschaft der Prinzessinnen, sucht der Dichter den politischen Grundcharakter der Arcadia dadurch zu wahren, daß er Cecropias Handlungsweise aus politischen Motiven entspringen läßt und mit der Schwäche des Basilius in Verbindung bringt. Sollte in I dargelegt werden, wie eine schwächliche Regierung Aufstände und andere Gefahren nach sich zieht, so sollte in II außerdem noch der Bürgerkrieg, der das Land in zwei Teile spaltet, als Folge der Schwächlichkeit des Herrschers erscheinen. Erst II bringt in der Gestalt der Cecropia den großen politischen Gegner des Basilius, dem jetzt auch die Anstiftung des Aufstandes zugeschoben wird. Ihr Verbrechen besteht darin, daß sie die rechtmäßige Monarchie zu untergraben sucht[1]. In Cecropias Augen ist Basilius, der den Kopf sinken läßt, bevor überhaupt eine Gefahr an ihn herantritt, unwürdig zu regieren. Sie steht von Anfang an auf dem Standpunkt, daß der Zweck die Mittel heiligt[2]. Sie hat sich mit ihrem Gatten, dem jüngeren Bruder des Basilius, nur unter der Bedingung verheiratet, daß Basilius nicht heiratet und ihr Mann und sie den Thron erben. Sobald ihnen ein Sohn, Amphialus, geboren wird, beschließen sie, um schneller zur Herrschaft zu gelangen, Basilius beiseite zu räumen, aber der Tod des Gatten verhindert die

[1] . . . who had alreadie with subtiltie and impudencie begun to undermine a monarchy (F 376).

[2] Vgl. ihr Gespräch mit Amphialus: And howsoever I might be ashamed to tell it strangers, who would thinke it wickednesse, yet what is done for your sake (how evill soever to others) to you is vertue (F 363).

Ausführung. Als die Erwartungen, die Cecropia auf die Thronfolge für Amphialus hegt, in Frage gestellt werden durch die Heirat des Basilius mit Gynecia und die Geburt der beiden Töchter, nimmt sie die politischen Ränke wieder auf und versucht, die Familie des Basilius aus dem Wege zu schaffen, erst durch das Attentat mit den wilden Tieren, dann durch den Volksaufstand, den sie durch Clinias erregen läßt. Als die Untersuchung über die Ursachen des Aufstandes, die in den Händen von Philanax liegt, gefährlich zu werden beginnt, läßt sie durch eine Untergebene, namens Artesia, Basilius, Gynecia und die beiden Töchter in ihre Hände locken, um sie zu töten. Obwohl sie nur die Töchter in ihre Gewalt erhält, will sie diese umbringen; zwar wird sie durch das Geständnis von der Liebe ihres Sohnes zu Philoclea davon abgehalten, doch sucht sie die Thronfolge für Amphialus jetzt dadurch zu erwirken, daß sie die Heirat zwischen ihm und einer der beiden Töchter — welcher, ist ihr gleichgültig — zu betreiben sucht. Von diesen politischen Gesichtspunkten hängt der ganze weitere Verlauf der Episode ab, die Werbung des Amphialus um Philoclea, die Überredungskünste der Cecropia beiden Schwestern gegenüber, die Belagerung der Burg, die Kämpfe, der Abbruch der Belagerung, die Mißhandlungen der Schwestern durch Cecropia und endlich ihr eigener Tod. Als eine Staatsaktion aufgefaßt ist auch der Abbruch der Belagerung, über dessen Zweckmäßigkeit sich Kalander und Philanax in der Versammlung der Führer auf die Aufforderung des Basilius hin in ausführlichen und ernsthaften Reden ergehen (F 466 ff.).

Innerhalb der langen Episode benutzt der Dichter außer der Figur der Cecropia auch die von Amphialus und Clinias dazu, die Methoden machiavellistischer Politik zu veranschaulichen[1]. Auch hier opfert er, ähnlich wie schon in der Figur des Basilius, die Charakteristik der Personen den politischen und lehrhaften Absichten, denn er vermag

[1] Vgl. auch die Ausführungen von Greenlaw a. a. O.

uns nicht zu überzeugen, daß eine sonst so edel aufgefaßte Persönlichkeit wie Amphialus sich, wenn auch auf den Rat seiner Mutter, zu derartigen raffinierten Machenschaften hergeben[1], noch davon, daß ein so gewitzigter Ränkeschmied wie Clinias gleichzeitig eine so lächerliche und feige Rolle wie in dem Zweikampf mit Dametas spielen würde.

Mit größter Sorgfalt und Ausführlichkeit schildert der Dichter die politischen Maßnahmen, die Amphialus auf Cecropias Rat gegen die von Basilius drohende Gefahr trifft. Nach der Vorschrift Machiavellis berücksichtigt Amphialus dabei genau die Natur eines jeden seiner Verbündeten, Freunde und Untergebenen: *to each conforming himselfe after their humors* (F 371). Seinen Freunden bietet er Freundschaft an, den Ehrgeizigen große Erwartungen, den Unzufriedenen Rache, den Habgierigen Beute; den Hoffnungen eines jeden weiß er so zu schmeicheln, daß der Betreffende nicht merkt, wie diese Versprechungen der Not entspringen. In der Erkenntnis, wie stark Gerüchte die öffentliche Meinung beeinflussen und wie wenige Menschen zwischen wahr und unwahr zu scheiden wissen, läßt er eine außerordentlich geschickte Rechtfertigung seiner Handlungsweise entwerfen und in vielen Exemplaren verbreiten. Der vom Dichter sorgfältig skizzierte Inhalt der Proklamation läuft darauf hinaus, daß der Zweck die Mittel heilige[2] und das Wohl des Landes den Abfall von Basilius erheische, der nicht nur sich von der Regierung zurückgezogen und sie in die Hände eines Mannes von unebenbürtigem Range und Parteilichkeit wie Philanax gelegt, sondern auch seine Töchter in eine ungeeignete und schlecht bewachte Umgebung gebracht habe; da sie von hier zum Schaden des Landes auch in fremde Länder hätten entführt werden können, habe er die Töchter in seinen festen Gewahrsam gebracht, damit sie eine für sich und

[1] Vgl. die ideale Schilderung des Amphialus (F 68 ff.).

[2] He fell by degrees to shew, that since the ende whereto any thing is directed, is ever to be of more noble reckning, then the thing thereto directed . . . (F 371).

das Land vorteilhafte Heirat eingehen könnten; alle seine Maßregeln habe er zum Vorteil von Basilius ergriffen; nicht gegen diesen, sondern gegen Philanax richte sich seine Verteidigung. Dadurch gelingt es ihm, einige auf seine Seite zu ziehen und viele dahin zu bringen, daß sie ihm nicht feindlich gegenübertreten, sondern in verkehrter Neutralität den Ausgang abwarten. Ausführlich wird beschrieben, wie er seine Burg befestigt und verproviantiert und eine geeignete Auswahl von Mannschaften trifft, wohl wissend, daß *in the Arte of man stood the quintessence, & ruling skill of all prosperous government, either peaceable, or military*, und wie er jedem nach seinen körperlichen und geistigen Fähigkeiten seinen Platz zuweist und selbst aus den Fehlern des Einzelnen Nutzen zu ziehen weiß. Völlig machiavellistisch ist die Art, wie er gegen sich selbst gerichtete Gerüchte und Schmähschriften verbreiten läßt, einmal, um festzustellen, auf wen von seinen Anhängern er sich verlassen kann, zum andern, damit seine Anhänger, wenn die Gegner sich im Ernste solcher Mittel bedienen sollten, im Unklaren seien, ob diese von ihm selbst herrühren oder nicht.

Noch eine Menge kleinerer Züge ließen sich anführen, um zu zeigen, wie sehr das politische Interesse Begebenheiten und Gestalten der Arcadia bestimmt. Auf eine Figur wenigstens sei noch hingewiesen, die allerdings erst im späteren Verlauf der erweiterten Fassung zur vollen Entfaltung gekommen wäre, Königin Helen von Korinth, in der uns der Dichter das Muster einer Regentin und keusch liebenden Frau vorführt. Obwohl sie jung auf den Thron kommt und ein stolzes und unabhängig geartetes Volk zu beherrschen hat, weiß sie sich die Bewunderung der Untertanen zu erringen, mitten in einer kriegerischen Zeit den Frieden zu erhalten und einen tugendhaften Hofstaat zu bilden (F 283). Obwohl nichts darauf deutet, daß der Dichter mit dieser *Diana apparelled in the garments of Venus* seiner jungfräulichen Königin ein Kompliment machen wollte, ist es doch kaum möglich, daß er bei der Schilderung von Helen nicht irgendwie an sie gedacht hat.

Schließlich sei noch bemerkt, daß selbst die Metaphorik des Dichters das Gebiet der Politik in ihren Bereich zieht, wie das folgende Beispiel veranschaulichen mag: Der leidenschaftlich veranlagte Musidorus kann nach dem Entgegenkommen Pamelas *not set bounds upon his happines, nor be content to give Desire a Kingdome, but that it must be an unlimited Monarchy* (F 354 ff.)[1].

Unsere langen Auseinandersetzungen haben gezeigt, daß der Hintergrund, auf dem die sonstige Handlung der Arcadia sich aufbaut, ausgesprochen politischen Charakter trägt. Die Behauptung Grevilles, daß die Arcadia ursprünglich als ein politischer Roman beabsichtigt war, in dem Sidney seinen Ansichten über die *Arte of government* Ausdruck geben wollte, besteht unbedingt zu Rechte; wird doch nur durch diesen politischen Grundzug der seltsame, scheinbar widerspruchsvolle Charakter der Arcadia verständlich. Dadurch, daß Sidney in der Arcadia ernsthafte politische Erörterungen niederlegte, wurde er zu etwas gezwungen, was dem Wesen des Romans zu seiner Zeit noch völlig widerstrebte, zur strengen Innehaltung der Grenzen der Wahrscheinlichkeit in den Begebenheiten sowohl wie in den Charakteren. Das ist der entscheidende Zug, wodurch die Arcadia sich so scharf von den Romanen, die sie gleichzeitig benutzt, den griechischen Liebesromanen, den Schäferromanen und Ritterromanen, abhebt; hier liegt vor allem auch der Grund davon, warum in der Arcadia im Gegensatz zu den eben genannten Vorbildern oder

---

[1] Ähnliche Fälle sind etwa die folgenden:

Love to a yeelding hart is a king; but to a resisting, is a tyrant (F 115). But Amphialus not onely conjured by that which helde the Monarchie of his mind (F 425). Which when once it was enacted, not onely by the comminaltie of Passions, but agreed unto by her most noble Thoughts, and that by Reason it self had granted his royall assent; then Friendship took core to see the statute thorowly observed (F 170). Vgl. auch Astrophel and Stella Nr. 29 und 69.

Spensers Feenkönigin, die ja auch eine Fülle politischer Züge enthält, das übernatürliche Element vollständig ausgeschaltet ist.

Die Welt der Feen, Riesen, Zwerge, Faune, Satyrn, Nymphen, Zauberer, Unholde, Ungeheuer, Geistererscheinungen und Wunder existiert für Sidney nicht. In dieser Hinsicht bleibt er sich so konsequent, daß er es nicht wagt, die beiden ungewöhnlich mächtigen Räuber, die das Land des Königs von Pontus verwüsten, direkt als Riesen (giants) zu bezeichen, sondern sie vorsichtig kennzeichnet als *two brothers of huge both greatnesse and force, therefore commonly called (!) giants, who kept themselves in a castle seated upon the top of a rocke* (F 204). Eine ähnliche Erscheinung liegt vor, wenn er aus dem grichischen Roman das Motiv des Liebestrankes übernimmt, aber über dessen Wirkungen sofort aufklärend hinzufügt, daß *it had been received rather by tradition to have such a quality than by any approved experiment* (B 493)[1]. Von allen in das Gebiet des Wunderbaren schlagenden Motiven übernahm er nur die sich erfüllenden Orakel und Träume des griechischen Romans, verwendet aber auch sie nur mit Vorsicht. Ein so unwahrscheinlicher Fall wie der, wo die beiden Freunde zusammen mit dem paphlagonischen Königssohn im Begriff sind, der feindlichen Übermacht zu unterliegen und im rechten Augenblick der König von Pontus, durch einen Traum beunruhigt, ihnen hastig nachsetzt und Hilfe bringt (F 211), ist eine Ausnahme. Die Empfindung, die Sidney bewog, die übernatürlichen Elemente zu vermeiden, war gewiß eine richtige; es war die, daß man nicht nebeneinander staatsrechtliche Theorien an realen Beispielen darlegen und Ereignisse einer übernatürlichen Phantastik sich abspielen lassen kann. Als Klassizist

---

[1] Dabei glaubte man damals noch in weiten Kreisen an Liebestränke. Ließ doch sogar Sidneys Oheim Leicester 1579 das Gerücht verbreiten, daß man versuche, die Königin durch Zauberei und Liebestränke der Heirat mit dem Duc d'Alencon geneigt zu machen (Fox Bourne a. a. O. S. 244).

mußte ihm daran liegen, eine möglichst einheitliche Gesamtwirkung hervorzubringen, und dieses einheitliche Band sah er in der Beobachtung der Grenzen der Wahrscheinlichkeit.

Mag uns heute der Inhalt der Arcadia auch noch so phantastisch und unwahrscheinlich anmuten, so haben doch Sidney und seine Zeitgenossen die geschilderten Begebenheiten als durchaus möglich angesehen: bezeichnet doch selbst noch ein halbes Jahrhundert später ein so bedeutender Kritiker wie Sir William Alexander den Inhalt eines Romans wie Heliodors Aethiopica, als *strange yet possible.*

Ebenso sicher wie der politische Grundcharakter der Arcadia ist nun aber die weit mehr ins Auge springende Tatsache, daß die Arcadia schon in I einen Liebes- und Abenteuerroman in der Art von Helidor und Achilles Tatius darstellt, wodurch die Frage entsteht, ob nicht Sidneys ursprüngliche Absicht doch lediglich die war, einen Liebes- und Abenteuerroman zu schreiben, er also die politischen Elemente nur als etwas Sekundäres nachträglich hineinbrachte. Das dies nicht der Fall ist, daß vielmehr bei der ersten Konzeption die politischen Erwägungen ausschlaggebend waren, ist noch deutlich an der Art erkennbar, wie die politischen Geschehnisse die Liebeshandlung gleichsam wie in einem Rahmen einschließen oder genauer gesprochen, die Liebeshandlung von den politischen Geschehnissen abhängig gemacht wird. Wie schon Greville herausfühlte, wird die ganze Liebeshandlung nur dadurch möglich, daß Basilius in seiner Schwäche die Würde des Monarchen vergißt und sich, um die Heirat der Töchter zu verhindern, in eine nicht standesgemäße, ländliche Umgebung zurückzieht und gerade dadurch den beiden Prinzen Gelegenheit gibt, sich in unauffälliger Verkleidung seinen Töchtern zu nähern; hierdurch wiederum wird es allein möglich, daß er selbst und seine Frau sich in den als Amazone verkleideten Pyrocles verlieben.

V. Die moralischen Absichten der Arcadia.

Mit unserer Darstellung der politischen Ziele und Bestandteile der Arcadia haben wir erst einen Teil der lehrhaften Absichten des Dichters berührt. Verstecken sich doch in einer Weise, die bisweilen direkt an Spensers Feenkönigin gemahnt, hinter männlichen und weiblichen Gestalten sowie hinter Partien, die auf den ersten Blick einen rein erzählenden Charakter zu tragen scheinen, nicht selten moralisch-lehrhafte Allegorien. Wie bei den politischen Tendenzen bemüht sich der Dichter auch hier praktisch jene Ansicht zu betätigen, die in den großen Dichtern der Antike und Renaissance Vermittler von verborgenen wertvollen Lehren sah. Daß er diese Anschauung so bereitwillig aufgriff, hatte seinen tieferen Grund in dem fast pedantischen Hang zum Moralisieren und Lehren, der seine ganze Persönlichkeit trotz aller Freude an der Tat durchzieht. Schon an dem Knaben stellt Greville fest: *His talk ever of Knowledge, and his very play tending to enrich his mind* (a. a. O. S. 6). Diese Hinneigung zu Theorie, Wissenschaft und System hat seine dichterischen Fähigkeiten beeinträchtigt. Sie trieb ihn wohl dazu, sich intensiv mit der Theorie von Dichtkunst, Metrik und Rhetorik zu beschäftigen, aber sie verhinderte ihn als Lyriker oder Epiker voll in seinem Gegenstand aufzugehen. Charakteristisch genug begleitet er sowohl den Inhalt seiner Liebesgedichte wie die Handlung seines Romans mit Erklärungen und Regiebemerkungen[1].

---

[1] Vgl. den Abschnitt über die Komposition der Arcadia.

Nach Grevilles Ansicht stellt Sidney in der Arcadia Tugenden, Laster, Gesinnungen (*humours*), Ratschläge und Handlungen in der Form von erdichteten und harmlosen Bildern (*images*) dar und befleißigt sich damit einer Aufgabe, die als Vorbereitung freigeborener Geister für die größten Staatsangelegenheiten anzusehen ist (a. a. O. S. 2 ff.). Mit andern Worten, er sieht in Sidneys Arcadia eine dem Eingeweihten verständliche Darstellung wertvoller moralischer Lehren und Lebensregeln. Daß für ihn Sidney als Verfasser der Arcadia in erster Linie der *excellent Image-maker* ist (a. a. O. S. 14)[1], sehen wir auch daran, daß er als Herausgeber des Druckes von 1590 in den Kapitelüberschriften gern auf das Vorhandensein eines solchen *image* hinweist[2]. Daß er vor allem aber mit seiner Ansicht von den *images* das Richtige traf und Sidney den Inhalt der Arcadia — nicht nur der politischen Partien — wirklich stark unter diesem Gesichtspunkte gestaltete, lehren die vielen Fälle, wo der Dichter selbst mitten in der Ausführung mit den verschiedenartigsten Wendungen darauf hinweist, daß es sich bei dem betreffenden Vorgang um ein *example*, um eine Begebenheit mit einer tieferen, vorbildlichen Bedeutung handelt[3].

---

[1] Zum Begriff *image* vgl. auch S, 11, 12, 15.

[2] 2. Buch, 27. Kap.: A verball craftie coward purtrayed in Clinias. 3. Buch, 7. Kap.: Base cowardise in Clinias; brave courage imaged in Amphialus. 2. Buch, 15. Kap.: An inveagling-womans arts. 2. Buch, 18. Kap.: The execution of Ladies done on a Light-of-love [= Pamphilus]. 2. Buch, 22. Kap.: A new complaint of Pamphilus new change, to a gracelesse curtisan [= Baccha].

[3] So heißt es von Argalus und Parthenia: But as he gave this rare ensample, not to be hoped for of any other, but of an other Argalus: so of the other side, she tooke as strange a course in affection (F 35). — But so it fell out that his death was prevented by a rare example of friendshippe in Musidorus (F 197). — Als Zelmane im Begriff ist, Philoclea zu enthüllen, daß unter ihrer Verkleidung sich Prinz Pyrocles verbirgt: You shall see (I say) a living image, and a present storie of what Love can doo, when he is bent to ruine (F 258). Als Pyrocles der Philoclea von Königin Helen erzählt: because you may see by her example (in her selfe wise, and of others beloved)

Die Vermittlung der moralischen Lehren und des Wissens geschieht nun in der Arcadia auf zweierlei Weise, einmal an der Hand allegorischer Charaktere, die bestimmte Tugenden, Laster oder Leidenschaften verkörpern und dadurch anziehend oder abstoßend wirken sollen, zum andern durch direkte Mitteilung von Kenntnissen, sei es durch den Mund des Autors oder den einer seiner Gestalten. Um diese beiden Punkte, Moral und Kenntnisse des praktischen Lebens, dreht sich auch der Inhalt des berühmten Briefes, den Sidney um diese Zeit herum, vermutlich 1578, an seinen Bruder Robert schrieb[1]. Hier legt er in klugen und beredten Worten seinem Bruder die Erwerbung von zwei Arten des Wissens ans Herz, erstens von *Moral Philosophy* oder *the certainness of true discerning of men's minds both in virtue, passion and vices,* zum andern von praktischen Kenntnissen von Politik, Kriegswesen, Gesetzen oder Erziehungswesen der verschiedenen Länder. Wie wir im folgenden sehen werden, läßt sich die Übereinstimmung dieses Programms mit dem, das er in der Arcadia verfolgt, bis in Einzelheiten hinein ohne Schwierigkeit feststellen.

Der Gedanke, ein literarisches Kunstwerk zum Vermittler solcher Lehren zu machen, konnte für Sidney nichts Befremdendes haben. Hatten doch die Kritiker der Antike und in ihrem Gefolge die Kritiker der Renaissance

---

that neither follie is the cause of vehement Love, nor reproch the effect (F 284). Als Amphialus den Argalus überwunden hat und den Verwundeten schonen möchte: A notable example of the woonderful effectes of Vertue, where the conquerour, sought for friendship of the conquered &c (F 426). Nachdem der Dichte ausgeführt hat, wie alles, was eine Geliebte tut, in den Augen des Liebhabers immer gerade das Beste ist, heißt es: example of this was well to be seen in the given over Pyrocles . . . (B 497). Als der Anführer Timautus sich schließlich gezwungen sieht, Philanax um Schutz anzuflehen: giving a true lesson, that vice itself is forced to seek the sanctuary of virtue (B 580). Die Freunde gehen gefaßten Antlitzes zu der Gerichtsverhandlung: showing aright, by the comparison of them and Gynecia, how to divers persons compassion is diversly to be stirred (B 598).

[1] Vgl. oben S. 57.

eingehend dargelegt, wie Homer und Vergil in ihren Epen die hervorragendsten Tugenden, Laster und Leidenschaften an der Hand ihrer Gestalten darstellten und jede Wissenschaft, von der Astronomie bis zur Kriegskunst und Rhetorik, vermittelten. Sahen wir doch, wie man in Italien und England in den Gestalten und Vorgängen des Rasenden Roland moralische und lehrhafte Allegorien erblickte. Schließt sich doch auch Sidney selbst, wenigstens im Punkt der moralischen Belehrung, an diese Kritiker an, wenn er in der *Apology* (S. 17) mit Berufung auf den Ajax bei Sophocles, den Odysseus, Diomedes und Achilles bei Homer, den Nisus und Euryalus bei Vergil, den Gnatho bei Terenz oder den Pandarus bei Chaucer feststellt, daß in der Dichtkunst sich „alle Tugenden, Laster und Leidenschaften so in ihrem natürlichen Zustande dem Blicke darbieten, daß wir nicht von ihnen zu hören, sondern deutlich durch sie hindurchzusehen scheinen“, und gleichzeitig vermerkt (S. 16), daß die gelehrten Definitionen des Philosophen über Tugend und Laster sowie äußere und innere Politik erst ihre volle Bedeutung erlangen, wenn sie vom Dichter angefaßt werden[1].

Da Sidney in der *Apology* (S. 31) *moral doctrine* nicht nur als das Ziel der Dichtkunst, sondern auch als *the chief of all Knowledges* erklärt, werden wir uns ganz naturgemäß zunächst den moralischen Absichten zuwenden, die Sidney bei Abfassung seines Romans verfolgte. Wie zu erwarten, fällt dabei eine besondere Rolle den Hauptchelden, Pyrocles und Musidorus, zu. Es ist merkwürdigerweise fast dieselbe, die Spenser in der Feenkönigin seinem Haupthelden, Arthur, zuweist; nach den Worten des Einleitungsbriefes stellt Spenser in der Person Arthurs die Tugend *Magnificence* dar, die nach Aristoteles die Vollkommenheit aller übrigen Tugenden sei und sie alle in sich enthalte. Damit stellt sich Spensers *Magnificence* als eine wenig glückliche Übersetzung von Aristoteles' μεγαλοφυχία dar. In ähnlicher

[1] Vgl. oben S. 29 ff.

Weise wie Spenser sucht nun auch Sidney in seinen beiden Prinzen, aber auch in Euarchus, Argalus und Amphialus, eine Verkörperung der Tugend überhaupt zu geben und zugleich das Wesen einzelner Tugenden an ihnen genauer darzulegen. Damit erhält die Arcadia neben dem Aussehen des politischen Romans das ganz eigenartige Gepräge einer moralischen Allegorie und wird zu einer Verherrlichung der heroischen Tugend, wie die gesamte englische Literatur sie nicht noch einmal aufzuweisen hat. In ästhetischer Hinsicht ist das Bedeutsame an dieser Erscheinung, daß es sich hier nicht um einen allegorischen Roman mittelalterlicher Auffassung handelt, wie etwa Stephen Hawes' Pastime of Pleasure, auch nicht um ein allegorisches Renaissanceepos wie die Feenkönigin, wo die Gestalten immer noch nach der mittelalterlichen Art ohne weiteres als Allegorien empfunden werden und wo sich immer noch alles um den Kampf der Tugenden mit den Lastern dreht, sondern um ein rein erzählendes Kunstwerk mit Konflikten politischen und rein menschlichen Charakters, das die schwierige Forderung erfüllen will, zugleich eine individuelle und eine symbolische Handlung zu geben. Zum Unterschied von der politischen ist die moralische Allegorie so diskret, daß sie dem modernen Leser ohne Kenntnis der allegorischen Interpretationsweise der Renaissance kaum bemerkbar wird. Obwohl sie in I bereits deutlich zum Ausdruck kommt, erlangt sie das volle Übergewicht gegenüber den politischen Zielen doch erst in II.

Mit dieser Absicht sucht Sidney das in die Wirklichkeit umzusetzen, was er in der *Apology* als eines der Hauptziele des heroischen Epos' aufstellt, nämlich dem Leser an der Schilderung des Helden die Tugend im schönsten Feiertagsgewande vor Augen zu führen[1]. Da er zu dieser Auffassung vor allem an der Hand der antiken Kritik von Homer und Vergil gelangte, kann es auch nicht wundernehmen, wenn für seine Vorstellung von dem tugend-

[1] Apology a. a. O. S. 21.

haften Helden die Gestalt des Aeneas bei Vergil sein engeres Vorbild wurde, allerdings weniger in der Auffassung wie sie Vergil bot, als in der, wie sie der „Maronismus" Scaligers sah. Unter dem Einfluß Scaligers und seiner Verherrlichung des Aeneas (Poet. Libri III 12, 20) bemerkt Sidney in der Apology (ed. Cook S. 17), daß kein Vorbild so gut als Vergils Aeneas imstande sei, einen tugenhaften Menschen in allen Lebenslagen anzuleiten. Auf Aeneas verweist der Dichter, wenn er darlegt, wie die Schilderung auserwählter Helden den Geist mit dem Wunsche entflammt, würdig zu werden und ihm die Anweisung dazu gibt (ed. Cook S. 30): *Only let Aeneas be worn in the tablet of your memory, how he governeth himself in the ruin of his country; . . . how in storms, how in sports, how in war, how in peace, how a fugitive, how victorious, how besieged, how besieging, how to strangers, how to allies, how to enemies, how to his own; lastly how in his inward self, and how in his outward government; and I think, in a mind most prejudiced with a prejudicating humor, he will be found in excellency fruitful, — yea even as Horace saith, melius Chrysippo et Crantore.* Was Sidney hier von der Aeneis aussagt, deckt sich mit Grevilles Ansicht von der Arcadia, in der Sidney „so genaue Bilder von jeder Lage des menschlichen Geistes habe zeichnen wollen, daß jedermann, wenn er im Laufe dieses Lebens irgendwelches Glück oder Unglück erfahre, wie in einem Spiegel darin sehen könne, wie er eine gute Miene gegenüber allen Schlägen des Mißgeschicks und eine vorsichtige gegenüber dem übermäßigen Lächeln des Glücks aufzusetzen habe[1]".

Sidneys Tugendlehre und ihre Umsetzung in die Gestalten der Arcadia zeigt trotz aller Unterschiede in der Gesamtanlage eine solche Übereinstimmung mit Spensers Auffassung und Wiedergabe des Wesens der Tugenden in der Feenkönigin, daß wir kaum umhin können, an eine Verständigung der beiden Dichter in diesem Punkte zu glauben. Einer solchen Annahme stünde um so weniger entgegen, als wir

[1] Vgl. oben S. 48.

schon bei der Besprechung des Einleitungsbriefes der Feenkönigin feststellen konnten, daß wir in Sidney den geistigen Urheber oder Anreger des Spenserschen Epos zu erblicken haben. Beide Dichter gehen in ihren Anschauungen aus von der Moralphilosophie des Aristoteles und fassen in Übereinstimmung mit Aristoteles' eigenen Absichten[1] die Nicomachische Ethik und die Politik auf als zwei zusammengehörige Schriften über die Tugend des Privatmannes und des Staatsbürgers (worunter auch der Herrscher fällt). Spenser gibt in dem Einleitungsbrief seine Absichten in klaren Worten wieder: An dem Prinzen Arthur habe er die zwölf *private moral vertues* und an dem späteren König Arthur die *pollitike vertues* des Aristoteles darstellen wollen. Sidney, der sich nirgends direkt über die Absichten der Arcadia ausgelassen hat, verrät wenigstens an einer Stelle im Text, daß auch ihm diese Einteilung geläufig ist: Zelmane (Pyrocles) erklärt dem Basilius, sie habe in ihrer Jugend den Entschluß gefaßt, die Welt bekannt zu machen mit der Vollkommenheit der Amazonen, *aswell in private, as in publicke vertue* (F 89). Während Spenser aber seinen umfassenden Plan nur zum kleinen Teil ausgeführt und nur einige private Tugenden in den Gestalten der ersten Gesänge verkörpert hat, hat Sidney sein Programm bereits in I durchgeführt. Wie wir im folgenden zeigen werden, hat er an einer Reihe von Figuren, vor allem den beiden Freunden, die privaten Tugenden und in dem Herrscher Euarchus die öffentlichen Tugenden dargestellt.

Daß Sidney wirklich von einem bestimmten ethischen System ausgeht, würden allein schon seine Hinweise auf die *rules of vertue* (F 194, B 547) und auf den philosophischen Begriff der Tugend[2] zur Genüge klarmachen, ebenso ein Satz

---

[1] Vgl. besonders Ethik I 1, X 10. Umgekehrt wird auch in der „Politik" ständig Bezug auf die „Ethik" genommen.

[2] As for virtue he counted it but a schoolname (B 566); without your meaning be, I should love this word *vertue*, where I see it written in a book (F 80). Vgl dazu auch *Apology* (a. a. O. S. 24): For even those hard-hearted evil men who think virtue a school-name . . .

wie *there is nothing evil but within us, the rest is either natural or accidental* (B 563)[1], Äußerungen, wie die von der *true grounded vertue, which must be like it selfe in all points* (F 82) und das beständige Betonen der Stellung, die Tugend, Vernunft und Leidenschaften zu einander einnehmen.

Daß eine Ethik von so aristokratischem Charakter wie die des Aristoteles, die nur dem Manne von Rang und Reichtum die Möglichkeit des Besitzes der vollen Tugend zugesteht, Sidneys Sinn für das Aristokratische und Exklusive zusagte, ist leicht zu verstehen; wissen wir doch, daß er sie auch im Leben zur Richtschnur für seine eigenen Handlungen nahm[2]. Daß er sich ihren Inhalt völlig zu eigen gemacht hatte, zeigen seine Auseinandersetzungen über den Zweck der Wissenschaften und das Wesen der Ethik in der *Apology*[3]. In der Arcadia offenbart sich die Tatsache des Anschlusses an Aristoteles am deutlichsten aus der Art, wie Sidney sich die berühmte Definition von der Tugend als dem Mittleren zwischen zwei Lastern zu eigen macht, von denen das eine dem Übermaß an der betreffenden Eigenschaft, das andere dem Mangel daran entspringt (Ethik II 6).

Auch hier deckt sich Sidney wiederum so vollständig mit Spenser, daß wir am besten eine gemeinsame Aussprache beider über ihre ethischen Ansichten oder eine direkte Nachahmung von Seiten Spensers als Ursache annehmen. Wenn bei Sidney Philanax sich gegen Timautus wendet, so geschieht das in Ausdrücken, die in aller Klarheit und Kürze die Ari-

---

[1] Vgl. Aristoteles, Ethik III 7.

[2] Man vergleiche die folgende bezeichnende Ermahnung in dem Brief an seinen Bruder vom Jahre 1578: I think you have read Aristotle's *Ethics;* if you have, you know it is the beginning and foundation of all his works, the end to which every man doth and ought to bend his greatest and smallest actions.

[3] a. a. O. S. 12 ff., 16, wo er im Hinblick auf Aristoteles stets Ethik und Politik als zusammengehörig betrachtet. Auch in dem Brief an seinen Bruder Robert vom 18. Okt. 1580 spielt er bei dem *moral philosopher* mit dem *epic* und *politic part* auf Aristoteles an.

stotelische Definition der Tugend wiedergeben: *Consider that all well-doing stands so in the middle betwixt his two contrary evils that it is a ready matter to cast a slanderous shade upon the most approved virtues. Who hath an evil tongue, can call severity cruelty, and faithful diligence, diligent ambition* (B 568). Ein ähnlicher Fall liegt vor, wenn der Dichter in Clinias und Amphialus die beiden Extreme schildert, die von dem Mittelmaß, der Tugend, sich entfernen: *Onely Clinias and Amphialus did exceed the bounds of mediocrity: the one in his natural coldnesse of cowardise, the other in heate of courage* (F 385). Amphialus zieht sich zurück mit einer festen Entschlossenheit, die „gleich weit entfernt von Zorn wie von Furcht war" (F 444). Auch die Worte *since valour is a virtue, and virtue is ever limited* und die darauffolgende Anwendung, daß ein Zuviel des Erduldens ein sicheres Zeichen von mangelnder Tapferkeit sei (B 546), enthalten eine Anspielung auf die Definition des Aristoteles von der Tapferkeit, die auf der einen Seite begrenzt ist von der Tollkühnheit, auf der andern von der Feigheit (Ethik II 7, III 9, 11). Eine besonders interessante, ohne Beziehung auf Aristoteles gar nicht verständliche Anspielung liegt vor an der Stelle, wo Musidorus sich von der Leidenschaft seiner Liebe hinreißen läßt, Pamela zu umarmen und zu küssen. Die Pointe beruht auf der Aristotelischen Scheidung zwischen Tugenden und Lastern einerseits und Leidenschaften andererseits[1]. Pamelas unerwartetes Entgegenkommen läßt Musidorus die Süße der Freude fühlen; die Freude als eine Leidenschaft ist aber *a child of Passion, & never acquainted with mediocrity* und kann daher auch seinem Glück keine Grenzen setzen (F 354). Ob der Dichter sich hier nicht mit leisem Vorwurf gegen Aristoteles wendet, mag dahingestellt bleiben. Es wäre durchaus möglich angesichts einer andern Stelle, die vielleicht als Kritik an Aristoteles aufzufassen ist: Argalus ist so vollkommen, daß kaum der kritischste Blick einen Fehler an ihm zu finden vermag,

---

[1] Ethik II 4.

if the over-vehement constancie of yet spotles affection, may not in harde wrested constructions be counted a spot (F 31)[1].

Wenn so Sidney die aristotelische Definition der Tugend übernimmt, so geht er in seiner allegorischen Darstellung doch nicht so weit, seinen Vertretern der verschiedenen Tugenden nun auch systematisch Vertreter der jeweils dazugehörigen Extreme oder Laster gegenüberzustellen oder sie gar in Kampf mit diesen zu verwickeln. Dagegen ist bei der viel systematischer durchgeführten Allegorie der Feenkönigin ein solches Bestreben von seiten Spensers unverkennbar. So wird etwa im zweiten Gesang das Wesen der Tugend genau nach Aristoleles an allegorischen Gestalten dargelegt, indem Sir Guyon, der Vertreter der Mäßigkeit, geleitet von dem „schwarzen Pilger" (Vernunft) zu dem Schlosse der goldenen Mitte gelangt (II, 2, Str. 13 ff.), wo die drei Schwestern Medina (richtige Mitte), Elissa (zuwenig) und Perissa (zuviel) wohnen; wie bei Aristoteles die Extreme sowohl einander als auch dem Mittleren, der Tugend, entgegengesetzt sind, so befinden sich auch Elissa und Perissa sowohl miteinander im Streit als auch im gemeinsamen Kampfe gegen Medina. Ohne den Gegenstand erschöpfen zu wollen, sei noch darauf hingedeutet, wie im zweiten Buche dem Sir Guyon (Mäßigkeit) die beiden Extreme Sans Loy (aufbrausende Leidenschaft) und Sir Hudibras (mürrische Unzufriedenheit) gegenübergestellt sind oder im ersten Buche dem Red-Cross Knight (Frömmigkeit oder wahrer Glaube) die Extreme Sans Foy (Unglaube) und Duessa (falscher Gottesglaube oder Katholizismus)[2].

Vollständig aristotelisch ist auch Sidneys Ansicht von Weisheit und Tugend als den beiden Führern des Menschen zur Glückseligkeit. Wenn Philanax in seinem Brief, in dem er Basilus vor den Folgen seines törichten und schwäch-

[1] Das wäre um so eher möglich, als Sidney auch in der *Apology* (a. a. O. S. 13) beim Vergleich des Dichters und des Moralphilosophen die Lehrmethode des letzteren mit einem Unterton von Ironie schildert.

[2] Genaueres bei Max Hoffmann, Über die Allegorie in Spensers Faerie Queene, Programm, Gleiwitz 1888.

lichen Verhaltens warnt, auseinandersetzt *that wisdome and vertue be the only destinies appointed to man to follow, whence we ought to seeke al our Knowledge, since they be such guydes as cannot faile; which besides their inward comfort, doo lead so direct a way of proceeding, as either prosperitie must ensue; or, if the wickednes of the world should oppresse it, it can never be said, that evil hapneth to him, who falles accompanied with vertue* (F 24) und daß kein Einfluß *can bring mans witte to a higher point, then wisdome and goodnes* (F 25), so ist das nur eine Wiedergabe dessen, was Aristoteles im sechsten Buche der Ethik von der Vernunft und ihrem Verhältnis zur Tugend lehrt [1].

Von Aristoteles empfing Sidney auch den ethischen Grundgedanken, daß Tugend und Glückseligkeit identisch sind und daß die Tugend den Zufall mit allen Unglücksfällen, die er in seinem Gefolge hat, durch Großherzigkeit und Ausdauer überwindet, kurz die Idee des Sieges von *virtue* über *fortune*. Es ist dieselbe Idee, die bei Vergil als der Sieg der *virtus*, des mannhaften Verhaltens, gegenüber den Schlägen des Schicksals uns entgegentritt. In Übereinstimmung mit Aristoteles (Ethik I, 11) hat er die Durchführung dieses Gedankens in der *Apology* (S. 21) als einen der Hauptvorzüge der Poesie gegenüber der Geschichte gefeiert: *For, indeed, poetry ever setteth virtue so out in her best colors, making Fortune her well-waiting handmaid, that one must needs be anamored of her. Well may you see Ulysses*

[1] Vgl. etwa VI 13: „Indem die Weisheit ein Teil der ganzen Tugend ist, macht sie den Menschen durch ihren Besitz und durch ihre Wirklichkeit glücklich. Ferner wird unser Werk in Bezug auf Klugheit und Charakter Tugend erst durch sie vollendet, indem die Tugend das Ziel richtig stellt, die Klugheit aber das dazu Nötige beschafft. . . . Die Tugend ist nicht bloß der rechten Vernunft gemäß, sondern eine mit rechter Vernunft verbundene Gemütsrichtung, und die rechte Vernunft in diesen Dingen ist die Klugheit. Sokrates hält die Tugenden für ein vernünftiges Wissen; ich dagegen halte sie nur mit vernünftigem Wissen verknüpft. Hieraus erhellt, daß man ohne Klugheit nicht wahrhaft tugendhaft, noch ohne Charakter-Tugend klug sein kann". — Von anderen Stellen vgl. besonders „Politik" IV 1.

in a storm, and in other hard plights; but they are but exercises of patience and magnanimity, to make them shine the more in the near following prosperity. In der Arcadia hat er diesen Gedanken in den wechselvollen Schicksalen seiner Helden durchgeführt und gleichzeitig auch nicht versäumt, immer wieder den Leser ausdrücklich darauf hinzuweisen, wie *virtue* über *fortune* triumphiert[1]. Um nur einige bedeutsame Beispiele hervorzuheben: Bei der Trennung entläßt Pyrocles den Freund mit den Worten: *go therefore on, worthy Musidorus, with the guide of virtue and service of fortune* (B 454); . . . *farewell my Musidorus, the gods make fortune to wait on thy virtues* (B 455). Als sie sich als Gefangene wiedersehen, ist das erste und einzige Wort, das Pyrocles an Musidorus richtet, eine Ermahnung, sich nicht vom Schicksal beugen zu lassen: *let not our virtue now abandon us: let us prove our minds are no slaves to fortune, but in adversity can triumph over adversity* (B 563)[2]. Die ganze Bedeutung dieser Auffassung vom Triumph der Tugend über die Fährnisse des Lebens läßt sich nicht durch Zitate dieser Art veranschaulichen, sondern wird nur klar durch den Gesamteindruck, den eine zusammenhängende Lektüre der Arcadia gibt. Dann wird auch deutlich, wie das Aufgreifen dieser Idee von seiten Sidneys seinen letzten Grund in der ethischen Veranlagung des Dichters hat, die ihn auch von sich aus an den Sieg der Tugend glauben ließ. Nur die eigene jugendliche Begeisterung für die Tugend konnte eine Reihe sittlich so hochstehender Gestalten schaffen wie Euarchus, Pyrocles, Musidorus und Argalus, in deren Seele kein Raum ist für irgend welchen niederen oder auch nur kleinlichen Gedanken. Hier handelt es sich um Idealgestalten einer neuen Art, die durch ihren sittlichen Adel weit hinausragen über Theagenes, Klitophon, Amadis, Orlando, Rinaldo, selbst über Aeneas, der besonders

---

[1] Vgl. auch Wolff a. a. O. S. 326 ff.

[2] Vgl. Apology S. 39 ff.: Only Alexander's example may serve, who by Plutarch is accounted of such virtue, that Fortune was not his guide, but his footstool.

im ersten Teil der Aeneis durchaus nicht immer als Idealgestalt erscheint. Zum ersten Male in der englischen Literatur werden hier die traditionellen mittelalterlichen Begriffe von „Ehre", „Treue", „Tugend" und „Liebe" bewußt durch ein bestimmtes ethisches System ersetzt. Unter dem Einfluß von Aristoteles legt sich Sidney auch die Frage vor, ob die Tugend etwas ist, das nur dem Manne zukommt oder ob auch die Frau ihrer fähig ist. Trotzdem er unter dem Einfluß der ritterlich-petrarchistischen Denkweise seiner Zeit der Frau in der Arcadia wie in seiner Lyrik die überschwänglichsten Huldigungen darbietet, scheint er sich doch in der Beantwortung dieser Frage in der Theorie an Aristoteles anzulehnen, der — ebenso wie Plato — von seinem Standpunkt als Grieche aus der Frau nur eine beschränkte Wertschätzung entgegenbringt[1]. In seiner „Politik" (I 13) entscheidet sich Aristoteles dahin, daß Mann und Frau an der Tugend Anteil haben, aber in verschiedener Weise, die Frau nur so weit, als zu ihrer Aufgabe erforderlich ist, d. h. daß die Frau zwar den vernünftigen Teil der Seele auch besitzt, aber ohne die erforderliche Macht; Selbstbeherrschung, Tapferkeit, Gerechtigkeit usw. sind beim Manne „herrschende" Tugenden, bei der Frau aber „gehorchende". Durch diese Gedankengänge erst wird es verständlich, wenn Sidney sich an verschiedenen Stellen mit dem Problem befaßt, welcher Art die Tugenden der Frauen sind. Pyrocles hebt bei seiner Verteidigung der Frauen besonders hervor (F 79) *that they are capable of vertue* und Basilius erklärt Parthenia als *the perfect picture of a womanly vertue, and wively faithfulnes* (F 104): Auf der andren Seite aber stellt der

---

[1] Vgl. die folgende Äußerung von Nash in der *Anatomie of Absurditie* (Works ed. Mac Kerrow I 12): Aristotle doth counsell vs, rather to gette a little wife then a great, because alwaies a little euill is better then a great, so that hee counted all women without exception, euill and vngratious. — Das Zitat, das nicht aus Aristoteles stammt, veranschaulicht, wie man in der Renaissance die Stellung von Aristoteles zur Frau ansah.

Dichter gelegentlich an seiner gefeiertsten Frauengestalt, Philoclea, fest, daß sie mit der absoluten Tugend nichts zu tun hat: Als Philoclea von Zelmane erfährt, daß sie der verkleidete Pyrocles ist, wird sie von widerspruchsvollen Gefühlen ergriffen, wie sie jene Gemüter haben *which nether absolutly clime the rock of Vertue, nor freely sinke into the sea of Vanitie* (F 260)[1]; der unerschütterlichen Seelengröße, mit der Pyrocles dem Tode ins Gesicht schaut, stellt Sidney auf ihrer Seite gegenüber *an innocent guiltiness, not Knowing why she should fear to deliver her unstained soul to God* (B 544)[2].

Wenn Sidney in seiner Anschauung vom Wesen der Tugend zunächst von Aristoteles ausgeht, so steht er daneben doch, genau wie Spenser, unter dem Einfluß Platos, dem er in der *Apology* (S. 40) als dem poetischsten unter den Philosophen besondere Verehrung zugesteht[3]. Wiederum geht Sidney, zum Unterschied von den meisten Vertretern des Platonismus in der Renaissance, direkt auf die Quellen, die Schriften Platos, zurück, in erster Linie auf das Gastmahl und den Phaedon, und bedient sich nicht der damals üblichen Vermittlung von Pico della Mirandula (In Platonis Convivium Libri III) oder Ficinos Kommentar zum Gastmahl[4]. Dadurch entging er der Gefahr, sich wie so viele andere, auch Spenser, durch die Lehren der Neuplatoniker in mystische Bahnen lenken zu lassen. Von der platonischen Tugendlehre griff er vor allem den berühmten, von Plato zuerst geäußerten und von Cicero wieder aufgenommenen Gedanken auf, daß die Menschen, wenn sie die Tugend

---

[1] Vgl. dazu die Ansicht des Aristoteles, daß die Schamhaftigkeit noch keine Tugend ist (Ethik IV 15).

[2] Wie Sidney daneben auf Grund platonischer Anschauungen zu einer Verherrlichung der Liebe und der Frau gelangt, wird weiter unten gezeigt werden.

[3] Vgl. die Schrift von John Smith Harrison, Platonism in English Poetry of the 16th and 17th Centuries (New York 1903), die indessen auf Sidney nur wenig eingeht.

[4] Daß er Plutarchs Schrift über die Liebe kannte, geht aus der *Apology* (S. 41) hervor.

sehen könnten, nicht umhin können würden, ihre Schönheit zu lieben. Dieser Gedanke, den er auch in der *Apology* (S. 30) heranzieht, kehrt in den verschiedensten Fassungen in der Arcadia wieder. Er schwebt dem Dichter vor bei den zahlreichen Schilderungen, die er von der Wirkung der Tugend auf die Menschen gibt. Wie wir weiter unten sehen werden, betont er beständig, daß es die Tugend eines Musidorus, eines Pyrocles oder einer Pamela ist, die in einem Pyrocles, einer Philoclea oder einem Musidorus Liebe erweckt. Ebenso wird noch genauer die Rede davon sein, wie er diesen Gedanken, sowohl in *Astrophel and Stella* wie in der Arcadia, auf seine Geliebte umdeutet. Wie er in der *Apology* (S. 24 ff.) spricht von der *form of goodness which seen they cannot but love*, so bezeichnet er in der Arcadia (F 31) den trefflichen Clitophon als *one that can see good and love it* und den ehrgeizigen Timautus als einen Menschen, der keine Augen hat, um in Philanax *the lovely beauty of his virtue* zu sehen (B 566); ganz ähnlich heißt es von dem Tyrann von Phrygien: *his minde had no eye to espie goodnesse* (F 196). Platos Gedanke von dem untrennbaren Zusammenhange des Wahren, Guten und Schönen findet seine Wiederspiegelung in Sidneys Ausdruck von der *beauty of vertue* (F 190, 198, B 566) oder der Feststellung, daß die Natur die beiden Prinzen machte zu *Lords of truth, whereon all the other goods were builded* (F 190). Nicht minder eifrig griff er den im Phaedon ausführlich erörterten Gedanken auf, daß der Körper der Kerker der Seele ist und sie während des irdischen Lebens an der Vollkommenheit und Erkenntnis der Wahrheit verhindert; wie er in der *Apology* (S. 12) als das Ziel der Wissenschaft hinstellt *to lead and draw us to as high perfection as our degenerate souls, made worse by their clay lodgings, can be capable of* und *to know and by Knowledge lift up the mind from the dungeon of the body to the enjoying his own divine essence*, so läßt er in der Arcadia den Musidorus das Alter lobpreisen *whose heavines, if it waie downe the frayl and fleshly ballance, it as much lifts up the noble and spirituall part* (F 27) und reden von *our souls which are put into the stirring earth of our bodies* (B 593).

So sind es neben den aristotelischen Anschauungen auch platonische Ideen von der Tugend, mit Hilfe deren der Dichter sich bemüht, dem Leser das Wesen der Tugend zu vermitteln und ihn zur Nachahmung anzuspornen. Eine gewisse Schwierigkeit entsteht wohl daraus, daß der Dichter sich fast immer des Wortes *virtue* bedient, das außer der allgemeinen Bedeutung von „Tugend" nach dem damaligen Sprachgebrauch noch die speziellere von „Tüchtigkeit" oder „Tapferkeit" haben kann. Da diese verschiedenen Bedeutungen einander ähneln und gelegentlich sogar ineinander übergehen, läßt der Inhalt nicht immer eine reinliche Scheidung zu; doch vermögen die etwa zweifelhaften Fälle das Gesamtergebnis nicht zu beeinflussen. Gegenüber Spenser und anderen Dichtern, selbst einem Vergil und Ariost, befand sich Sidney in der glücklichen Lage, niemand schmeicheln zu müssen und somit unbefangen an seine Darstellung der Tugend herangehen zu können. Schon die Jugend der beiden Freunde steht völlig unter dem Zeichen der Tugend und dem Wunsche, sie zu betätigen. Musidorus, als Schäfer Dorus verkleidet, erzählt von sich selbst, wie sein Volk und seine Mutter wünschten, daß er sich durch Erfahrung in fremden Ländern vervollkommne, und wie seine eigene Tugend ihn dazu trieb, da es sein Ehrgeiz war, Gutes zu tun (F 160). Aufgefordert, über Pyrocles zu reden, spricht er von dessen *perfections* und *vertues* (F 184); Himmel und Erde hätten bei der Geburt des Pyrocles Zeichen gegeben *of the comming forth of an Heroicall vertue* (F 189). Durch ihre gemeinsame Erziehung seien *all the sparkes of vertue, which nature had kindled in them*, so entwickelt worden, daß sie ihnen jedermanns Liebe eintrugen (F 189); *the beauty of vertue* sei ihnen mit weit mehr Sorgfalt gelehrt worden als die Regeln der Grammatik (F 190). Niemand habe verstanden, eine Tätigkeit zu Fuß oder zu Pferde mit mehr Stärke, Gewandheit und Grazie auszuführen und diese Fähigkeiten *more vertuously* anzuwenden als Pyrocles bereits mit 16 Jahren (F 190). Sobald sich durch die Belagerung von Byzanz eine Gelegenheit ergeben hätte, hätten die Freunde gesucht, die Tugend, die sie gelernt hätten, zu betätigen (F 191). Als sie bei dem Schiffbruch sich an eine Rippe des Schiffes anklammerten, hätten sie sich zu retten versucht *onely to serve the rule of vertue, not to abandon ones selfe* (F 194). Als sie bei dem Loskauf der beiden Brüder Güter für die spätere Zeit ihres Regierungsantrittes verpfändeten, hätte ihre Tugend für die Einhaltung der Versprechungen gebürgt (F 194). Die Hinrichtung des Pyrocles durch den Tyrannen von Phrygia würde bedeutet haben *destroying vertue in his sweetest growth* (F 197). Wie Pyrocles versichert, hat Musidorus ihm durch Wort, aber am besten durch Beispiel, *so lively an Image of vertue* geboten, daß er es habe sehen und lieben müssen (F 264).

Die Schilderung der weiteren Taten der beiden Freunde zeigt deutlich den Anschluß an die Ethik des Aristoteles. Schon bei den bisher erwähnten Ausführungen über die Tugend seiner Helden mag Sidney unter der Einwirkung von Aristotes Darlegungen im 1. Kap. des 2. Buches stehen, wo ausgeführt wird, daß die Menschen die Tugenden nicht von Natur haben, sondern nur die Anlage zu ihrer Erlangung, und die Tugenden selbst durch Ausübung und Verkehr mit den Menschen erwerben müssen. Aus dem Folgenden ersehen wir, daß Sidney genau wie Spenser in der Auffassung der einzelnen Tugenden Aristoteles folgt. An Musidorus wird die Tugend der Seelengröße dadurch veranschaulicht, daß er sich dem Tyrannen von Phrygien zum Austausch für den gefangenen und zum Tode verurteilten Pyrocles stellt, und die Tugend der Großherzigkeit dadurch, daß er nach der Vernichtung des Tyrannen den ihm vom Volke angebotenen Thron zugunsten eines ehrenwerten älteren Verwandten des Getöteten ausschlägt: *This dooing set foorth no lesse his magnificence, then the other act did his magnanimitie* (F 202). Das sind die beiden Tugenden, die Aristoteles (Ethik II, 4 ff.) unmittelbar hintereinander unter dem Namen der μεγαλοπρέπεια und der μεγαλοψυχία beschreibt. Nach den damals üblichen lateinischen Bezeichnungen *magnificentia* und *magnanimitas* gibt sie Sidney durch *magnificence* und *magnanimitie* wieder, während Spenser zu Unrecht für μεγαλοψυχία die Bezeichnung *magnificence* wählte[1]. In der Wertschätzung der μεγαλοψυχία schließt sich Sidney ganz an Aristoteles an, der sie als die höchste Tugend ansieht und in ihr das Große aller anderen Tugenden vereinigt sieht. Das Kennzeichen des großherzigen Mannes ist nach Aristoteles vor allem, daß er sich großer Dinge für würdig hält und ihrer würdig ist, daß er seinen Sinn in erster Linie auf Ehre richtet, in Glücks- und Unglücksfällen sich maßvoll benimmt, im Glück weder übermäßig fröhlich noch im Unglück übermäßig traurig ist, auf die nicht Tugendhaften herabsieht, gegen die Menge ironisch ist und sich an die Dinge macht, bei denen es sich um große Ehre und große Aufgaben handelt und zu denen nur wenige und nur große und berühmte Männer fähig sind. Wenn in der *Apology* Sidney die Verherrlichung von *magnanimity* und einer andern von Aristoteles hochgepriesenen Tugend, *justice*, unter den großen Betätigungen des heroischen Dichters aufführt[2] und die Leiden des Odysseus betrachtet als bloße *exercises of patience and magnanimity*, die dazu dienen sollen, diese Tugenden in dem nachfolgenden Glück desto heller erstrahlen zu lassen[3], so geschieht es vielleicht unter dem Einfluß von Scaliger, der auch die Eigenschaft der *magnanimitas* an Aeneas hervorhebt[4].

---

[1] Vgl. oben S. 111.

[2] Who maketh magnanimity and justice shine trough all misty fearfulness and foggy desires (a. a. O. S. 36).

[3] a. a. O. S. 21.

[4] Poet. Libri III 12: Est autem fortitudinis vel species vel perfectio magnanimitas. Ea est virtus, quae nihil sordidi vel probat, vel patitur. Ebenso III 1 von der Fortitudo: Comitem aut sobolem habet magnanimitatem. Sonst wird auch Achilles gern als magnanimus bezeichnet, so z. B. von Minturno.

Auch an andern Stellen der Arcadia wird die *magnanimity* als die besondere Eigenschaft der beiden Freunde hervorgehoben. Zelmane (Pyrocles) tritt trotz der drohenden Gefahr den Rebellen *with such efficacie of gracefulnes, & such a quiet magnanimitie* entgegen, daß die Menge wie gebannt auf sie blickt (F 314). Wenn der Dichter beschreibt, wie Pyrocles beim Erwachen in dem Gemache der Philoclea sein Schwert vermißt, das er nie aus der Hand läßt, fügt er von sich aus hinzu (B 540): *For indeed the confidence in one's self is the chief nurse of magnanimity, which confidence notwithstanding doth not leave the care of necessary furnitures for it.* Mit an *unshaken magnanimity* erwartet Pyrocles den Tod (B 544). Als die Freunde zur Gerichtsverhandlung gebracht werden, haben sie nach der Erklärung des Dichters zum Unterschied von der eingeborenen Herrscherin Gynecia als Verbrecher und Fremde nur Abscheu von seiten der Menge zu erwarten, und zwar um so mehr, je elender der Eindruck war, den sie machten; das einzige Mittel dagegen war, in dieser Hinsicht die Erwartungen der Menge zu enttäuschen: *but therefore were to use, as I may term it the more violence of magnanimity, and so to conquer the expectation of the lookers with an extraordinary virtue* (B 598).

Um auf unsern Ausgangspunkt, die Verherrlichung der Tugend in der Gestalt der beiden Hauptthelden, zurückzukommen, so werden die Absetzungen der Herrscher von Phrygien und Pontus bezeichnet als öffentliche Handlungen *of princely, and (as it were) governing vertue* (F 204). Der Hunger nach „hoher Ehre“[1], den Aristoteles (IV 4) als eine der wesentlichen Eigenschaften der Großherzigkeit anführt, treibt die Freunde zu weiteren Unternehmungen und sie beschließen, „die Gaben, die man an ihnen hochschätzt,

---

[1] But as high honor is not onely gotten and borne by paine, and daunger, but must be nurst by the like, or els vanisheth as soone as it appeares to the world: so the naturall hunger thereof . . . (F 205). Vgl. auch F 301: *Knowing well, that the jorney of high honor lies not in plaine wayes.*

zum Nutzen der Menschheit anzuwenden" und *to seeke exercises of their vertue* (F 206)[1]. Daß an dieser Stelle dem Dichter ein ganz bestimmtes sittliches Ideal vorschwebt, sehen wir daran, wie sorgfältig er diesen Entschluß zu motivieren sucht. Die beiden Freunde wollen nicht auf Abenteuer ausziehen, die ihnen vom Zufall oder von der Not aufgenötigt werden, sondern wollen nur solche Aufgaben vollführen, die sie sich nach freier Wahl gesetzt haben: *thinking it not so worthy to be brought to heroycall effects by fortune, or necessitie (like Ulysses and Aeneas) as by ones owne choice, and working* (F 206)[2]. Diese Stellungnahme gegen zwei Helden des Altertums, die auch Sidney sonst für vorbildlich ansah, erklärt sich ohne weiteres aus unserer Feststellung, daß für ihn die Tugendlehre des Aristoteles maßgebend war, der in seiner Ethik (II 13) ausführt, daß die Werke der Tugend nicht auf jede beliebige Weise gerecht oder mit Mäßigkeit vollführt werden, sondern „nur wenn der Handelnde selbst hierbei in einem bestimmten Zustande handelt, d. h. wenn er erstens wissend handelt, zweitens wenn er bei seinem Entschlusse die Handlung um ihrer selbst willen gewählt hat, und drittens wenn er fest und ohne Schwanken die Handlung vollführt". Die erste Handlung der Prinzen besteht darin, daß sie beschließen, der Königin Erona von Lycia, die von dem König von Armenien belagert wird, zu Hilfe zu kommen, einmal, weil sie die schwächere Partei ist, zum andern, weil der Ruhm einiger Helden auf der armenischen Seite bewirkt, *that the two yong Princes had even a youthfull longing to have some triall of their vertue* (F 214). So ge-

[1] Der gleiche Gedanke an die Menschheit tritt uns entgegen, wenn der gefangene Pyrocles glanbt, daß er in der kurzen Zeit bis zu seinem Tode der ganzen Menschheit (all the human kind) keinen besseren Dienst erweisen könne, als indem er Philocleas Ehre zu retten versucht (B 543).

[2] Eine deutliche Anspielung auf das *in fata vocari* des Aeneas. Man beachte auch, daß Amphialus im Gegensatz zu den Ansichten der beiden Prinzen gelegentlich sich daran erinnert, wie er *causelesse adventures* gegen Ungeheuer und Riesen gesucht habe (F 451).

langen sie zu Erona *following the course wich Vertue and Fortune led them* (F 233)[1]. Basilius endlich, der die Geschichte von Erona erzählt, bezeichnet die beiden Prinzen als *the two paragons of vertue* (F 332).

Nicht nur die Vorgeschichte der beiden Prinzen, sondern auch ihre Erlebnisse in Arcadia zeigen die Absicht des Verfassers, durch sie das Wesen der Tugend zu veranschaulichen und zu verherrlichen. Als Musidorus mitansehen muß, wie Pyrocles von den Piraten gefangen genommen wird, ruft er aus: *shall vertue become a slave to those that be slaves to viciousnes?* (F 11). Die Vorzüge des Musidorus sind so groß, daß sein Gastgeber Kalander *became his servaunt by the bondes such vertue laid upon him* (F 17). Auch als Kalander bei der Katastrophe die Menge zugunsten der gefangenen Freunde zu beeinflussen sucht, beruft er sich darauf, daß er zwar ihre Namen nicht kenne, aber von ihrer Tugend überwältigt sei (B 569). Durch seine Tugend hat sich Musidorus unter den Arkadiern das größte Ansehen verschafft (F 44). Als bald nach der Wiedervereinigung der Freunde Musidorus an dem verliebten Pyrocles Veränderungen wahrzunehmen glaubt, die ihm mit seiner Auffassung des tugendhaften Menschen nicht vereinbar zu sein scheinen, erfolgt zwischen ihnen eine längere Auseinandersetzung über das Wesen der Tugend, die ganz im Einklang mit den Ausführungen des Aristoteles von Erlangung und Erhaltung der Tugenden durch Handeln, und zwar vorsätzlichem Handeln um seiner selbst willen, steht (Ethik I 1, II 3). Musidorus führt aus, wie ein in der Tugend auferzogener und lang geübter Geist seine einmal eingeschlagene Richtung nur auf gewichtige Gründe hin ändere, denn er finde in dem Bewußtsein des eigenen inneren Gutes außer sich nichts, was so wertvoll sei, daß er sich seinetwegen ändern sollte. Selbst das Äußere eines solchen Menschen spiegle diese Beständigkeit wieder, indem es eine Harmonie zwischen sich und dem inneren

[1] **Über die Frage, wie weit diese Anschauungen Sidneys Persönlichkeit entsprechen, vgl. Abschnitt XII „Die autobiographischen Züge“:**

Guten herstelle durch Anpassung an die tugenhafte Entschließung des Geistes. Da er Pyrocles' hervorragende Gesinnung und *well chosen course in vertue* so genau kenne, beunruhigten ihn diese Veränderungen um so mehr; denn sie kämen nicht von der Tugend, die wie der klare Himmel ohne Wolken sei (F 55). Im Gegensatz zu den Einwänden des Pyrocles, der das Lob der Einsamkeit singt, verteidigt Musidorus das ehrenvolle Handeln, durch das der Mensch nicht nur sich selbst bessere, sondern auch anderen wohltue. Der Körper sei der Seele beigegeben worden, damit der Geist sich seiner bediene, der durch Handeln am besten kennen lerne, was für ihn gut oder schlecht sei und das eine vermehre und das andere verbessere (F 58). Als Musidorus nicht lange danach seinen Freund Pyrocles als Amazone verkleidet erblickt, kann er sich vor Erstaunen darüber kaum fassen, daß dies der durch Geburt und Erziehung zur Ausübung der Tugend bestimmte Freund sein soll: *And is it possible, that this is Pyrocles, the onely yong Prince in the world, formed by nature, and framed by education, to the true exercise of vertue?* (F 77). Philoclea gesteht dem Pyrocles, daß seine Tugend ihm ihre Liebe gewonnen hat: *Thou hast then the victorie: use it with vertue. Thy vertue wan me; with vertue preserve me* (F 260). Als sie ihn tot vor sich liegen glaubt, redet sie ihn an: *„O divine soul", said she, „whose virtue can possess no less than the highest place in heaven . . ."* (B 501). Die *inward working virtue* von Pamela und Musidorus besänftigt den grausamen Sinn der Aufständischen, in deren Hände sie gefallen sind (B 557). Als die beiden Freunde sich als Gefangene wiedersehen, ist das erste Wort, das Pyrocles an Musidorus richtet: *let not our virtue now abandon us; let us prove our minds are no slaves to fortune, but in adversity can triumph over adversity* (B 563). Als sie im Gefängnis dem Tode entgegensehen, betont Musidorus, wie für Pyrocles *that stands upon vertue*, menschliche Schicksalsfälle nicht den Untergang bedeuten können (B 593); so sehr es seiner Freundschaft entspräche, um Pyrocles zu klagen, wolle er damit aufhören, da es nicht dessen *exceeding virtue* entspräche (B 594). Die gefangene Philoclea bittet in ihrem Brief an Philanax, auf Pyrocles zu blicken und zu sehen, *whether in those eyes all virtue shines not* (B 613). Als Vertreter der absoluten Tugend werden die beiden Freunde vom Dichter gern durch das Prädikat „vollkommen" ausgezeichnet, dasselbe, das auch Scaliger mit Vorliebe dem Aeneas beilegt.

Außer der absoluten Tugend und der Seelengröße sucht Sidney an den Gestalten der beiden Prinzen dem Leser noch einige andere, besondere Tugenden nahe zu bringen, wenn ihm auch eine reinliche Abgrenzung ebensowenig gelingt wie Aristoteles oder Spenser. In erster Linie handelt es sich dabei um eine Darstellung der *Freundschaft*, die der Dichter zusammen mit der Tapferkeit von Anfang bis zu Ende immer wieder an seinen beiden Helden hervorhebt und zum Beweggrund einer Fülle von Heldentaten und sittlichen Handlungen macht[1]. Die Verherrlichung der Freundschaft steht so sehr im Vordergrunde, daß wir hier wohl die Ursache dafür zu suchen haben, daß der Dichter statt eines einzelnen Helden ein Heldenpaar in den Mittelpunkt stellt. Ist doch auch bei Lyly das Freundschaftsmotiv der ausschlaggebende Faktor gewesen, warum er seinem Euphues einen Doppelgänger Philautus beigab. Für Sidney war die doppelte Heldenrolle weder durch die politischen Tendenzen des Romans bedingt noch durch das Bedürfnis, seinem Helden zum Zweck indirekter Charakteristik einen Vertrauten beigeben zu müssen; sahen wir doch, wie Sidney gerade die direkte Methode bevorzugt. Was er mit der Liebeshandlung bezweckte, konnte er ebensogut erreichen, wenn er sich mit einem Helden begnügte; drehten sich doch auch in den großen Epen, denen er nacheiferte, der Odyssee, der Aeneis, der Cyropaedie und dem griechischen Roman die Ereignisse immer nur um einen

---

[1] Vgl. etwa F 197: But so it fell out that his death was prevented by a rare example of friendshippe in Musidorus.

Helden. So bleibt für die Verdopplung der Heldenrolle kaum ein anderes Motiv sichtbar als der Wunsch, die Tugend der Freundschaft verherrlichen zu können, die nach dem Zeugnis aller derer, die Sidney nahe standen, von seiner eigenen Persönlichkeit nicht fortzudenken war.

Sidneys Vorstellung von der Freundschaft stimmt in allen wesentlichen Punkten ebensosehr überein mit den Ausführungen, die Aristoteles in seiner Ethik von der Tugend der Freundschaft gibt, als mit den Darlegungen, die Cicero in seiner damals allgemein verbreiteten Schrift *De Amicitia* aufstellt. Wiederum berührt sich Sidneys Auffassung auch vielfach mit der von Spenser, der im 4. Buche der Feenkönigin, vor allem in dem Freundespaar Cambell und Triamond, die Tugend der Freundschaft an der Hand von Aristoteles darstellt. Sidneys Anlehnung an den letzteren ist am deutlichsten an den Zügen wahrnehmbar, die den verschiedenen Darstellungen von Freundschaftsverhältnissen in der Arcadia gemeinsam sind. Zunächst betrachtet auch er die Freundschaft als eine Tugend[1] oder wenigstens als ein Kind der Tugend[2]. Dann läßt er entsprechend der Definition von Aristoteles (VIII 4) und Cicero (XIV 50) Freundschaft nur gelten zwischen Menschen, die gut und in der Tugend einander gleich sind. Auf diese Weise ist wahre Freundschaft nur vorhanden zwischen den ganz vollkommenen Gestalten wie Pyrocles und Musidorus oder Euarchus und Dorilaus. Wie bei Aristoteles wird die Seltenheit der Freundschaft scharf hervorgehoben; selbst zwischen so tugendhaften und vom Dichter bevorzugten Gestalten wie Argalus und Clitophon besteht keine Freundschaft, sondern nur ein ihr

[1] Die Freundschaft macht die beiden Prinzen einander ähnlicher als die Ähnlichkeit *of all other vertues* (F 190). Vgl. auch Cicero *De Amicitia* XIV 50.

[2] Tydeus und Telenor haben nicht gelernt *to make friendship a child, and not the father of Vertue* (F 211). Vgl. dazu auch den Ausspruch Ciceros in *De Amicitia* (VI 20): sed haec ipsa virtus amicitiam et gignit et continet, nec sine virtute amicitia esse ullo pacto potest.

ähnliches Verhältnis: *so as if there were not a friendship (which is so rare, as it is to bee doubted whether it bee a thing in deede, or but a woorde) at least there was such a liking and friendliness* . . . (F 32). Von der Freundschaft zwischen Euarchus und Dorilaus heißt es *a rare thing in Princes, more rare betwene Princes* (F 188). Unwahrer Natur ist die Freundschaft zwischen Amphialus und Philoxenus, die wohl gemeinsamer Erziehung entspringt, aber nicht der Eifersucht standzuhalten vermag (F 68 ff.); ebenso die Freundschaft des edlen Brüderpaares Tydeus und Telenor mit dem schlimmen Plexirtus, die sie verhindert Gutes zu tun und zu ihrem Untergang führt (F 211 ff.).

Dagegen stimmt die Schilderung der Freundschaft zwischen Pyrocles und Musidorus ganz zu der Ansicht von Aristoteles (VIII 4), daß die Freundschaft die größte ist, bei der man für den Freund das Gute um des Freundes willen erstrebt. Allerdings dürfte der altruistische Zug, daß ein Freund stets bereit ist jedes Opfer für den andern zu bringen, wohl mehr christlich als antik sein. Von solcher christlichen Gesinnung getragen ist vor allem die große Abschiedsszene zwischen den Freunden (B 453 ff.), wo Pyrocles alle eigenen Wünsche zurückstellt hinter dem Glück des Freundes und aus voller Überzeugung Musidorus versichert, daß er ihn um seiner selbst willen liebe und sich in seiner Freundschaft glücklich fühle, wenn er nur den Freund glücklich wisse[1]. Entsprechend der Aristotelischen Auffassung, die unter der Tugend der φιλία sowohl Freundschaft wie Liebe versteht, ist bei Sidney — wie in der späteren Literatur der Renaissance — die Scheidung keine strenge; vielmehr steht, was Intensität, Opferbereitschaft und Überschwang des Gefühls betrifft, die Freundschaft fast auf derselben Stufe wie die Liebe. Im Einklang damit stellen, wie wir weiter unten zeigen werden, Sidney wie Spenser nach dem Vorbild von Ari-

[1] Vgl. auch B 562. Von dem Fortleben der Freundschaft nach dem Tode B 595.

stoteles die Liebe zwischen wahren Freunden höher als die Liebe zwischen Mann und Frau[1].

Neben der Freundschaft ist es die Tugend der Tapferkeit, die der Dichter immer wieder mit solchem Nachdruck an seinen Helden feiert und darstellt, daß es keinen Zweck hat, auf Einzelheiten einzugehen. Uns kommt es nur darauf an, zu zeigen, daß der Dichter auch bei der Darstellung dieser Tugend seiner lehrhaft-systematischen Schreibweise treu bleibt, wiederum unter dem Einfluß von Aristoteles. Das Wesen der Tapferkeit bildet den Gegenstand einer langen Auseinandersetzung zwischen Philoclea und Pyrocles. Ähnlich, wie wir das bei den politischen Zielen der Arcadia feststellen konnten, wird auch hier die psychologische Wahrscheinlichkeit der lehrhaften Tendenz geopfert, denn die verzweifelte Lage, in der die Liebenden sich befinden, steht im schärfsten Widerspruch zu der Länge und der Sachlichkeit ihrer Ausführungen. Philoclea und Pyrocles sind von Dametas in kompromittierender Lage gefunden und ihrer Freiheit beraubt worden. Um Philocleas Unschuld darzutun, sieht Pyrocles keinen andern Ausweg, als sich das Leben zu nehmen, aber sie sucht ihn von seinem Vorhaben abzubringen durch rührende Bitten und das Argument, daß Selbstmord ein Zeichen von Feigheit sei. Von ihrem Vater und anderen klugen Männern habe sie gehört, daß Selbstmord nur ein falscher Anschein von wahrem Mut sei und seinen Ursprung in der Furcht vor einem weiteren Übel, Schmerz oder Schande, habe. Denn jemand, der sich nicht vor dem Übel fürchte, kümmere

---

[1] Vgl. Spensers Feenkönigin IV 9, 1:

Hard is the doubt, and difficult to deeme,
When all three Kinds of love together meet
And doe dispart the hart with powre extreme,
Whether shall weigh the balance downe; to weet,
The deare affection unto kindred sweet,
Or raging fire of love to womankind,
Or zeal of friends combynd with vertues meet:
But of them all the band of vertuous mind,
Me seemes, the gentle hart should most assured bind.

sich auch nicht darum, was ihm noch geschehen könne; da ferner Hoffnung das gerade Gegenteil von Furcht sei und Selbstmord ein völliges Aufgeben von Hoffnung, so scheine auch darnach sich der Selbstmord auf Furcht zu gründen. Was der Verzweiflung entspränge, könne nicht den Namen des Mutes führen, der auf einer solchen Höhe stehen solle, daß er imstande sein müsse, alles unter seiner Herrschaft zu halten und seine Größe auch im Unglück zu behaupten (B 544 ff.). All das ist eine Umschreibung dessen, was Aristoteles (Ethik III 11) bei seiner Auseinandersetzung über die Tapferkeit vom Selbstmord sagt: „Den Tod sich zu geben um der Armut oder einer Liebe willen, oder um einem Schmerze zu entgehen, ist nicht tapfer, sondern eher feige; denn es ist Weichlichkeit, wenn man die Anstrengungen flieht, statt, wie es schön ist, Stand zu halten und das Übel zu fliehen.“ Auch in der Entgegnung des Pyrocles ist der Gedankengang durch die Argumente von Aristoteles bestimmt. Im Anschluß an die Anschauung des letzteren, daß Handlungen, die aus Leidenschaft geschehen, nicht unter den Begriff der Tapferkeit fallen, sondern nur solche, bei denen die Vernunft und ein schöner Beweggrund den Ausschlag geben (Ethik III 10, 11), sucht Pyrocles darzulegen, daß sein Handeln *is out of judgment, and not sprung of passion.* Wenn er im einzelnen ausführt, wie die wahre Tapferkeit auf alle menschlichen Dinge *with a persisting resolution* blickt, gleichzeitig sich aber das Unterscheidungsvermögen in bezug auf die verschiedenen Grade des Übels wahrt, ja sogar als einzige unter allen Tugenden mit ruhigem Bewußtsein den kleineren Übeln folgt, um die größeren zu vermeiden, und wie infolgedessen nicht jedes Ertragen ein Zeichen von Mut gegenüber dem Handeln zu sein braucht, so haben wir eine deutliche Widerspiegelung von Aristoteles vor uns, der in der Tapferkeit eine dauernde Gemütsbeschaffenheit sieht und es als die Eigentümlichkeit des Tapferen erklärt, daß er leidet oder handelt, je nachdem es der Wert der Sache und die Vernunft erheischt, also bald dem Übel entgegentritt und bald das Übel flieht (Ethik III 9, 10).

An den verschiedensten Stellen empfangen wir Belehrung darüber, wie wenig Wert Tapferkeit ohne Überlegung besitzt[1]. Durch seine hohe Auffassung von Tapferkeit erreicht es der Dichter, daß wir die äußere Kraft seiner Helden, das Erbstück der Antike und des Ritterromans, nicht so sehr als einen Verstoß gegen die Wahrscheinlichkeit empfinden, vielmehr als ein Symbol der inneren Kraft seiner Helden. Das Beiwort, mit dem Sidney die wahre Tapferkeit auszudrücken sucht, ist das Wort *heroical*, das er nur auf die Gesinnung und Taten der Personen anwendet, die auch sonst in seinen Augen Vertreter der vollkommenen Tugend sind, Pyrocles, Musidorus und Argalus[2].

Unter den sonstigen Tugenden bedarf einer besonderen Erwähnung nur noch die Frömmigkeit. Obwohl Sidney hier keine entsprechende Tugend bei Aristoteles fand, besaß er ein vortreffliches Muster in Vergils Darstellung des Aeneas, in der die Frömmigkeit und die Tapferkeit zusammen als die Haupteigenschaften des Helden erscheinen. Trotzdessen hat Sidney keinen seiner Helden und Heldinnen in diesem Sinne als Typus eines frommen Menschen hingestellt, vielmehr die Frömmigkeit an ihnen immer nur in bestimmten, besonders pathetischen Situationen zu Tage treten lassen. Wie wir noch sehen werden, erklärt sich dies daraus, daß es ihm in der Arcadia mehr darauf ankam, dem Leser ein Stück seiner christlichen Weltanschauung zu vermitteln als darauf, ähnlich den andern Tugenden auch die Tugend der Frömmigkeit an bestimmten Gestalten als vorbildlich hinzustellen.

Da Pyrocles und Musidorus in der Arcadia nur in der Rolle von Prinzen auftreten, die sich außerhalb ihrer Heimat befinden, konnte der Dichter an ihnen im allgemeinen

---

[1] Vgl. F 440, 444.

[2] Vgl. F 31, 177, 204, 206, B. 569.

nur die privaten Tugenden darstellen, nicht aber die öffentlichen Tugenden des Herrschers oder Staatsbürgers; nur die politischen Handlungen, wie die Absetzungen der Herrscher von Phrygien und Pontus, gehören zur öffentlichen Tugend und werden vom Dichter auch als *publike actions, of princely, and (as it were) governing vertue* bezeichnet (F 204). Als eigentlicher Vertreter der öffentlichen Tugend sollte dagegen Euarchus, der Vater des Pyrocles, dienen, den wir bereits bei Besprechung der politischen Ziele der Arcadia in der Rolle des vorbildlichen Monarchen kennen lernten. In ihm sucht der Dichter im Anschluß an Aristoteles' „Politik" die Herrschertugenden, die *rigthly royall vertues* (F 184) gegenüber den *princely vertues* der beiden Freunde darzustellen. Als Vertreter der absoluten Tugend, der über *an extraordinary virtue* (B 588) verfügt und wegen seiner *beautie of vertue* (F 198) bekannt ist, kommt auch ihm die Tugend der *magnanimitie* zu. Dadurch, daß er sich mit der ererbten Herrschaft begnügt, zeigt er *no lesse magnanimitie in daungerlesse despising, then others in daungerous affecting the multiplying of Kingdomes* (F 185); dadurch, daß er zur Unterstützung seines Freundes Dorilaus sein eigenes Land verläßt, *he was forced to bring foorth his vertue of magnanimitie* (F 187); die Nachricht vom angeblichen Tode seines Sohnes und seines Neffen nimmt er mit solcher Fassung auf, daß *magnanimity seemed to triumph over misery* (B 582). Als Vertreter der Seelengröße verleiht ihm der Dichter „das geheime Bewußtsein des eigenen Wertes, das in den würdigsten Seelen stets lebt, wenn es auch noch so sehr in das Gewand der Bescheidenheit gekleidet ist" (B 586). Bei seiner Auffassung der Herrschertugenden geht Sidney von den Darlegungen des Aristoteles in der Politik (III 4) aus, der in erster Linie die Klugheit als „die eigentümliche Tugend des Herrschers" bezeichnet. Dementsprechend hebt Sidney an Euarchus sowohl beim Regierungsantritt wie bei seiner Ankunft und Tätigkeit in Arcadia immer wieder die Klugheit hervor. Es ist gewiß kein Zufall, wenn Aristoteles in dem genannten Kapitel von den Tugenden eines Herrschers die Mäßigung, Gerechtigkeit und Klugheit erwähnt und Sidney unmittelbar hinter der Großherzigkeit des Euarchus hervorhebt, daß er war *most wise to see what was best, and most just in the perfourming what he saw, & temperate in abstaining from any thing any way contrary* (F 185). Zur Herrschaft gekommen, enthält er sich jeder Unterdrückung der Untertanen *vertuously and wisely acknowledging, that he with his people made all but one politike bodie* (F 187). Euarchus' Reise durch die verschiedenen griechischen Staaten ist ein *progress of wisdom and virtue* (B 582); *rightly wise and virtuous considerations* bewegen ihn, Basilius aufzusuchen (B 583). Philanax stellt den Arkadiern vor, daß Euarchus *by experience and wisdom* befähigt sei, der vorhandenen Schwierigkeiten Herr zu werden (B 579). Als Philanax dem Euarchus das Amt eines Protektors von Arcadia anträgt, redet er ihn als *most wise and good king* an und bittet er ihn im Namen des Landes um *the benefit of your wisdom* (B 584 ff.). In kluger Überlegung (. . . *did wisely consider* . . .), daß das Volk den äußeren Pomp liebt, läßt Euarchus den Richterstuhl ins Freie hinausstellen (B 596). Durch *his wisdom* findet er, daß auch Philoclea nicht völlig schuldlos ist (B 601).

Nicht minder als die Klugheit feiert Sidney an Euarchus die Gerechtigkeit, die nach Aristoteles identisch ist mit der Ausübung der vollkommenen Tugend gegenüber andern; sie ist nach Aristoteles auch ein besonderes Merkmal des Herrschers (Ethik V 3 und 10) und zudem die für den Staat wichtigste Tugend (Politik III 12). Ähnlich wie Spenser, der auf Grund von Aristoteles im fünften Buche der Feenkönigin Artegall, den Ritter der Gerechtigkeit, zum Kämpfer gegen das staatliche Unrecht, die Rebellion, macht, faßt auch Sidney die Gerechtigkeit wesentlich als politische Tugend auf. Das zeigt sich gleich beim Regierungsantritt des Euarchus, wo er die anarchischen Zustände und das Unrecht durch maßvolle Anwendung von Gewalt unterdrückt und dadurch erreicht, daß *an awfull fear, ingendred by justice* seinen Untertanen seine Liebe nach der Strenge um so liebenswerter erscheinen läßt (F 186). Ihm als Vertreter der Gerechtigkeit weist der Dichter das Richteramt zu, durch das der Rebellion und dem gesetzlosen Zustande in Arcadia ein Ende bereitet werden soll. Von Aristoteles übernimmt Sidney die Scheidung zwischen Gerechtigkeit und Billigkeit, von denen die zweite wohl unter den Begriff der ersten fällt, aber zugleich etwas Besonderes, die Verbesserung des Gesetzlich-Gerechten zum Wohl anderer, bedeutet (Ethik V 14). Dementsprechend erscheint Euarchus im allgemeinen als Vertreter der *justice* (F 185, 186, B 607, 615), wo er als Vollstrecker des Rechtes auftritt, dagegen als Vertreter der *equity*, wo seiner Größe als Mensch gedacht wird. Philanax erinnert sich an die *excellent trials of his equity, which made him more famous than his victories* (B 577), empfiehlt ihn den Arkadiern als einen Mann, den wegen seiner *equity* niemand zu fürchten brauche (B 579), und bittet ihn schließlich, das Amt des Protektors und Richters zu übernehmen als *one that hath always had his determinations bounded with equity* (B 585).

Deutlicher noch als an Pyrocles und Musidorus wird an Euarchus als Herrscher die Ansicht dargelegt, daß gutes Handeln das Ziel des tugendhaften Menschen und Herrschers ist. Damit will der Dichter kein neues Ideal von Menschheitsbeglückung aufstellen, sondern er schließt sich auch hier einfach an Aristoteles an, der in der „Ethik“ und „Politik“ an vielen Stellen betont, daß das höchste Gut des Menschen in einem der Tugend entsprechenden Handeln besteht (Ethik I 6), daß zur Tugend eine sie verwirklichende Tätigkeit gehört (I 9), daß nur die, welche handeln, mit Recht des Schönen und Guten teilhaftig werden (I 9) und daß der wahre Herrscher außer der Tugend auch die Macht und das Geschick zum Handeln haben muß (Politik IV 3). Wenn Euarchus *greatnesse*, d. h. seine Machtstellung, liebt, *it was, because therein he might exercise his goodnes* (F 185). Euarchus will den Rest seines Lebens verwenden auf *doing good, the only happy action of man's life* (B 583); er hält sein Leben für gut vollbracht, da er seinen Geist befriedigt hat *with the daily offering of most virtuous actions* (B 585); sein Sinn *already inclined to enter into any virtuous action* läßt sich durch die Bitten des Philanax bestimmen, das Richteramt anzunehmen (B 587).

Unter den Gestalten der Episoden ist es allein Argalus, durch den der Dichter die Tugend schlechthin verherrlicht. Ähnlich wie die beiden Prinzen ist auch er ausgezeichnet durch *a vertuous mind in all his actions* (F 31) und berühmt durch *heroicall actes* (F 31); je härter die Aufgaben sind, die Parthenias Mutter in ihrem Haß seiner *vertue* stellt, *the more pure it grew* (F 33). Als Argalus von der Hand des Amphialus fällt, stellt der Dichter es als ein *notable example of the woonderfull effectes of Vertue* hin, daß der Sieger die Freundschaft des Besiegten sucht und der Besiegte dem Sieger nicht verzeihen will (F 426). Dennoch hat der Dichter vermieden, ihn, der kein Königssohn ist und keine führende Rolle in der Arcadia spielt, auf genau die gleiche Stufe zu stellen wie die früher besprochenen Helden. Im Gegensatz zu diesen makellosen Lichtgestalten wird die Haltung des Argalus bezeichnet als *ever sadde, surely sober, and somewhat given to musing, but never uncourteoùs* und als *rather liberall then magnificent* (F 31). Von diesen Merkmalen ist das letzte nur verständlich im Hinblick auf Aristoteles, der in seiner Ethik die Freigebigkeit (IV 1—3) sorgfältig von der Großherzigkeit (IV 4—6) trennt. *Liberalitas* und *Magnificentia*, wie die lateinischen Ausdrücke lauten, unterscheiden sich dadurch, daß die zweite sich nur auf den Aufwand erstreckt und nicht wie die erste auf alle das Geld betreffenden Handlungen und daß sie durch die Größe des Aufwandes die erste übertrifft.

In einigen Fällen hat der Dichter mit Sorgfalt einzelnen hervorragenden Gestalten seines Romans ganz bestimmte Tugenden beigelegt. So werden an Euarchus besonders hervorgehoben Weisheit, Gerechtigkeit und Mäßigkeit (F 185), an Dorilaus Tapferkeit, Weisheit und Gerechtigkeit (F 187)[1], an Amphialus mehr als alles andere die *courteisie.* So wird ausdrücklich bemerkt, daß *he was commonly called the courteous Amphialus* (F 68) und betont, daß der tapfere Anaxius ihm nachstand nur in *that one vertue of curtesie* (F 263)[2]. Selbstverständlich sind auch alle anderen Heldenfiguren im Besitz der *courteisie.* Wenn Sidney sich trotz des stark ritterlichen Einschlags der Arcadia mit dem Wesen dieser Tugend theoretisch nicht weiter befaßt, so liegt das vermutlich daran, daß für die Tugend der *courteisie* eine engere Entsprechung bei Aristoteles fehlt, obwohl seine Definition der πραότης und der ἀλήθεια sich in manchen Punkten mit ihr berühren. In ihrer Darstellung schloß sich Sidney genau wie Spenser in der Schilderung des Sir Calidore im 6. Buche der Feenkönigin einfach der mittelalterlich-ritterlichen Überlieferung an.

Besondere Beachtung verdient endlich die Art, wie der Dichter, angeregt durch die systematische Darstellung bei Aristoteles, es liebt, in einer stark theoretischen Weise von einzelnen Tugenden, Lastern und Leidenschaften zu reden oder wenigstens die einzelnen Eigenschaften mit der zugehörigen Bezeichnung der Tugend, des Lasters oder der Leidenschaft zu versehen. Wenn die Arkadier nach der Gefangennahme des Philanax entmutigt sind, so drückt das der Dichter mit den Worten aus: *they began to use the vertue of patience in an untimely time* (F 392). Wenn nach kurzem Zwiste Musidorus und Pyrocles sich wieder versöhnt gegenüberstehen, so sind ihre Mienen doch noch so bekümmert *as might well paint out the true passion of unkindness to be never aright, but betwixt them that most dearely love* (F 83). Pyrocles' Herz ist nicht so bedrängt von den *migthy passions of love and unkindnes,* daß es nicht doch dem Scherz zugänglich gewesen wäre (F 83). Als Amphialus im Begriff ist, sich das Leben zu nehmen, zer-

[1] Nach Apology S. 24 findet der Leser in Hercules, Achilles, Cyrus und Aeneas *the right description of wisdom, valor, and justice.*

[2] Vgl. auch F 446.

schmilzt er beim Anblick von Philocleas Messer in Tränen *with the passions of Kindnes, and unkindnes* (F 493). Als Gynecia voll Fassung ihr Todesurteil entgegennimmt, kann der Dichter sich nicht enthalten, eine Reflexion über die Tugend der Standhaftigkeit aufzustellen (B 604: *So goodly a virtue is a resolute constancy* . . .).

Während bei unseren bisherigen Betrachtungen der Gestalten der Arcadia die Allegorie sich nicht allzustark aufdrängte, so daß weder die Kunst der Darstellung darunter litt, noch der unbefangene Leser auf den Gedanken einer Stilisierung der Figuren zu bestimmtem Zwecke kommen konnte, liegen die Dinge anders bei einer ganzen Reihe von Nebenfiguren, die auf den ersten Blick erkennbar dazu geschaffen sind, bestimmte Tugenden oder Laster darzustellen. Hier haben wir reine Charakterskizzen vor uns, unmittelbare Vorläufer der *Characters*, wie sie nicht lange danach, im Anschluß an Theophrast, bei Hall und Overbury auftauchen.

Schon die Zeitgenossen und die Kritiker des 17. Jahrhunderts fühlten den Zweck dieser Allegorien ohne weiteres heraus und zogen daraufhin mit mehr oder weniger Glück den Schluß, daß auch die Hauptfiguren bestimmte Tugenden und Laster repräsentierten. So bemerkt der Herausgeber und Fortsetzer der Arcadia, Sir William Alexander, daß jede der Hauptfiguren durch eine besondere Tugend ausgezeichnet sei[1], und Thomas Blount weiß sogar für

[1] Anacrisis (1634?): But I confess that the *Arcadia* of *S. P. Sidney* (either being considered in the whole or in several Lineaments) is the most excellent Work that, in my Judgment, hath been written in any Language that I understand, affording many exquisite Types of Perfection for both the Sexes; leaving the Gifts of Nature, whose value depend upon the Beholders, wanting no Virtue whereof a Humane Mind could be capable: As for Men, Magnanimity, Carriage, Courtesy, Valour, Judgment, Discretion; and in Women, Modesty, Shamefastness, Constancy, Continency, still accompanied with a tender sense of Honour. And his chief Persons being Eminent for some singular Virtue, and yet all Virtues being united in every one of them, Men equally excelling both for Martial Exercise and for Courtly Recreations, sho-

jede Gestalt die betreffende Tugend oder das betreffende Laster anzugeben[1]. Solche ohne weiteres erkennbaren Typen oder Allegorien lernten wir bereits bei der Besprechung der politischen Ziele der Arcadia kennen in den Gestalten der beiden Tyrannen (F 202 ff.). Während sie dort namenlos waren, deutet in der Regel der Dichter ihren Charakter schon durch die Form des Namens an, wie wir das bereits bei Basilius, Euarchus und Philanax (treuer Ratgeber) feststellen konnten. Ohne den Gegenstand erschöpfen zu wollen, sei hier verwiesen auf Gestalten wie Sympathus (Mitgefühl), Calodulus (treuer Diener), Clinias (Feigling), Anaxius (Stolz), Antiphilus (feiger Liebhaber), Chremes (Geiz) und Baccha (Dirne)[2]. Besonders sorgfältig ausgeführt sind die Bilder von Chremes, Pamphilus (F 266 ff.) und Timautus (B 565 ff.), die überhaupt

---

wing the Anthor, as he was indeed alike well versed both in Learning and Arms.

[1] Academie of Eloquence (1654), S. 35: But he that will truly characterize a man, in a feigned Story, must first learn handsomly to describe a humour, a passion, a vertue, a vice, and therein, keeping decent proportion, add but names, and knit together the accident and encounters. . . . But to our purpose, of personages and affections described in Arcadia For men; pleasant, idle retiredness in a King *Basilius*, and a dangerous end of it. Unfortunate valor in *Amphialus;* Proud valor in *Anaxius;* Hospitality in *Kalander;* The mirror of true courage and friendship in *Pirocles*, and *Musidorus;* Miserableness and ingratitude in *Chremes;* Fear and false subtilty in *Clynias;* Fear and rudeness, with ill affected civility in *Dametas;* And through this Story Mutuall love in marriage in *Argalus* and *Parthenia;* Out of marriage in *Pirocles* and *Philoclea, Musidorus* and *Pamela,* True constant love unrespected in *Plangus,* in *Helena,* in the true *Zelmane;* Inconstancy, envy, suspition and tyranny in a King and his Councellors; Generall false love in *Pamphilus;* and slight carriage and credulity in *Chremes* doughter; base doting on a wife in *Plangus* father. But in woman a mischievous and seditious stomack in *Cecropia;* Prudent courage in *Pamela;* Mild discretion in *Philoclea; Pamela's* prayer, her discourse, squeamish cunning; Unworthiness in Artesia; Respective & restless dotage in Gynetia's love. Proud ill-favoured, sluttish simplicity in *Mopsa.*

[2] Vgl. Wolff S. 330.

nur verständlich werden durch die lehrhafte Tendenz. Wie der Name des letzteren andeutet (einer, der nur sich selbst liebt), sucht er im Trüben zu fischen und strebt so, nach dem vermeintlichen Tode des Basilius, nach einer führenden Stellung; als er in seinen Absichten scheitert und schließlich zu Füßen seines Gegners Philanax Schutz suchen muß, fügt der Dichter erläuternd hinzu *giving a true lesson, that vice itself is forced to seek the sanctuary of virtue* (B 580). Auch an anderen Stellen noch gibt der Dichter Erläuterungen dieser Art über die Absicht, die er mit der betreffenden Gestalt verbindet. So heißt es von dem Feigling Dametas, der die ihm anvertraute Pamela nicht finden kann: *then became he the right pattern of a wretch dejected with fear* (B 524). Bevor der Dichter die Episode von dem blinden Paphlagonischen Herrscher erzählt, bemerkt er, daß sie beachtenswert sei *for the un-used examples therein, as well of true natural goodnes, os of wretched ungratefulnesse* (F 206)[1]. In engem Zusammenhang mit diesen Erläuterungen steht auch der vom Dichter dauernd betonte Gegensatz von Pamela als stolzer und herber Majestät und Philoclea als süßer Demut. Bei anderen Figuren ist auch ohne allegorische Namen oder besonderen Hinweis ohne weiteres klar, daß sie nur dazu da sind, bestimmte Eigenschaften zu verkörpern, so Kalander die Gastfreundschaft (vgl. F 12, 30, 51, 78, 80), die Brüder Leucippus und Nelsus die Dankbarkeit (F 194), der Ratgeber des Tyrannen von Phrygien den Neid (F 203 ff.) und das Brüderpaar Tydeus und Telenor die blinde Freundschaft und Ergebenheit (F 211 ff.). So sehr in diesen Fällen die Absicht des Dichters zu Tage tritt, bestimmte Tugenden und Laster in anziehender oder abschreckender Form dem Leser vor Augen zu führen und so sehr man deshalb auch geneigt sein könnte, diese Gestalten als bloße Verkörperungen der lehrhaften Absichten des Dichters aufzufassen, so nähern sie sich andererseits durch die rein typischen Züge stark

[1] Vgl. auch oben S. 97 und 109 ff.

bestimmten Typen, wie sie im Drama, besonders im Lustspiel, heimisch waren. Eine Anregung von dieser Seite hätte insofern nichts unwahrscheinliches an sich, als der Dichter in der *Apology* ausführlich auseinandersetzt, wie durch die moralischen Typen bei Terenz, den Geizhals Demea, den Sklaven Davus, den Schmeichler Gnatho oder den Prahler Thraso der Zuschauer nicht nur uuterrichtet wird, welches Schicksal ihnen zuteil wird, sondern auch gleichzeitig lernt, solche Typen im Leben wiederzuerkennen, und wie ähnliches auch die Tragödie etwa durch die Vorführung eines Tyrannen erreicht[1]. Dazu kommt, daß eine Einwirkung der antiken Komödie auf die humoristischen Partien der Arcadia auch sonst wahrscheinlich ist[2]. Wenn somit die Möglichkeit eines geringen Einflusses von seiten des antiken Dramas auf die typische Charakterschilderung Sidneys nicht völlig von der Hand gewiesen werden kann, so ist doch auch hier, ähnlich wie bei der Schilderung der Hauptfiguren oder der allegorischen Gestalten Spensers, als der eigentliche und wesentliche Ausgangspunkt der unmittelbare Wunsch des Dichters anzusehen, seine Romanfiguren zu Verkörperungen moralischer Lehren zu machen.

Auch in einer Reihe anderer Fälle tritt, nicht ganz so offenkundig, aber doch deutlich erkennbar, die Absicht des Dichters zu Tage, bestimmte Laster und Leidenschaften zu verkörpern. Durch seine eigenen Worte deutet er an, daß wir in Plexirtus das *fowle vice of injustice* (F 214), in dem Tyrannen von Phrygien *suspition, greedines, unrevengefulnes* (F 202) und in dem Tyrannen von Pontus *wanton crueltie* zu erblicken haben (F 202). Weiter erkennen wir, ohne daß der Dichter uns ausdrücklich darauf aufmerksam macht, auf Grund seiner ausführlichen Charakteristik, in Phalantus, dem Halbbruder der Königin Helen, den mit allen möglichen Tugenden geschmückten

---

[1] ed. Cook S. 28. Auch für die *Loumours* von Ben Jonson war die antike Komödie einer der Ausgangspunkte.

[2] Vgl. Nachtrag zu S. 221.

Hofmann, dem aber im beabsichtigten Gegensatz zu den wahren Helden von der Art eines Pyrocles, Musidorus und Argalus das eine fehlt, die absolute Tugend und der heroische Sinn, der sich große Ziele setzt (F 97). Ohne daß ausdrücklich darauf hingewiesen würde, erkennen wir auch ohne weiteres in der Stiefmutter des Plangus den Typus der emporgekommenen Intrigantin (F 244 ff.).

Dem Wunsche, die Tugend in ein helles und das Laster in ein abschreckendes Licht zu setzen, entspringt auch Sidneys Vorliebe, gute und schlechte Charaktere zum Zwecke des Kontrastes miteinander in enge Berührung zu bringen[1]. Schon bei Besprechung der politischen Tendenzen lernten wir ein solches Kontrastpaar kennen in Basilius und Euarchus. Weitere Gegenüberstellungen dieser Art sind etwa der gute und der schlimme Sohn des Königs von Paphlagonien, Philanax und Philautus, Pamela und Mopsa, die unter einem Dache wohnen, Musidorus und Dametas, die zusammen die Schafe hüten[2], Amphialus und Clinias. Ohne daß wir allen diesen vom Dichter sorgfältig durchgeführten Kontrastierungen von Tugenden und Lastern im einzelnen nachgehen wollen, sei zur Veranschaulichung der Methode wenigstens auf einen Fall verwiesen, die Gegenüberstellung des feigen, prahlerischen und plumpen Dametas mit dem tapferen Freundespaar in der Szene, wo die Mitglieder der Königsfamilie von den wilden Tieren angefallen werden. Wenn hier die Freunde mit größter Tapferkeit sich dem Löwen und dem Bären ent-

[1] Vgl. *Apology* S. 28: so in the actions of our life who seeth not the filthiness of evil, wanteth a great foil to perceive the beauty of virtue.

[2] Schon Gabriel Harvey deutet diese Absicht richtig an in Pierces Supererogation a. a. O: And that the valour of such redoubted men may appeere the more conspicuous, and admirable, by comparison and interview of their contraries, smile at the ridiculous encounters of Dametas and Dorus. Vgl. auch die Äußerung von Kalander über die Marotte des Basilius, Pamela mit den Mitgliedern der Familie von Dametas zusammenzutun, die nur dazu dienen könnten *to exercise her patience, and to serve for a foile of her perfections* (F 21).

gegenstellen, während der feige Dametas sich in einen Busch wirft (F 119ff.), so haben wir hier die Tugend der Tapferkeit in derselben Weise mit dem Laster der Feigheit kontrastiert, wie Spenser das im zweiten Buche der Feenkönigin tut in den Gestalten des selbstbeherrschten und tapferen Guyon und des eitlen und großsprecherischen Braggadocchio, der sich beim Herannahen Belphoebes ganz ähnlich wie Dametas in einen Busch verkriecht (II 3, 34), nur daß Spenser, wie immer, die Allegorie stärker hervorhebt als Sidney.

Unter der Einwirkung lehrhaft-moralischer Gesichtspunkte steht endlich auch die Darstellung der Liebe, die in wichtigen Teilen der Arcadia eine beherrschende Stellung einnimmt. Hier stand, vom rein künstlerischen Standpunkt aus gesehen, Sidney zunächst vor der ungemein schwierigen Aufgabe, die Darstellung von der absoluten Tugend und des Strebens nach hoher Ehre in den beiden Freunden mit ihrer Rolle als Liebhaber in Einklang zu bringen, eine Aufgabe, die dadurch noch besonders erschwert wurde, daß beide sich zur Durchführung ihres Zieles einer seltsamen Intrige mit wenig heroischen Verkleidungen zu bedienen hatten. Wohlweislich führt Vergil seinen vollkommenen Helden Aeneas oder Xenophon seinen Cyrus nur andeutungsweise in der Rolle des Liebenden vor. Umgekehrt erscheinen Liebhaber, wie Theagenes bei Heliodor, Klitophon bei Achilles Tatius, Amadis oder Roland bei Ariost nicht im Lichte von Vertretern der höchsten Tugend; ebenso fiel diese Schwierigkeit fort bei den Frauengestalten Sidneys, die ja nicht dazu da waren, die absolute Tugend zu verkörpern und so ohne Schwierigkeit in der Liebe ihre weiblichen Tugenden aufs beste offenbaren konnten.

Sidneys theoretisierendem Verstande ist dieser Zwiespalt zwischen der Tugend schlechthin und der Liebe, die er nicht wie die Freundschaft als Tugend, sondern mit Aristoteles als Leidenschaft betrachtet, nicht entgangen. So ist es gewiß mehr als ein bloßer Zufall, wenn unter all dem Schönen und Edlen, zu dem nach der *Apology* der heroische Dichter den Hörer anspornt, die Liebe die geringste Rolle spielt; ist doch die Liebe von Theagenes zu Chariclea das einzige Beispiel idealer Liebe, das er zu geben weiß. Immer wieder wird in der Arcadia betont, daß die Liebe eben doch nur eine Leidenschaft ist[1], und der Dichter scheut sich nicht, Liebe und Zorn als gleichartige Leidenschaften zusammenzustellen: *Pyrocles hart was not so oppressed with the mighty passions of love and unkindness* . . (F 83)[2]. So ist es auch nur natürlich, wenn selbst die höchste Liebe hinter der Tugend der Freundschaft zurückzutreten hat. In der Abschiedsszene der Freunde ist Musidorus, wenn auch mit blutendem Herzen, bereit, auf die Flucht mit Pamela zu verzichten, wenn Pyrocles in diesem Verlassen einen Bruch der Freundschaft sehen sollte (B 453). Auch als Pyrocles ihm zur Flucht zuredet, glaubt er dennoch, sich an der Freundschaft versündigt zu haben: *yet still a cruell judge over himself, thought he was some ways faulty* (B 462). Dieser Standpunkt der unbedingten Gefolgschaft gegenüber dem Gebot der Tugend erreicht seinen Höhepunkt aber erst in der Auffassung des Dichters, daß seine beiden Helden zwar nicht durch ihre Liebe, aber doch durch deren Folgen, die Intrigen und die Entführung, eine Schuld auf sich laden, die in der Verletzung von *hospitality, civility and virtue* (B 625) besteht. Schon als Musidorus sich als Hirte verkleidet, um sich Pamela nähern zu können, läßt ihn der Dichter Betrachtungen darüber anstellen, wie die Liebe den Geist vom geraden Wege der Tugend abziehe, wenn auch der schöne und ehrenvolle Endzweck die krummen Wege rechtfertige. So seltsam es uns heute erscheinen mag, in des Dichters Augen war das harte Urteil des Euarchus über die beiden

---

[1] So spricht auch Pyrocles in der Gerichtssitzung von *love, a passion far more easily reprehended than refrained.*

[2] Vgl. dazu Aristoteles II 4: „Unter Gefühlen und Affekten verstehe ich die Leidenschaften, den Zorn, die Furcht, die Kühnheit, den Neid, die Dankbarkeit, die *Liebe*, den Haß, die Sehnsucht, den Eifer &c.“

Freunde ein gerechtes. Das zeigt uns am besten das Eingeständnis des verurteilten Pyrocles, der den aufbrausenden Musidorus zu bedenken bittet, daß hier eine Schuld von ihrer Seite und nicht eine Ungerechtigkeit des Euarchus vorläge: *it was their own fault and not his injustice* (B 626). Auch als der wieder zum Leben erstandene Basilius das Richteramt aus den Händen des Euarchus übernimmt, legt ihm der Dichter die Erwägung unter, daß *in all these matters his own fault had been the greatest*, d. h. daß auch Pyrocles und Musidorus nicht von Schuld frei seien. Genau dementsprechend sieht der Dichter ein Verschulden von Pamela und Philoclea darin, daß sie mit Hintenansetzung ihrer Kindespflichten gegen das Wissen und den Willen des Monarchen und Vaters ihr Los fremden Liebhabern anvertrauen. Obwohl Pamela fest entschlossen ist, mit Musidorus zu fliehen, weiß sie, daß ihre Flucht ist *contrary to all general rules of reason* (B 471). Unzweifelhaft billigt der Dichter den Schiedsspruch des Euarchus über Philoclea, der *finding by his wisdom that she was not altogether faultless* sie dazu verurteilt, den Rest ihres Lebens als Gefangene in einer Gemeinschaft von religiösen Jungfrauen zu verbringen (B 601).

Diese Anschauung Sidneys von den unerbittlichen Forderungen der Tugend, die von einem Recht der Leidenschaft oder einem Gebot der Gnade nichts wissen[1], ist für uns von großer Wichtigkeit, nicht nur zum Verständnis der Persönlichkeit Sidneys oder der Arcadia, sondern auch zum Verständnis der Denkweise der vornehmen elisabethanischen Gesellschaft und damit auch eines bestimmten Literaturkreises. Wie die Auffassung von Greville zeigt, der genau wie Sidney die Verurteilung der Prinzen durch Euarchus als gerechten Schiedsspruch[2]

[1] Vgl. auch unsere Ausführungen über Sidneys Auffassung von der Unbeugsamkeit des Rechtes auf S. 166 ff.

[2] . . . wherein he [Euarchus] saw all the successors of this Province [Arcadia] justly condemned under his own sentence (Greville a. a. O. S. 14).

und das Verhalten der Prinzessinen als ein Vergehen gegen die weibliche Ehre[1] empfindet, steht Sidney mit seiner starren, aber gleichzeitig sittlich hohen Anschauung von Tugend und Pflicht nicht allein, sondern er vertritt nur den extremen idealistischen Standpunkt der von antiker Ethik durchdrungenen humanistischen Kreise. Nicht um eine Wiedergabe konventioneller höfischer Anschauungen über Sittlichkeit handelt es sich, sondern um jenen tiefen Gegensatz zwischen der Anschauungswelt der Klassizisten und der volkstümlichen Schriftsteller, den wir schon einmal bei unseren Ausführungen über die moralischen Ziele der Dichtkunst kennen lernten[2].

Mit dieser aristotelischen Auffassung, welche die Liebe als eine Leidenschaft der Tugend unterordnete, hatte das Problem für Sidney aber noch nicht seinen Abschluß erreicht. Hatte doch die Darstellung der Liebesleidenschaft für ihn neben der theoretischen auch eine starke persönliche Bedeutung durch seine Liebe zu Penelope Devereux. In dem Augenblicke, wo er den Liebeskonflikt nicht mehr lediglich als einen Bestandteil der politischen Handlung auffaßte, mußte er für ihn eine selbständige Bedeutung, ähnlich der in *Astrophel and Stella* erlangen und ihn dazu drängen, eine andere, bejahendere Lösung des Problems zu finden. Dazu half ihm die platonische Philosophie, die ihm durch ihre Scheidung zwischen himmlischer und irdischer Liebe die Möglichkeit gab, bestimmte Formen der Liebe zu verwerfen und andere zu verherrlichen. Dennoch wird in Wahrheit der Zwiespalt dadurch nicht überbrückt, denn es ist ein und dieselbe Leidenschaft von Pyrocles zu Philoclea und von Musidorus zu Pamela, die das eine Mal, im Rahmen

---

[1] May we not discern that even therein they [Basilius und Gynecia] give those Royall birthes [Pamela und Philoclea] warrant, or opportunity, to break over all circles of honor, safe-guards to the modesty of that sex; and withall make them fraily apt to change the commanding manners of Princely Birth, into the degrading images of servile basenesse? (Greville S. 12.)

[2] Vgl. oben S. 36 ff.

der Staatsaktion, als ein Verschulden im aristotelischen Sinne erscheint und das andere Mal, innerhalb der Liebeshandlung, als Streben nach der höchsten Tugend im platonischen Sinne. Wie die anderen Widersprüche, zu denen die Vereinigung der beiden disparaten Handlungen den Dichter zwang, ist auch dieser ihm selbst nicht bewußt geworden. Hier war Sidney im Nachteil gegenüber Spenser, der in der Feenkönigin in ganz ähnlicher Weise, nur ohne solchen Schwierigkeiten ausgesetzt zu sein, in der Auffassung der Tugend sich im wesentlichen an Aristoteles und in der Auffassung der Liebe an Plato anschloß.

Was Sidney sich in erster Linie von der platonischen Liebeslehre zu eigen machte und dem Leser nahe zu bringen suchte, ist die Idee von der seelischen Schönheit gegenüber der sinnlichen und die damit verbundene Übertragung der Liebesleidenschaft von den Sinnen auf die Seele. Die Lehre von der himmlischen Liebe findet in der Arcadia ihre Verkörperung mehr noch als in den eigentlichen Heldinnen des Romans in der Gestalt der Schäferin Urania, die ursprünglich nur den Eklogen angehörte[1]. Sie trägt deutlich die Züge der Aphrodite Urania, „der mutterlosen Tochter des Uranos, welche wir auch die himmlische nennen[2]", die Plato im Symposion der Aphrodite Pandemos gegenüberstellt. Bezeichnend genug ist auch bei Sidney die Insel Cythera, welche die Antike zur Geburtsstätte der Aphrodite machte, Uranias Wohnsitz (F 5 ff.). Wie Platos Urania vereinigt sie in sich die himmlische Weisheit und Schönheit (F 6 ff). Als Verkörperung der himmlischen Weisheit hebt sie die Gedanken der beiden Schäfer Claius und Strephon, die sie lieben, *above the ordinary levell of the worlde* (F 7); der Wunsch, in ihren Augen würdig zu erscheinen, veranlaßt die beiden, den Lauf der Sterne zu verfolgen und wissenschaftliche Schriften zu lesen, so daß selbst große Gelehrte jetzt ihre Unterhaltung nicht verschmähen; Uranias Schönheit hat die Liebe der beiden sehend und keusch ge-

[1] Vgl. unten Kap. XII.
[2] Plato, Symposion 8.

macht; aus Liebe zu ihr sind sie aus Rivalen Freunde geworden (F 8). Ganz ähnlich läßt Spenser Una als Verkörperung der himmlischen Weisheit und Schönheit in einer Episode des ersten Gesanges (I 6, 9 ff.) die Satyrn und den Ritter Satyrane durch ihre Lehren veredeln[1]. Auch in der Ekloge, welche die Jugend Uranias schildert (B 109 ff.), läßt Sidney ihren allegorischen Charakter hindurchscheinen; bei dem Schäferspiele, dem *barley-break*, verdunkelt sie durch ihre himmlische Schönheit die Reize der Schäferinnen Nous und Cosma (= Verstand und Welt)[2]; Strephon lässt Nous (Verstand) trotz ihres Widerstandes im Stich, um der Schönheit zu folgen[3], und zwingt auch beim dritten Angriff Nous, ihn freizugeben[4], um mit ihr zusammenzukommen, *who nothing earthly, but of fire and air* (B 116).

Deutet Sidney schon hier Platos Idee der himmlischen Liebe, die ursprünglich als Liebe von Mann zu Mann gedacht war, in eigenartig poetischer Weise in die Liebe zu einem weiblichen Wesen um, das den Liebenden geistig zu sich emporzieht, so geht er noch weit darüber hinaus, wenn er auf dem Umweg seiner eigenen Liebe zu Penelope sowohl in der Arcadia wie in *Astrophel and Stella* alle hohe Liebe überhaupt gleichsetzt mit der himmlischen Liebe Platos. Wie bewußt er bei dieser schon von vielen Platonikern vor ihm vollzogenen Übertragung des platonischen Ideals der himmlischen Liebe auf die Liebe zu einer irdischen Geliebten vorging, zeigen am besten die Sonette von *Astrophel and Stella*. In Nr. 5 spricht der Dichter davon, daß unsere Seelen zwar streben sollten nach der

---

[1] Vgl. Harrison a. a. O. S. 6 ff.

[2] At other end Uran did Strephon lend
Her happy making hand, of whom one look
From Nous and Cosma all their beauty took. (B 114).

[3] (Strephon) . . .
Left Nous to coast the loved beauty nigh:
Nous cry'd and chaf'd, but he no other can. (B 115).

[4] (Strephon) . . .
Drew dainty Nous, that she not able so
To run, brake forth his hands, and let him go (B 116).

wahren Schönheit, die eins mit der Tugend sei und von der die irdische Schönheit nur einen Schatten darstellte, daß er aber trotz dieser Einsicht nicht umhin könne, Stella zu lieben; ebenso erkennt er noch in Nr. 21 den Zwiespalt an zwischen der Tugendlehre Platos und seiner Liebe zu Stella; doch in Nr. 25 vollzieht er die Vereinigung zwischen den Anschauungen Platos und seiner Liebe:

Virtue of late, with virtuous care to stir
Love of herself, took Stella's shape, that she
To mortal eyes might sweetly shine in her.
It is most true; for since I her did see,
Virtue's great beauty in that face I prove,
And find the effect, for I do burn in love.

Den gleichen Gedanken, daß Stella in ihrer Vereinigung von Tugend und Schönheit die himmlische Liebe verkörpere, die den Liebenden veredelt, vertreten auch Nr. 48 und 71. Trotzdessen konnte, wenn der Dichter sich nicht gänzlich von der Wirklichkeit entfernen wollte, durch eine derartige Übertragung der Konflikt zwischen hoher Liebe und der Leidenschaft, die nach dem Besitze der Geliebten begehrt, nicht aus der Welt geschafft werden, und so ertönt immer wieder zwischen diesen idealen Bestrebungen hindurch (Nr. 14, 52, 71, 72) der Schrei der Leidenschaft, die ihre Nahrung haben will:

But, ah, Desire still cries, give me some food (Nr. 71.)

Dieser Kampf zwischen hoher Liebe und Leidenschaft ist der eigentliche Gegenstand der Sonette, der sie hoch hinaushebt über die Gesänge der Petrarchisten vorher und nachher, die das Thema von der Grausamkeit der Geliebten in den Mittelpunkt stellen.

Genau dieselben Gedankengänge finden wir in der Liebeshandlung der Arcadia wieder, wo sie sich aufs merkwürdigste kreuzen mit den oben dargelegten Ansichten von Tugend und Liebe, die Sidney aus Aristoteles gewonnen hatte. Die Gleichsetzung der himmlischen Liebe Platos mit der Liebe zu einer irdischen Geliebten (Philoclea) bildet den Gegenstand der langen Unterredung zwischen Pyrocles und Musidorus über die Liebe im ersten Buche, als Musidorus den Freund in der scheinbar unwürdigen Verkleidung einer Amazone erblickt. Schon die äußere Einkleidung des Gespräches scheint dafür zu sprechen, daß Sidney sich hier an die Form der platonischen Dialoge anlehnt. Zeigt doch das ganze Gespräch einen so theoretischen Anstrich, daß Pyrocles selbst diese Auseinandersetzungen als *disputations* bezeichnet, die für *quiet schools* geeigneter seien als für sein erregtes Hirn (F 81). In dem Gespräche stellt sich Musidorus zunächst auf den aristotelischen Standpunkt der Vernunft und verlangt, daß der Mensch ihr die absolute Herrschaft einzuräumen und mit ihrer Hilfe jede Schwäche der Sinne, jede irdische Liebe, zu unterdrücken habe. Er hält dem Freunde vor, daß im Gegensatz zu den andern Leidenschaften wie Furcht, Zorn, Freude oder Sorge, die durch die Leitung der rechten Vernunft zum Guten gewendet werden könnten[1], eine Liebe von der Art des Pyrocles die niedrigste und fruchtloseste von allen sei, indem sie nur von Übeln, wie Unruhe und Eifersucht, begleitet sei und als Ziel ein geringes Vergnügen habe mit viel Qual zuvor und viel Reue hinterher. Pyrocles' Liebe drehe den Lauf der Natur um, indem sie bewirke, daß die Vernunft den Sinnen, der Mann der Frau nachgebe. Mit Heranziehung der Ansicht Platos, daß der Liebende Anteil an dem geliebten Gegenstande hat, setzt er dem Freunde auseinander, wie im Gegensatz zu seiner Leidenschaft die wahre Liebe die wunderbare Eigenschaft besitze, daß sie das Wesen des Liebenden (the very essence of the lover) in den geliebten Gegenstand verwandle, indem sie diesen durch ein geheimes inneres Wirken mit sich vereinige. Die anderen Arten von Liebe ahmten in diesem Punkte die himmlische nach: Wie die Liebe zum Himmel den Menschen himmlisch und die Liebe zur Tugend ihn tugendreich mache, so mache die Liebe zur Welt ihn welt-

[1] Vgl. Aristoteles, Ethik VI 1; 13.

lich und die weibische Liebe weibisch[1]. Noch stärker in der Gefolgschaft Platos hält sich die Entgegnung des Pyrocles, der mit der Anspielung auf die berühmten Männer, welche die Liebe als das höchste Vermögen der Seele anerkannt hätten (F 80), deutlich auf Platos Lehren im Symposion und Phädrus hinweist. Die Argumente des Pyrocles, die uns die eigenen Ansichten des Dichters enthüllen, laufen darauf hinaus, daß die Frauen der Tugend fähig seien so gut als die Männer, daß man die Tugend lieben solle und daß er persönlich die Tugend in einer schönen Hülle der Tugend in einem häßlichen Geschöpfe vorziehe; wenn er die Tugend liebe, so könne er das nicht anders tun als an einem tugendhaften Geschöpfe, denn sonst würde er das bloße Wort Tugend lieben; die Übel, welche die Liebe in ihrem Gefolge habe, entsprängen nicht dieser selbst, sondern der Unvollkommenheit des Liebenden und seien in der Gestalt von Hoffnung, Sehnsucht oder Verzweiflung sogar in den Herzen mancher vorhanden, die der himmlischen Liebe huldigten. Die himmlische Liebe bestehe aus zwei Teilen, der Liebe selbst und dem Wert des geliebten Gegenstandes. Einstweilen habe er nur den ersten Teil, aber wenn er diesem sich eine Weile gewidmet habe, werde er auch im Stande sein, sich großen Dingen zuzuwenden.

Auch abgesehen von diesen Ausführungen Pyrocles' über die Liebe tritt diese Übertragung der Attribute der himmlischen Schönheit und Tugend bei Plato auf die irdische Geliebte (Philoclea und Pamela) an so vielen anderen Stellen der Arcadia zu Tage, daß man von einer völligen Durchdringung der Liebeshandlung mit platonischen Ideen reden darf. So faßt Amphialus seine Liebe zu Philoclea völlig in platonischem Sinne auf, wenn er sie mit den Worten kennzeichnet: *Did ever mans eye looke thorough love*

---

[1] Eine unverkennbare Ähnlichkeit liegt auch vor zwischen den Ermahnungen des Musidorus, sich zu erinnern *what you are, what you have bene, or what you must be* (F 78) und dem 21. Sonett von *Astrophel and Stella.*

upon the majesty of vertue, shining through beauty, but that he became (as it wel became him) a captive? (F 452). Musidorus verteidigt in der Gerichtssitzung die Maßnahmen, die er zur Gewinnung von Pamela getroffen hat und stellt fest, daß „männliche Herzen aus Erfahrung wissen, wie geneigt ein tugendhafter Sinn ist, ein höchst tugendhaftes Geschöpf zu lieben, das sich als solches durch die hervorragendsten Gaben der Natur ausweist“[1]. Sowohl hiermit als mit der Feststellung, daß „männliche Herzen es für ein erlaubtes Vergehen halten, die Befriedigung ehrenhafter Wünsche zu suchen, die so ehrenhaft selbst im zartesten Punkt der Ehre sind, daß daraus der Ehre kein Nachteil entstehen kann“ (B 618), folgt er den Worten Platos (Gastmahl, Kap. 10), daß „den Geliebten zu gewinnen für schön gehalten wird, ihn nicht zu gewinnen aber für schlecht, und daß, um den Versuch zu machen, ob er ihn gewinnen könne, die Sitte dem Liebhaber freigestellt hat, gar vielerlei sonderbare Dinge zu unternehmen, für die er sogar gelobt wird, während jeder, der wagen wollte, sie zu anderem Zwecke zu tun, den schärfsten Tadel der Philosophie ernten würde.“ Wie im „Gastmahl“ Plato die Ansicht vertritt, daß die wahre Liebe ein Mittel ist, um die Tugend zu fördern, so betont Sidney in der Arcadia in einer ganzen Reihe von Stellen die Übereinstimmung des Wesens von wahrer Liebe und Tugend, am wirkungsvollsten in der Rede des Euarchus vor Gericht (B 621): „Jene süße und himmlische Vereinigung der Seelen, die zu Recht Liebe genannt wird, hat kein anderes Band als die Tugend; daher kann sie, wenn sie eine wahre Liebe ist, niemals irgend welche Handlung begehen, die nicht tugendhaft wäre.“ Eine platonische Färbung, die im Einzelnen allerdings schwer auseinanderzuhalten ist von der überschwänglichen Sprache des Petrarchismus[2], zeigen

---

[1] Nach dem platonischen Gedanken von dem untrennbaren Zusammenhang der Tugend und der Schönheit.

[2] Finden sich doch auch bei Dante schon Anreden wie „Licht und Ruhm des menschlichen Geschlechtes“ (Purg. XXXIII 15), „Göttliche, der ersten Liebe Geliebte“ (Par. IV 118) etc.

auch die schmückenden Beiworte, mit denen die Liebhaber ihre Geliebten sowohl in der Anrede wie in der Schilderung auszeichnen (divine creature, divine lady, divine beauty, most virtuous beauty etc.)[1].

Mit dieser auf platonische Anschauungen zurückgehenden Annäherung der wahren Liebe — *highest Love* (F 259), wie sie Sidney gern nennt — an die Tugend, wird aber die wahre Liebe etwas so hohes und seltenes wie die wahre Tugend, ohne die sie nicht denkbar ist. Wie die Tugend nach gutem Handeln strebt, so setzt auch die hohe Liebe sich ein bestimmtes hohes Ziel, die Erlangung der Geliebten; wie die Tugend ihre Nahrung aus Kampf und Mühsal zieht und aus ihnen nur schöner hervorgeht, so die Liebe aus dem Kampf gegen die Sinne *(Passion, Senses* oder *Desire)*. Nur indem die Liebe der Vernunft *(Reason)* folgt, wird es ihr möglich, die Sinne zu besiegen und der Tugend zu folgen. Nach seinen eigenen Worten in *Astrophel and Stella* (Nr. 21)[2] vermuten wir, daß wiederum in erster Linie das Studium Platos ihm dieses Thema vom Sieg der Vernunft über die Leidenschaft an die Hand gab. Auf die Herausarbeitung der Antithese *Passion* — *Reason* und der bei Aufhebung dieses Gegensatzes eintretenden Übereinstimmung von *Love* und *Vertue* laufen alle Schilderungen von Liebe bei Sidney hinaus in *Astrophel and Stella* so gut wie in der Arcadia. Der schmachtende oder wollüstige Liebhaber vom Schlage eines Theagenes oder Amadis und der geduldige, wehklagende Liebhaber bei Petrarca oder Wyatt wird in der Arcadia zum moralischen Helden, der mit Hilfe der Vernunft die

[1] Dagegen dürfte es kaum statthaft sein, die in der Arcadia gelegentlich aufgeworfene Forderung an den Menschen, sich fortzupflanzen, auf platonische Einflüsse zurückzuführen, da der spezifisch platonische Gedanke fehlt, daß es die Schönheit des Betreffenden ist, die ihm diese Pflicht auferlegt. Geron bezeichnet dem jungen Histor gegenüber die Fortpflanzung als ein Gebot der Natur und als eine Pflicht gegenüber dem eigenen Vater und dem Staate (F 139).

[2] That Plato I read for nought but if he tame
Such coltish years.

Leidenschaft besiegt und als Lohn dafür die Geliebte beansprucht. So wenig Sidney an seinen Helden die fertige, ruhende Tugend feiern wollte, so wenig auch eine Liebe ohne innere Kämpfe. Durch die Betonung der natürlichen Sinnlichkeit seiner Helden hat er aufs deutlichste gezeigt[1], wie auch in der Liebe sein Ideal der strebende, kämpfende Held war.

Während aber in *Astrophel and Stella* der Kampf zwischen Leidenschaft und Tugend nicht geschlichtet wird, vielmehr der Dichter trotz Stellas Forderung, seiner Geburt und seinem Geist entsprechend *love* und *vertue* zu vereinen, den Schrei von *Desire* nicht zu ersticken vermag[2], wird in der Arcadia, mit dem glücklichen Ausgang der Liebe vor Augen, der moralische Zwiespalt dahin gelöst, daß die Leidenschaft sich nach einigen kleinen Irrungen unter die Leitung von *Reason* begibt und so zur reinen, tugendhaften Liebe wird. Immer wieder wird dieser Kampf ausgemalt. Als Pyrocles zum ersten Mal mit Philoclea zusammenkommt, rät ihm zwar *Reason*, der zum Diener von *Passiòn* herabgesunken ist, sich zu beherrschen, aber die Leidenschaft, die aus einem Rebellen ein Herrscher geworden ist, erlaubt der Vernunft kaum die Stellung eines Beraters; dadurch werden die Freuden der *senses* zu stark für irgend einen andern Entschluß und Pyrocles verliert die Herrschaft an sie (F 93). Schlimmer noch spielt die Leidenschaft dem Musidorus mit: Die Hoffnung, die er aus Pamelas Entgegenkommen schöpft, ermutigt *Desire; Desire* wartet nur auf günstige Gelegenheit; die plötzliche Gelegenheit ruft *Love* herbei, die nicht nach der Erlaubnis von *Reason* fragt, sondern den *too-much loving* Musidorus Pamela in die Arme schließen läßt (F 355). Diese Art von Liebe, wo *Passion* die Herrschaft von *Reasòn* ausschaltet, ist aber nicht die wahre Liebe, die selbst ein so haltloser Charakter wie Basilius richtig beschreibt als

[1] Vgl. F 261 B 477 etc.

[2] Vgl. *Astrophel and Stella* Nr. 5, 14, 21, 52, 62, 71, 72.

that devine power, which makes the heart finde a reason in passion (F 98). Durch die Keuschheit der Geliebten erhält *Reason* wieder die Oberhand und *Desire* wandelt sich unter der Leitung von *Vertue* zur wahren Liebe. Nicht nur zeigt dies der Fortgang der Liebeshandlung und die Versicherung der Heldinnen, daß die Tugend ihrer Liebhaber sie gewonnen habe[1], sondern auch außerhalb der eigentlichen Erzählung hat der Dichter nicht versäumt, den Kampf zwischen Vernunft und Leidenschaft in gleichem Sinne zu entscheiden. In der dramatischen Ekloge, die den Titel trägt *The skirmish betwixt Reason and Passion* (F 339 ff,), streiten *Reason* und *Passion* um die Herrschaft, vereinigen sich aber am Schluß und beschließen beide, sich den *heavenly rules* zu fügen, welche die Leidenschaften anleiten und den Verstand überragen. Daneben schildert der Dichter immer wieder den schweren unentschiedenen Kampf. „Vernunft und Leidenschaft" ist eines der Themen in dem poetischen Wechselgespräch zwischen Plangus und Basilius (F 230); als Basilius den Plangus ermahnt, *Desire* durch *Reason* im Zaum zu halten, erwidert Plangus, daß er seinen rasenden Schmerz nicht in *morall rules* bannen könne. In der Ekloge zwischen Philisides und Echo fragt Philisides Echo nach einem Heilmittel, um *Reason* die Herrschaft über *Desire* zu sichern (F 352 ff). In dem Gedichte des Pyrocles an *Reason* (B 296) erscheint die Geliebte als so tugendhaft und göttlich, daß *Reason* selbst erklärt, hier keine Macht zu haben und der Liebhaber sich bedingungslos der Liebe unterwirft[2].

---

[1] Vgl. F 260.

[2] In denselben Vorstellungen bewegt sich der Dichter in zwei Liedern, die sich weder in *Astrophel and Stella*, noch in der Arcadia finden, in dem Sonett *Thou blind man's mark*, wo er *Desire* entsagt, der ihn zu lange schon in unwürdigen Sphären gehalten habe, und *Virtue* folgen will, die ihm die bessere Lehre beigebracht habe, in sich selbst den einzigen Lohn zu suchen, und in dem längeren Gedicht *The Seven Wonders of England*, wo er gegen Schluß schildert, wie sein Fahrzeug *Desire* an den Klippen der standhaften Keuschheit

So gelingt es dem Dichter wirklich, in den beiden Heldenpaaren ein Bild idealer und heroischer Liebe zu entwerfen. Obwohl der Verkehr der Liebenden untereinander sich stark in den herkömmlichen überschwänglichen Formen des Ritterromans und des Petrarchismus vollzieht, ist dahinter der ethische Gehalt wahrer Liebe aufs glänzendste dargestellt in den furchtbaren seelischen Prüfungen und Leiden, welche die Liebenden, ohne zu schwanken, für einander ertragen, vor allem in der zweiten Fassung in der Episode der Gefangenschaft. Dadurch, daß der Dichter seine Liebenden zu Mustern sittlich hochstehender und heroischer Menschen macht, gelingt es ihm, den Leser an die Stärke dieser Liebe glauben zu machen. Parallel mit dieser Darstellung der glücklichen Liebe von unverheirateten Paaren zu einander geht die Darstellung der Liebe in der Ehe, die der Dichter an den beiden, nur zu diesem Zweck geschaffenen Gestalten von Argalus und Parthenia gibt; durch ihren stark beschreibenden Charakter[1] verrät der Dichter seine Absicht, auch hier dem Leser eine vorbildliche Zeichnung vor Augen zu führen. Ohne daß wir näher darauf eingehen wollen, sei auch noch darauf hingewiesen, daß eine ganze Reihe von Gestalten des Romans, Männer und Frauen, verheiratete und unverheiratete, vom Dichter dazu benutzt werden, das Wesen der unglücklichen, leichtsinnigen, törichten oder schamlosen Liebe zu veranschaulichen. Zwei von ihnen, Pamphilus und Baccha deuten diese Absicht bereits in ihrem Namen an. Von besonderem Interesse ist die Schilderung der konventionellen, posierten Liebe, der *mouth-love* (F 111) in Phalantus und Artesia. Ohne wirkliche innere Liebe „nannte sich Phalantus der Liebhaber der Artesia und

---

Schiffbruch gelitten, wie aber aus diesem Untergange sich *a purest Love* erhoben habe.

[1] Vgl. besonders die Schilderung in den folgenden Sätzen: A happy couple, he joying in her, she joyng in her selfe, but in her selfe, because she enjoyed him: both encreasing their riches by giving to each other; etc. (F 420).

glaubte es vielleicht auch zu sein (F 97)"; aus Freude am Spiel mit galanten Redensarten *(at least for tongue-delight)* macht er sich zu ihrem Diener und spricht er mit heiterer Miene sorgenvolle und hochtrabende, aber nicht ernst gemeinte Worte (F 99)[1]. Wenn somit alles in allem der Dichter bei seinen Schilderungen der verschiedenen Arten von Liebe von allgemeinen, lehrhaften Absichten gelenkt wird, so ist doch die Allegorie hier eine viel diskretere als bei der Darstellung der Tugenden und Laster; eine ganze Reihe seiner Gestalten hat er gerade in der Rolle von Liebenden in ihrer menschlichsten Seite gezeigt.

[1] Vgl. dazu Sidneys Äußerungen über die Liebesdichter, die ohne wahre Leidenschaft schreiben, in der *Apology* (S. 52).

VI. Die lehrhaften Bestandteile.

Die Darstellung der verschiedenen Tugenden, Laster und Leidenschaften an der Hand der Gestalten des Romans bedeutet aber nur einen Teil dessen, was Sidney an Lehren und Kenntnissen durch sein Werk dem Leser zu vermitteln suchte. Neben der Erziehung zum Guten galt sein Bestreben der Vermittlung von verschiedenartigstem Wissen, sowohl von Ansichten über die letzten Fragen wie von Dingen, die nach seiner Meinung für das praktische Leben von Bedeutung waren; in diesen Zusammenhang hinein gehören streng genommen auch seine Lehren über Politik, die wir wegen ihrer besonderen Stellung innerhalb des Romans zu Beginn unserer Arbeit ausführlich besprochen haben.

In Übereinstimmung mit den Kritikern der Antike und Renaissance führt Sidney in der *Apology* in Hinweis auf Homer, Hesiod, Ennius, Dante, Boccaccio, Gower und Chaucer aus, wie sowohl bei den Griechen und Römern als auch bei den modernen Nationen die Poesie bereits vor der Philosophie Kenntnisse vermittelt habe und wie Philosophie und Gedichte bei der Poesie in die Lehre gegangen seien. Nach der Sorgfalt, mit der er sich um den Nachweis müht, daß die Poesie als Vermittlerin der Moral der Philosophie und der Geschichte überlegen ist, würde man erwarten, daß der Dichter nun auch in ähnlicher Weise auseinandersetzte, wie die Poesie auch den andern Wissenschaften darin überlegen sei, daß sie die betreffenden Kenntnisse auf eine angenehmere und leichter verständliche Weise vermittelt. So einfach es für ihn gewesen wäre, im Anschluß an die antike Lehre von der ὑπόνοια, etwa an den Beispielen von Homer und Virgil, diesen Punkt darzulegen, so beschränkt er sich doch ganz auf das ihm am wichtigsten erscheinende Gebiet des Moralischen und Politischen und zieht er die andern Wissenschaften nicht heran; nur ganz am Schluß ergreift er, wie wir sahen[1], die Gelegenheit, seiner Übereinstimmung mit der Ansicht von Clauser Ausdruck zu geben, daß unter den Erzählungen von Hesiod und Homer *all knowledge, logic, rhetoric, philosophy natural and moral, and quid non?* verborgen sei.

Wie bei der Umsetzung seiner moralischen Lehren in die Gestalten des Romans ist auch bei der Vermittlung des Wissens der künstlerische Takt, mit dem er innerhalb der Beschreibung den Charakter der Erzählung zu wahren weiß, ein erstaunlicher. Auch hier offenbart sich wieder, wie wenig Sidney vom professionellen Schriftsteller an sich hatte. Nur wer im Auge behält, was für einen Wust von totem Wissen die schöne Literatur des Mittelalters und als ihr Erbe auch die Literatur der Renaissance mitzuschleppen pflegte, zumeist in der Form unverdauter Reste antiker oder pseudoantiker Gelehrsamkeit, kann ermessen, welch einen Schritt in künstlerischer Hinsicht Sidney über alle seine Vorgänger hinaus getan hat. Während ein Werk wie der *Euphues* beschwert ist von einem Wust von lebensfremden, sterilen Kenntnissen, handelt es sich in der Arcadia um Wissen, das zum geringsten Teil Büchern entstammt, zum weitaus größeren entweder Ausdruck persönlicher Lebensanschauung oder persönlicher Erfahrung und Beobachtung ist[2]. Während uns im griechischen Roman, vor allem bei Achilles Tatius[3], dann auch im Amadis und bei Montemayor, in ganz besonderem Maße aber im Euphues, eine Fülle von Abschweifungen entgegentritt, die mit dem Thema über-

[1] Vgl. S. 31.

[2] Wer die ganze öde Lehrhaftigkeit des *Euphues* im Gegensatz zu der unaufdringlichen Vermittlung von Ansichten und Wissen erfassen will, wie sie die Arcadia bietet, vergleicht am besten Euphues' Abhandlung „Euphues and Atheos" (ed. Bond I 291 ff.) mit Sidneys gleichfalls dialogischer Erörterung desselben Problems in dem großen Gespräch zwischen Cecropia und Pamela (F 405 ff.).

[3] Vgl. Wolff 164 ff., 203.

haupt nichts zu tun haben, desgleichen eine Menge von Beschreibungen, die für die Erzählung bedeutungslos sind oder sich zum mindesten in unnötiges Detail verlieren[1], sind Fälle der ersteren Art in der Arcadia überhaupt nicht vorhanden und Fälle der zweiten Art nur in geringer Anzahl, zumeist im Anschluß an den griechischen Roman. Selbst von den beiden hervorstechendsten Fällen der zweiten Art, der Beschreibung des Wohnsitzes von Kalander (F 17ff.) und der Wasserkünste im Garten des Basilius (F 92ff.), gilt, daß sie, abgesehen von dem Detail, nicht aus dem Fluß der Erzählung herausfallen, insofern als die Besichtigung von Kalanders Wohnsitz dazu führt, daß Pyrocles sich in das Portrait der Philoclea verliebt, und die Wasserkünste bei Basilius (F 92) dazu dienen, Pyrocles den Anblick der Geliebten zu verschaffen[2]. Für unseren augenblicklichen Zweck aber interessiert uns weniger, wie der Dichter seine Lehren vermittelt, als welche Gegenstände er dem Leser nahezubringen sucht. Von diesen wollen wir zunächst die philosophischen und religiösen Ansichten herausgreifen, die er in der Form des Gespräches zwischen Gestalten seines Romans erörtert, im offenbaren Anschluß an die Dialoge Platos, deren Form er in der *Apology* (S. 3ff.) als einen Ausfluß der Poesie betrachtet.

Hierher gehört das lange Gespräch über das Problem von Zufall und Vorsehung, das zwischen Cecropia und der gefangenen Pamela im dritten Buche (F 405—410) geführt wird. Cecropia, die den atheistischen Standpunkt eines mechanischen, vom Zufall regierten Weltalls vertritt, legt der Dichter die epikuräischen Ansichten des Lucretius, dagegen Pamela, welche die christliche Lehre von einer durch göttliche Vernunft geschaffenen und erhaltenen Welt vertritt, die Vernunftlehren der späteren Stoa in den Mund, die ihm von allen möglichen Seiten her, so etwa durch Seneca,

[1] Vgl. Wolff 174 ff.

[2] Vgl. damit etwa die ebenso ausführliche wie belanglose Beschreibung von dem Palaste und dem Garten des Apolidon im Amadis (IV Kap. 2).

geläufig sein mußten. Aus Lucretius' Schrift De Natura Rerum stammt Cecropias Behauptung, daß die Furcht den Menschen veranlaßt, an übernatürliche Dinge zu glauben, ferner ihre Ansicht von der Ewigkeit der Materie und von der zufälligen Entstehung aller Dinge durch einen Prozeß, bei dem die schweren Körper nach unten fallen. Während die teleologische Naturauffassnng, die der Dichter durch den Mund Pamelas entwickelt, ebensowohl stoisch als platonisch oder aristotelisch genannt werden kann, entspricht ihre Anschauung von der menschlichen Vernunft als Teil der göttlichen speziell der stoischen Auffassung von der Gottheit als Weltseele und Weltvernunft; auch die etwas synkretistische Idee von Gott als Lenker oder Schöpfer des Weltalls klingt eher stoisch als platonisch und aristotelisch. Um den genauen Weg festzustellen, auf dem der Dichter zu diesen stoischen Lehren gelangte, fehlt es bei der eigenartigen, selbständigen Verarbeitung der Lehren an Handhaben.

Hauptträger der philosophischen Gedanken sind naturgemäß die beiden Helden Pyrocles und Musidorus, die wie ihr Urheber, das Renaissanceideal des *scholar and soldier* erfüllen. Zu verschiedenen Malen verweist der Dichter auf die philosophische Bildung der beiden Freunde. Pyrocles berichtet, wie er als Knabe im Hause der Mutter des Musidorus *the sweet mysteries of philosophy* gelernt habe (B 593), und Dorus nennt einmal direkt *Heraclit* bei Namen (B 103). Ein Meisterstück unaufdringlicher Vermittlung bestimmter philosophischer Lehren liegt vor in dem aus der Situation sich ganz natürlich ergebenden Gespräche über Unsterblichkeit und Freundschaft, das Pyrocles und Musidorus in Erwartung des Todes miteinander führen (B 594 ff). Nicht nur die Situation erinnert hier auf den ersten Blick an Plato, auch der Inhalt zeigt, daß es sich um Ideen von Plato handelt, die allerdings nach der Art der Renaissancephilosophie eine stark christliche Färbung erhalten haben. Im Mittelpunkt steht der platonische Gedanke der ἀνάμνεσις und die von Plato auch bereits aufgeworfene Frage, ob nach dem Tode der Seele die Fähigkeit des Gedächtnisses bleibt. Als Pyrocles die Frage aufwirft, ob wir im Jenseits uns an diese Welt und unsere hiesigen Freundschaften erinnern werden, stimmt ihm Musidorus zu trotz der Ansichten derer, die annehmen, daß mit dem Tode der Sinne auch das Gedächtnis schwinde und nichts übrig bleibe als *the intellectual part or intelligence.* Neuplatonisch-christlicher Färbung sind die weiteren Ausführungen des Musidorus, wonach diese Intelligenz, die der moralischen Eigenschaften und des Gedächtnisses bar ist, lebt *in the contemplative virtue, and power of the omnipotent good, the soul of souls, and universal life of this great work,* und ebenso die Ansicht des Pyrocles, daß diese Intelligenz da sie ja schon während unseres Lebens in uns wohnte — wenn auch gleichsam in einem Gefängnis — und Zeuge aller unserer Handlungen war, nach der Befreiung und Rückkehr zu dem Leben aller Dinge und der unendlichen Erkenntnis, ihrem Schöpfer gleich geworden, durch eine geistige Erkenntnis alle gegenwärtigen und vergangenen Dinge weiß. Platonischer Art ist auch der Vergleich, durch den Pyrocles seine Anschauung zu erläutern sucht: Wie wir ohne Zuhilfenahme des Gedächtnisses, lediglich durch Erkenntnis wissen und verstehen, was wir vor unserer Geburt im Mutterleibe waren, werden wir in unserem zweiten Leben ohne Gedächtnis nicht die Farben, sondern das Leben aller Dinge erkennen, die gewesen sind oder sein können, und auch ein Bewußtsein unserer Freundschaft haben, wenn auch ohne die *earthly cares of friendship* (B 595).

Sehr zahlreich sind die Fälle, wo der Dichter ohne so offenkundige lehrhafte Absichten platonische oder neuplatonisch-christliche Gedanken verwertet. Auf Platos Ideenlehre werden wir hingewiesen, wenn in dem Wechselgespräch der ersten Ekloge (B 104) Zelmane (Pyrocles) ihren Partner Musidorus preist, weil er in seiner Verkleidung als Schäfer seiner *only Idea* seine Neigung kundgeben kann[1]. Platonische Gedankengänge liegen zu Grunde,

[1] Happy be you that may to the saint, your only Idea
(Although simply attir'd) your manly affection utter.

wenn er in dem Hochzeitslied der dritten Ekloge (B 506) die Tugend als Gottheit oder wenigstens als Gottes wesentlichen Teil anruft[1]. Auch der Gottesbegriff Sidneys zeigt, wenn er sich im großen und ganzen auch freihält von jener Vermengung von Christentum und Platonismus, die Spenser eigentümlich ist, einige wenige Elemente platonischer oder neuplatonischer Herkunft, die bewirken, daß neben den persönlichen biblischen Gott, den ewigen, gerechten und allwissenden Lenker und Richter, gelegentlich ein göttliches Prinzip mit mehr philosophischen Attributen tritt. Musidorus redet Gott an als *the living power of all things* (B 558) und spricht von ihm als *the soul of souls, and universal life of this great work* (B 594)[2]. Doch ist bei dem Gottesbegriff der Platonismus kaum ein bewußter; findet sich doch ganz Ähnliches auch in der Schrift De Veritate Christiana von Sidneys Freund Mornay.

Die große Gerichtsszene des fünften Buches benutzt der Dichter dazu, in unauffälliger Weise durch die Reden des Klägers, der Angeklagten und des Richters seine Ansicht über das Problem vom Verhältnis der Gerechtigkeit zum Gesetz zu offenbaren. Die Bedeutung, die diesen Auseinandersetzungen zukommt, vermag nur ein Vergleich mit dem entsprechenden Vorbilde, der jedes höheren Gesichtspunktes entbehrenden Gerichtsszene bei Heliodor, vor Augen zu führen. Philanax als Ankläger sieht das Wesen der Gerechtigkeit in der Anwendung der vollen Schärfe des Gesetzes (B 609), während Pyrocles und Musidorus für Rücksichtnahme auf den Fall und die Person und gegen die mechanische Anwendung der Gesetze eintreten. Dementsprechend führt Musidorus aus, daß die Gerechtigkeit uns vorschreibt, nicht die Strafe an sich zu lieben, sondern sich ihrer nur im äußersten Fall zu bedienen und daß es

---

[1] Virtue, if not a God, yet God's chief part.

[2] Auch Languet spricht gelegentlich, in dem Briefe vom 2. Mai 1578, von Sidneys Anschauung, daß die menschliche Seele ein Teil der göttlichen sei (Pears a. a. O. S. 149).

daher besser ist, gegebenenfalls Gnade zu üben und den Schaden zu heilen als zu strafen: *It is hard, but it is excellent where it is found, a right knowledge when correction is necessary, when grace doth more avail* (B 612). In gleichem Sinne wendet sich Musidorus gegen die mechanische Anwendung der Gesetze, die dazu da seien, die Menschheit zu erhalten und nicht sie zu vernichten und die nicht gemacht seien *like lime twigs or nets, to catch everything that toucheth them, but rather like sea-marks, to avoid the shipwreck of ignorant passengers;* das Ergebnis der Weisheit und das Ziel aller Rechtsprechung sei, aus den Fehlern das Bestmögliche zu gewinnen (B 618). Im Gegensatz zu den Angeklagten stellt Euarchus als Richter sich auf den Standpunkt, daß die Gesetze als *bonds of al human society* jedermann gleich verpflichten und daß die Personen, die nach dem Völkerrecht eine Sonderstellung einnehmen, diese verscherzen, wenn sie sich gegen das Recht vergehen; obwohl die Gesetze aus philosophischen Erwägungen hervorgegangen seien, könnten philosophische Argumente, welche die Dinge nur vom allgemeinen Standpunkt aus betrachten und *leave to every man a scope of his own interpretation*, die Anwendung der Gesetze nicht beeinflussen; die Gesetze paßten sich dem notwendigen Brauche an und zögen dem Richter feste Grenzen, die er nicht ohne schwere Schädigung durchbrechen könne (B 620); sie seien dazu da, vor Verbrechen abzuschrecken und nicht sie zu heilen, wenn sie begangen seien; wenn die Richter sich darauf einlassen würden, das Gesetz nicht nach den Rücksichten auf die öffentliche Gesellschaft, sondern nach der Annehmlichkeit der Schuldigen auszulegen, so würden junge, mächtige und reiche Leute immer Möglichkeit finden, ihre dem Staate schädlichen Verbrechen zu beschönigen (B 622). So sehr das Empfinden des modernen Lesers auch dadurch verletzt werden mag, es kann nicht zweifelhaft sein, daß der Dichter mit seiner Skrupelhaftigkeit in allen Fragen der Ethik auf dem formalen Standpunkt des Euarchus steht und dem Leser den Grundsatz einzuschärfen sucht, daß das Recht unter keinen Umständen gebeugt werden darf, daß *sacred righteousness* und *never changing justice* (B 625) nicht gefährdet werden dürfen. Als sich herausgestellt hat, daß die Angeklagten der Sohn und Neffe des Euarchus sind, Euarchus aber trotz dessen bei seinem Urteil bleibt und das Volk *examining the matter by their own passions* ihn für einen hartherzigen Tyrannen zu halten beginnt, nimmt ihn der Dichter ausdrücklich gegen die Haltung des Volkes in Schutz: *as often extraordinary excellencies, not being rightly conceived, do rather offend then please* (B 627 ff.). Ja, der gewissenhafte Dichter geht so weit, daß er zum Schluß Musidorus sich bei Euarchus wegen der heftigen Vorwürfe, die er ihm wegen seiner Grausamkeit gemacht hat, entschuldigen läßt (B 629).

Seine Ansichten über einen der Lieblingsgegenstände der Renaissance, die Prinzenerziehung, entwickelt der Dichter an der Erziehung, die Euarchus dem jungen Pyrocles und Musidorus angedeihen läßt (F 189 ff.). Eine Ergänzung dazu bildet das, was Philisides (d. h. Sidney) von seiner Jugend berichtet[1]. Noch bevor Pyrocles und Musidorus die Sprache völlig beherrschen, werden ihnen im Spiel Schlachten und Befestigungen vorgeführt, woran sich später vorbildliche Erzählungen von würdigen Fürsten reihen. Die Schönheit der Tugend wird ihnen dauernd vor Augen geführt und „mit mehr Sorgfalt beigebracht als die Regeln der Grammatik", ihr Körper wird geübt, ihr Geist allmählich mit Gefahren bekannt gemacht. Weder Furcht noch Zwang wird ihnen gegenüber zur Anwendung gebracht, so daß eine Gewohnheit des Herrschens, die von allem Tyrannischen frei ist, sich bei ihnen heranbildet. „Natur hatte sie zu *Lords of truth* gemacht, worauf alle anderen guten Eigenschaften aufgebaut wurden."[2] Diese freiheitliche Erziehung findet ihre Ergänzung in der Freundschaft

[1] In der 4. Ekloge der ersten Fassung (vgl. Dobell a. a. O. S. 91). Vgl. auch Kap. XII.

[2] Vgl. dazu den Bericht des Philisides über seine Erziehung (Dobell S. 92).

zwischen dem jüngeren Pyrocles und dem älteren Musidorus, deren Altersunterschied von drei oder vier Jahren[1] „kein so großer Altersunterschied war, daß er das gegenseitige Vergnügen an ihrer Gesellschaft zerstört hätte, und doch so groß, daß er die Gelegenheit zu kindischen Streitigkeiten nicht aufkommen ließ, bis sie beide über die Neigung zu solchen Streitigkeiten hinaus waren" (F 190).

Mit besonderer Ausführlichkeit legt der Dichter seine Ansichten über das Volk dar. Sein aristokratischer Standpunkt deckt sich ebensowohl mit dem der antiken Philosophen und Historiker wie mit dem Scaligers, der von den drei Arten der *Multitudo, Agrestis, Urbana* und *Militaris* nur Schlechtes zu berichten weiß[2], wie mit dem der klassizistischen Tragödiendichter des Elisabethzeitalters, die im Gefolge der römischen Dramatiker die Masse als unzuverlässig, wankelmütig und verachtungswürdig hinstellen. Ein Gegengewicht von sozialen Interessen fehlt bei Sidney so gut wie bei Languet. An einer ganzen Reihe von Volksszenen, die bis zu Shakespeare hinauf ihresgleichen an Wahrheit der Beobachtung nicht finden, schildert er mit geflissentlicher Tendenz das Wesen der Menge. Da Roman und Drama der Antike Volksszenen nicht kennen, kann er hier literarische Anregungen nur durch die antiken Historiker empfangen haben. Durch eigene Erfahrung und Anschauung[3] kam noch so viel hinzu, daß seine Volks-

[1] In der ersten Fassung beträgt der Altersunterschied nur ein Jahr. Vgl. die Angaben bei Wolff a. a. O. S. 470.

[2] Poetices Libri III, 12.

[3] So hatte er sicherlich bei seinem Aufenthalt in Irland einiges von den irischen Aufständen zu sehen oder zu hören bekommen. Vgl. Calendar of State Papers, Irish Series 1574—85, S. 97 ff., besonders Henry Sidneys Bericht vom 15. August 1576). Daß auch in London Ähnliches vorkam, lehrt uns etwa der Bericht von Holinshed über den Aufruhr vom 25. Juni 1581, wonach sich tausend Personen um 10 Uhr abends unter Führung eines Thomas Butcher in *West Smithfield of London* und anderen Straßen der City versammelten und *with diuerse exclamation, prouoked the people in manner of rebellion, con-*

szenen uns ebenso wie die von Shakespeare im „Julius Cäsar“ völlig elisabethanisch anmuten. Wie „rasende Tiere“, ohne Achtung vor Stand oder Geschlecht, stürzt sich die Menge auf das Landhaus des Basilius, jeder etwas anderes schreiend, jeder befehlend und keiner gehorchend. Durch die ungewöhnliche Kühnheit von Zelmane (Pyrocles), die vor sie hintritt, um zu ihnen zu reden, werden sie im Zaume gehalten. Es sind die Forderungen einer elisabethanischen Volksmenge, welche die Aufrührer vorbringen; die Stadtleute wünschen Ermäßigung der Steuern, die Landleute Freigabe von Weideland; die einen wünschen, daß der Fürst da, die andern, daß er dort seinen Hof abhalte; alle schreien nach neuen Beamten, aber keiner weiß geeignete Personen vorzuschlagen; vor allem soll der Staatsschatz so verwaltet werden, daß neue Erhebungen nicht nötig sind. Ein Berufszweig will das Gegenteil von dem anderen: Die Handwerker wollen Herabsetzung der Preise für Getreide und Wein, wovon die Landarbeiter, Weingärtner und Bauern aber nichts wissen wollen, etc. Wen der eine lobt, tadelt der andere. Stadt und Land stehen sich bei der Wahl eines Sprechers feindselig gegenüber. Diese Uneinigkeit, mit der Zelmane rechnete *(by the acquaintaunce she had had with such kinde of humours)*, weiß sie sich zu Nutze zu machen; sie spiegelt den Aufrührern in ihrer Ansprache vor, daß es ja nur die Ungewißheit über das Wohlergehen des Basilius gewesen sei, das sie die Waffen ergreifen ließ, und bringt sie so weit daß einige von ihnen nach elisabethanischem Muster *God save Basilius* schreien und daß einige, die noch kurz vorher Basilius ermorden wollten, sich jetzt zu seiner Schutzwache aufwerfen (F 319). Ein ganz ähnliches Bild vom Verhalten der Volksmenge gibt der Dichter bei Gelegenheit der Anarchie, die bei dem vermeintlichen Tode des Basilius ausbricht. Da die Menge eine Herde ist, die „keine Er-

---

trarie to the peace and statutes of the realme. Unter den Bestraften werden drei Schuhmacher und ein Brauer aufgeführt.

fahrung im Herrschen besaß und niemanden hatte, dem sie gehorchen konnte", scheint ihr alles entweder aufs höchste erstrebenswert oder aufs höchste schrecklich (B 564). Furcht läßt die Leute „auf jedes Gerücht hören, allem mißtrauen, die verdammen, die sie zuvor ehrten, seltsame und unmögliche Berichte vom Tode des Königs erfinden, nichts als Sicherheit wünschen, so lange sie sich in Gefahr wähnen, und sobald sie sich in Sicherheit glauben, weitere Wohltaten wünschen als Entschädigung für alle Fehler, über deren Ursachen und Wirkungen zwar niemand etwas zu sagen wußte, bezüglich derer sie sich aber alle in den allgemeinen Redensarten von Neigung und Abneigung einig waren und nur in den speziellen Punkten aufs weiteste von einander abwichen (B 564)". Vom selben Standpunkt aus charakterisiert der Dichter durch den Mund des Euarchus (B 586) die Wankelmütigkeit der Menge, die ihn mit Begeisterung empfängt und dadurch ihm und der Welt kundgibt, *that one man's sufficiency is more available than ten thousand of the multitude. So evil balanced be the extremities of popular minds* (B 587). Euarchus' bloßer Anblick läßt jeden von Furcht und Niedergeschlagenheit zu der ehrgeizigen Vorstellung übergehen, als erster seine Gunst zu erobern (B 588).

Über ein Gebiet, dem er selbst die größte Aufmerksamkeit widmete, die Kriegskunst, sucht er den Leser zu unterrichten, wenn er die ungeschulten Grenztruppen von Lakonia beschreibt (F 38ff.), wenn er bei der Schilderung der Schlacht zwischen Heloten und Lakedämoniern zum erstenmal überhaupt in einem Roman einen Kampf zwischen Massen in glaubhafter Weise sich abspielen (F 41ff.) oder einen das Wahrheitsbedürfnis des Lesers wirklich befriedigenden politischen Vertrag zwischen zwei feindlichen Parteien zu Stande kommen läßt (F 46—47).

Über Taktik und Verteidigungskunst sucht er den Hörer zu unterrichten, wenn er bis ins Einzelne darlegt, wie Amphialus Befestigungen zur Verteidigung seines Schlosses anlegt, wie er für Lebensmittel sorgt, wie er auf

Grund seiner Menschenkenntnis jedem Soldaten nach seinen Fähigkeiten den geeigneten Posten zuweist (F 373ff.) oder wie er das Fort am Ende des Sees, das die Zufuhr zu seinem Schlosse gewährleistet, durch vorgeschobene Abteilungen sichert (F 386). Mit gleicher Ausführlichkeit wird auseinandergesetzt, wie auf der anderen Seite Basilius durch seine Pioniere Gräben und Forts errichten läßt *as it was a prettie consideration in the discipline of warre, to see building used for the instrument of ruine, and the assayler entrenched as if he were besieged* (F 412). Ebenso fachmännisch genau, obwohl ohne Bedeutung für die Handlung des Romans, ist die Schilderung der politischen und militärischen Vorbereitungen, die Euarchus gegen einen eventuellen Einfall der Latiner in Griechenland trifft (B 580 bis 582).

Wie die Gesetze der Kriegskunst so sucht der Dichter dem Hörer auch die Gesetze der Architektur und Schönheit an sinnfälligen Beispielen einzuprägen. Das erstere tut er durch die Beschreibung von Kalanders Haus, das *with fitte consideration* nach den drei Gesichtspunkten der Luft, der Perspektive und der Beschaffenheit des Bodens gebaut ist; es besteht aus gutem und solidem Material, das keine besondere Feinheit vorspiegelt, dafür aber den Eindruck der Dauerhaftigkeit hervorruft, und es besitzt Fenster, Türen und Treppen, die mehr Rechnung tragen *to the use of the guest, then to the eye of the Artificer* (F 15)[1]. Über das Wesen der Schönheit unterrichtet der Dichter den Leser an der Hand der elf Portraits im Auf-

[1] Diese auffällige Betonung der einfachen Architektur von Kalanders Haus legt die Vermutung nahe, daß Sidney dabei an Penshurst, das Stammschloß seiner Familie, dachte. Hebt doch auch Ben Jonson in seinem Gedichte *To Penshurst* gerade diese Einfachheit als Kennzeichen hervor:

> Thou art not, Penshurst, built to envious show
> Of touch or marble: nor canst boast a row
> Of polish'd pillars, or a roof of gold;
> Thou hast no lantern, whereof tales are told;
> Or stair, or courts.

zug des Phalantus, welche elf Typen weiblicher Schönheit darstellen (F 101 ff.). So wird die Schönheit der Andromana beeinträchtigt durch *exceeding red haire with small eyes;* bei Erona ist das Gesicht zwar *a thought longer then the exacte Symmetrians perhaps would allow*, doch wird der Fehler durch *a certaine delicacie* ausgeglichen; bei Königin Helen ist das Gesicht im Verhältnis zum Körper etwas zu klein, ersetzt aber das, was dadurch an Majestät verloren geht, durch *increase of pleasure.*

Auch die vielen detaillierten Kampfszenen der Arcadia, die sich zumeist in der zweiten Fassung finden, sind von bestimmten lehrhaften Gesichtspunkten aus entworfen. Ein Mann der Waffen und der Feder, der in der *Apology* (S. 39) die Poesie als den *companion of the camps* preist, wußte er Begeisterung aus jeder poetischen Darstellung von Kämpfen zu ziehen. In der *Apology* (S. 40) vertritt er die Ansicht, daß Roland und Arthur immer dem Krieger gefallen werden; Alexander habe gefunden, daß er mehr *bravery of mind* durch das Vorbild des Achilles empfing als durch das Anhören der Definition der Tapferkeit. Ja, der Dichter behauptet Leute gekannt zu haben, die selbst bei der Lektüre des recht unvollkommenen Amadis *found their hearts moved to the exercise of courtesy, liberality and especially courage* (S. 24). Die hervorragende Rolle, die dementsprechend die Kampfesschilderungen in der Arcadia einnehmen, fühlte bereits Harvey deutlich heraus und nannte dementsprechend unter den vier Dingen, durch welche die Arcadia sich auszeichne, auch das *valorous fighting (his soveraine profession was Armes)*; daß er auch das Vorbildliche dieser Beschreibungen herausfühlte, zeigen die folgenden Worte: *and he that would skillfully, and brauely manage his weapon with a cunning Fury, may finde liuely Precepts in the gallant Examples of his valiantest Duellists; especially of Palladius, and Daiphantus; Zelmane and Amphialus; Phalantus, and Amphialus; but chiefly of Argalus and Amphialus: Pyrocles, and Anaxius; Musidorus, and Amphialus, whose lusty combats, may seeme Heroicall Mono-*

machies[1]. In der Tat weisen die großen Einzelkämpfe, die Harvey hier aufzählt, einen Realismus und eine ins Detail gehende Zeichnung auf, wie sie weder der Ritterroman noch Ariosts Rasender Roland kennen. Nur Sidneys Schilderungen von Kämpfen und Schlachten hinterlassen ähnlich wie die Schilderungen der Ilias oder des Nibelungenliedes den Eindruck, daß ihr Verfasser selbst ein Meister im Waffenhandwerk gewesen sein muß.

Dieselbe Absicht, den Hörer sowohl zu Mut und Nachahmung zu begeistern als ihm die nötigen Kenntnisse zu vermitteln, zeigen auch die Tournierschilderungen der Arcadia, die in der zweiten Fassung einen ungewöhnlichen Umfang einnehmen und von den Kampfszenen nicht säuberlich getrennt werden können. Da es sich hier um ein weitläufiges Thema handelt, das aufs engste mit andern Fragen, wie der nach Sidneys Stellung zum Rittertum seiner Zeit und zur Gattung des Ritterromans, zusammenhängt, ist alles hierher Gehörige im Zusammenhang an späterer Stelle besprochen[2].

An die bisher besprochenen Fälle, wo die Absicht des Dichters, den Hörer für bestimmte Tugenden oder Lehren zu begeistern oder ihm bestimmte praktische Kenntnisse der Politik, der Strategie, der Kunstlehre oder der Übuug in den Waffen zu vermitteln ohne weiteres klar ist, reihen sich die Fälle, wo der Dichter, soweit wir sehen können, bloße Beschreibungen ohne moralische oder erzieherische Zwecke gibt. Bei diesen Beschreibungen, die sich von den andern bisweilen kaum trennen lassen und wie diese auch dem Wunsche entspringen, Kenntnisse zu vermitteln[3], schließt er sich deutlich der Erzählungsweise der griechischen Romane an, die in solchen Beschreibungen schwelgen, ja, er

---

[1] Pierce's Supererogation 1593 (ed. Grosart II 99 ff.).

[2] Vgl. den Abschnitt „Das Rittertum der Renaissance in der Arcadia".

[3] Im Gegensatz zu anderen Beschreibungen, die der Schilderung des Milieus dienen (z. B. das Wettangeln der königlichen Familie) oder lediglich malerischer oder symbolischer Art sind.

scheut sich nicht, bei einigen von ihnen sich an vorhandene Vorbilder anzulehnen. Wiederum hat er aber auch hier verstanden, dem Anbringen toter Gelehrsamkeit, etwa geographischer oder naturwissenschaftlicher Exkurse, an denen Heliodor und vor allem Achilles Tatius so reich sind, aus dem Wege zu gehen und hat sowohl den Stoff aus der eigenen Beobachtung und Erfahrung genommen, als darauf geachtet, innerhalb der Beschreibung nach Möglichkeit den Charakter der Erzählung zu wahren; das gilt selbst für die Fälle, wo er offensichtlich an ein gegebenes literarisches Vorbild anknüpft. Beispiele dieser Art sind etwa seine Jagdschilderungen, wo er auf einem unzählige Male beackerten Gebiete aus der eigenen Erfahrung heraus neue Bilder von voller Selbständigkeit und weidgerechter Anschaulichkeit zu geben weiß. Kalander begibt sich mit Musidorus zum Wald, „wo die gekoppelten Hunde ihre Ankunft erwarten, zugleich aber mit winselndem Ton Freiheit begehren". Es folgt die Beschreibung der Ausrüstung der Jäger mit Stäben und Horn und der Art, wie die Hunde die Fährte suchen, bellen und den Hirsch schließlich stellen; Kalander erlaubt nicht, den Hirsch mit dem Schwerte zu töten, sondern erschießt ihn mit der Armbrust. Daran schließt sich die Unterhaltung über die Fettheit des Hirsches, die Schönheit seines Hauptes und die Schlauheit, die Schnelligkeit und das Bellen der Hunde (F 60 ff.). Noch schärfere Realistik und Beobachtungsgabe zeigt die Schilderung des *water spaniell*, „der auf der Jagd nach einer Ente den Fluß abwärts kam, mit schnuppernder Grazie, voll Unmuts, daß sein Spürsinn im Wasser nicht dasselbe ausrichten konnte wie in der Luft, und darum mit seinem Auge lauernd, ob er das Wiederaufsteigen der Enten erspähen könnte" (F 216), die Charakterisierung der drei Arten von Jagdhunden, der *greyhounds, spaniels and hounds*, „von denen die ersten die *Lords*, die zweiten die *Gentlemen*, die dritten die *Yeomen* unter den Hunden verkörpern" (F 167) und endlich die wundervolle Schilderung der Falkenbeize, wo dem jungen Reiher ein Jagdfalke nachgeworfen wird, der ihm zunächst im

Spiralflug folgt, dann aber, um schneller zu seiner Beute zu gelangen, scheinbar von dem Reiher fortfliegt, in Wirklichkeit aber nur einen höheren Standpunkt sucht, um von da wieder auf den Reiher loszustürzen (F 167 ff.). Weitere Beschreibungen dieser Art sind etwa die Vorführungen zu Pferde, die Musidorus vor Pamela gibt (F 178 ff.), die Schilderungen des Seesturms (F 192 ff.)[1], des Schlachtfeldes (F 388) und der architektonischen Gebilde, des Gartens und Pavillons von Kalander (F 47 ff.) und des Gartenhauses und der Wasserwerke von Basilius (F 91 ff.).

Unsere Auseinandersetzung über die lehrhaften Ziele, die Sidney mit seinem Werke verband, würden unvollständig sein, wenn wir nicht wenigstens kurz hinwiesen auf seine Bemühungen, neue Metra in die englische Poesie einzubürgern[2] und vor allem einen neuen Prosastil zu schaffen. Gemäß seiner Theorie, daß in den Werken der großen Dichter wie Hesiod und Homer auch alle Gesetze der Rhetorik verborgen sind, macht er in der Arcadia den Versuch, eine neue Kunst der Prosa einzuführen, bei welcher der Stil sich durch bestimmte rhetorische und poetische Mittel jeweils dem Inhalt anpaßt. Dieses große Unternehmen steht mit den zahlreichen Stilproblemen der Renaissance in so nahem Zusammenhang und fällt durch seinen Umfang und seine Bedeutung so aus dem Rahmen dieser Untersuchung hinaus, daß wir uns hier versagen müssen, genauer darauf einzugehen. Aber es sei wenigstens auf einen der Hauptpunkte kurz hingewiesen, auf die Art, wie der Dichter versucht, an den öffentlichen Reden der Arcadia,

---

[1] In diesem Falle folgt ein lehrhaft-reflektierender Kommentar auf die eigentliche Beschreibung: Certainly there is no daunger carries with it more horror, then that which growes in those flowing Kingdomes. For that dwelling place is unnaturall to mankind, and then the terriblenesse of the continuall motion, the dissolution of the fare being [far] from comfort, the eye and the eare having ougly images ever before it, doth still vex the minde, even when it is best armed against it.

[2] Vgl. darüber Kap. IX.

so etwa an der Rede des Pyrocles an die Aufrührer, der Rede des Clinias an die Aufrührer im zweiten Buch, der Ansprache des Philanax an die Menge und den Reden vor Gericht im fünften Buche die Kunst der antiken Beredsamkeit seinen Landsleuten in jener „angenehmen“ Form darzubieten, deren er sich auch bei der Vermittlung seiner moralischen und lehrhaften Ideen bediente.

VII. Die Arcadia als heroisch-galanter Roman.

Obwohl die Arcadia ursprünglich als Staatsroman geplant war, ist doch kein Zweifel darüber möglich, daß sie schon in der ersten Fassung, und noch mehr in der zweiten, eine Gattung repräsentiert, die wir wohl am besten als heroisch-galanten Roman bezeichnen. Das hatte auch schon Greville eingesehen und demgemäß, fast im Widerspruch zu dem, was er sonst über die hohen Absichten der Arcadia sagt, bekannt, daß die Arcadia, wenn auch manches von Sidneys Geist und Wissen in sie Eingang gefunden habe, in der Hauptsache doch nur zum Zeitvertreib und zur Unterhaltung der Freunde niedergeschrieben worden sei, und nicht, um der Welt irgendwelche Darstellung von Sidneys Person zu liefern[1]. Hierauf gründet sich denn auch wohl seine weitere Ansicht, daß die Arcadia in Form wie Inhalt so weit hinter Sidneys unbegrenztem Genie zurückgeblieben sei wie die Werke anderer oft über die Fähigkeiten ihrer Verfasser herausragten.

Bei dem Entschluß, die Arcadia zu einem heroisch-galanten Roman zu gestalten, mag die Rücksicht auf Sidneys Schwester, die Gräfin Pembroke, eine Rolle gespielt haben. Wie wir aus der Vorrede ersahen, begann Sidney den Roman in ihrer Gegenwart und zu ihrer Unterhaltung, sowie der einiger anderer befreundeter Frauen auf losen Blättern niederzuschreiben und stellte ihr den Rest aus der Ferne Blatt um Blatt zu. Die Worte der Vorrede finden eine Bestätigung in den zahlreichen Anreden an die Leserinnen im Text der ersten Fassung; wie wir sahen, sind

[1] Greville a. a. O. S. 17.

sie in der zweiten getilgt, wohl weil der Dichter sich mit dieser, die einen mehr ritterlich-heroischen Charakter trägt, an ein weiteres Publikum zu wenden beabsichtigte. Auch nach dem Fallenlassen des ursprünglichen Planes war das Ziel, das Sidney sich mit der Abfassung der Arcadia als einem heroisch-galanten Roman steckte, ein künstlerisch hohes, für das in der englischen Literatur kein Vorbild vorhanden war. Ähnlich wie Spenser, als er seine Feenkönigin schrieb, genötigt war, sich an die großen, antiken und italienischen Epen eines Vergil, Ariost und Tasso anzulehnen, so war Sidney, als er seinen großen Renaissanceroman schuf, auf die Prosaromane der Antike und der Renaissance angewiesen. Mit dem englischen Roman seiner Zeit, der bis dahin nur einige wenige Nachahmungen der italienischen Novelle gezeitigt hatte und im übrigen nur aus Übersetzungsliteratur bestand, hat die Arcadia nichts zu tun. Wie viel Sidney von ihm gekannt hat, läßt sich nicht feststellen, jedenfalls hat er ihm durch sein auffälliges Schweigen in der *Apology* und die Nichtheranziehung bei der Abfassung der Arcadia jede Bedeutung abgesprochen. Unter dem ausländischen Gute gab es dagegen eine Reihe von Romangattungen, denen er sich bei seinen Absichten anschließen konnte, den antiken Liebes- und Abenteuerroman, vertreten durch Heliodors Aethiopica, Achilles Tatius' Klitophon und Leucippe, den goldenen Esel des Apuleius und den Apollonius von Tyrus, von denen die an erster, dritter und vierter Stelle genannten Werke bereits in englischer Sprache erschienen waren, ferner den Ritterroman, vertreten vor allem durch den Amadis, der ursprünglich zwar mittelalterlichen Charakter trug, aber bei seiner Übertragung aus dem Spanischen ins Französische viele Elemente der Renaissance in sich aufgenommen hatte, und endlich den Schäferroman, vertreten etwa durch Sannazaro und Montemayor [1]. Obwohl sich Sidney hauptsächlich den griechischen Roman

[1] Die italienischen Rahmenerzählungen und Novellen können wir bei dieser Aufzählung außer acht lassen, da Sidney nur ganz gelegentlich Züge aus ihnen entnimmt.

zum Vorbild nahm, verquickte er doch schon in der ersten Fassung die drei genannten Gattungen so miteinander, daß es ihm gelang, dadurch eine neue zu schaffen, die wir schon oben als heroisch-galanten Roman bezeichnet haben. Eine solche Verquickung konnte um so leichter vorgenommen werden, als alle drei Gattungen, obwohl ihrem Ursprung nach gänzlich verschieden, sich doch in vieler Hinsicht mit einander berührten, so einmal durch eine übernatürliche Phantastik und den dadurch bedingten Mangel an Realismus, zum andern durch jenes ausgesprochen poetische Element, von dem sich jede Gattung des Prosaromans, die sich im Gegenstande mit der Epik oder Lyrik einer verflossenen oder gleichzeitigen Epoche berührt, nur ganz allmälhich zu befreien imstande ist. Dieses poetische Stilelement hat vermutlich Sidneys Interesse auf die genannten Gattungen des Prosaromans hingelenkt, und durch eine wohlüberlegte Steigerung desselben hat er versucht, die Arcadia zu einem *prose-poem* par excellence zu machen.

Wie Sidney auf den Gedanken kam, aus der Arcadia ein *prose-poem* zu machen und was er damit bezweckte, erfahren wir indirekt aus der *Apology*, wo er, wenn auch vielleicht angeregt durch italienische Vorgänger[1], zum ersten Male innerhalb der englischen Kritik die Ansicht vertritt, daß das Wesen der Poesie nicht in der äußeren Form des Verses zu suchen sei, sondern daß der Vers nur einen Schmuck, nicht aber die Ursache der Poesie bedeute (ed. Cook S. 11). Nicht nur bezeichnet er die Cyropaedie des Xenophon und die Aethiopica des Heliodor direkt als *poems*, sondern er erkennt auch ein poetisches Element in den fingierten Dialogen Platos und in der Geschichtsschreibung Herodots, ja in allen Philosophen und Historikern (S. 3, 4). Alles, was er von der Dichtkunst fordert, erfüllt die Arcadia und alles, was er von dem Dichter fordert, er selbst als ihr Verfasser[2]. Mit dem Ziel des *prose-poem* vor Augen bedient sich Sidney für die erzählenden Partien der Arcadia

[1] Vgl. Gregory Smith, Elizabethan Critical Essays I S. LXXXII.
[2] Vgl. auch die Ausführungen in Kap. III, V und VI.

eines in der englischen Literatur neuen poetischen Prosastils. Als eigene Zutat erscheint außerdem einmal das ethische und lehrhafte Element, von dem wir bereits ausführlich gesprochen haben, zum andern das heroische, für das im Ritterroman schon allerhand Ansätze vorhanden waren, zu dem aber Sidney auf anderem Wege gelangte, durch die eigene Persönlichkeit und die heroischen Epen des Altertums, und endlich das aristokratische Element, von dem noch ausführlich die Rede sein wird[1]. Sein deutliches Ziel als Erzähler ist also einmal, mit den großen, poetisch gefärbten Prosaromanen wie Heliodor's Aethiopica, dem Amadis oder der Diana zum andern mit den großen Epen wie der Ilias oder der Aeneis zu wetteifern. Bei ihnen allen hat er, wie wir im einzelnen darlegen werden, Anleihen für seinen Roman gemacht.

Nach all dem verstehen wir ohne weiteres, daß die Arcadia gänzlich von dem abweichen muß, was die englische Literatur bis dahin hervorgebracht hatte. Nur Spensers Feenkönigin zeigt einen ähnlich vorbedachten künstlerischen Plan und eine ähnlich großartige Vereinigung der wertvollen Elemente, welche die Literatur von Antike und Renaissance zu bieten hatte. Während aber Spenser, obwohl ein Neuerer und Bahnbrecher ersten Ranges, als allegorischer Dichter noch starke Berührungspunkte mit Literatur und Geist des Mittelalters aufweist, ist die Arcadia völlig das Werk eines nur noch vom Geiste der Renaissance durchtränkten Menschen, für den das Mittelalter keinerlei Bedeutung mehr hat. Bezeichnend genug läßt Sidney in der *Apology* in der ganzen englischen Literatur vor und neben sich nur ganz wenige Dichter gelten, einmal Chaucer, dem er aber große, nur um seines ehrwürdigen Alters willen entschuldbare Mängel nachsagt, den *Mirror for Magistrates*, dem er schöne Partien nachrühmt, die Gedichte des Earl of Surrey und Spensers Schäferkalender. Während wir sonst in den großen Kunstwerken der eng-

[1] Vgl. unten Kap. XIV.

lischen Renaissance, auch denen ausgesprochen klassizistischer Richtung, noch viel von rein mittelalterlichen Bestandteilen und Anschauungen begegnen, dürfte es schwer halten, solche in der Arcadia, *Astrophel and Stella* oder der *Apology* zu entdecken. Auch in dem Roman, der gewöhnlich mit der Arcadia zusammen als der erste englische Renaissanceroman genannt wird, in Lylys Euphues, ist nicht nur vieles von den gelehrten Bestandteilen rein mittelalterlich und nicht Renaissance-Gelehrsamkeit, sondern vor allem ist auch die Art, wie der gelehrte Ballast kunstlos gehäuft wird, stark mittelalterlich. Wie weit Sidney durch seine sorgfältige humanistische Bildung fast allen seinen dichtenden Zeitgenossen voran war, zeigt sich am klarsten an seiner Auffassung der Antike. Während diese die Antike immer noch stark vom mittelalterlichen Standpunkt aus betrachten oder wenigstens diesen Standpunkt nicht verwerfen, während selbst ein Humanist wie Underdowne sich nicht scheut, in seiner Übersetzung der Aethiopica (1569) von *Captaine Theagenes*, *Syr Prieste*, *Jollie Dame* etc. zu reden, während ein Greene, Shakespeare oder Thomas Heywood noch ohne Bedenken die mittelalterlich-romantische Auffassung der Antike neben der humanistischen gelten lassen, hat Sidney sich völlig von ihr frei gemacht, und sieht, soweit die humanistischen Kenntnisse der Zeit es erlauben, die Antike in richtiger historischer Beleuchtung. Noch fehlen ihm zwar die Möglichkeiten, überall dort, wo er sie in der Arcadia verwendet, eine historisch zutreffende Färbung hervorzubringen, aber er macht für sein Detail nicht mehr bei der Literatur des Mittelalters Anleihen, sondern überträgt in solchen Fällen Kultur und Anschauungen der eigenen Zeit, der elisabethanischen Renaissance, auf die Antike [1].

[1] Ein ähnlicher Versuch liegt scheinbar vor auch in Petties *Pettie Palace of Pettie his Pleasure* (1576), insofern als Pettie in seinen Erzählungen die Gestalten der griechischen und römischen Sage, etwa einen Tereus, Cephalus, Germanicus oder eine Progne und Agrippina in Anlehnung an die italienische Novelle zu Herren und Damen

Nach all dem wird man von vornherein annehmen dürfen, daß der eben erst im Entstehen begriffene englische Originalroman, der sich auch in seinen besten Erzeugnissen wie Gascoignes Erzählung von *Ferdinando Jeronimi* (vor 1572) noch ganz im Fahrwasser der italienischen Novelle bewegte, Sidney kaum etwas zu bieten hatte. Die vielfach verbreitete Ansicht, daß Sidney durch das Beispiel von Lylys *Euphues* angeregt worden sei, sich auch seinerseits dem Gebiete des Romans zuzuwenden, ist allein schon durch unsere Datierung der ersten Fassung der Arcadia ausgeschlossen. Wenn beide Romane auf den ersten Blick mancherlei auffallende Eigentümlichkeiten gemeinsam aufweisen, die Mischung von Elementen der Antike mit solchen der Renaissance, die klassischen Eigennamen, eine mit antiken Stilmitteln arbeitende Diktion, die Anreden an die Leserinnen im Text u. a. m., so liegen lediglich Parallelerscheinungen vor, die ihren Ursprung in der Beschäftigung beider Autoren mit dem Altertum und der beiderseitigen Anlehnung an die höfische Kultur der Renaissance haben. Auffallend erscheint allerdings auf den ersten Blick eine inhaltliche Übereinstimmung, daß nämlich in beiden Romanen ein Freundespaar im Mittelpunkt steht, aber hier liegt entweder ein zufälliges Zusammentreffen vor oder eine Anlehnung an eine gemeinsame Quelle, Boccaccios Novelle von Titus und Gesippus [1]. So bliebe nur noch die Frage übrig, ob vielleicht in der revidierten Fassung der Arcadia, die nach dem Erscheinen des Euphues entstand, sich Spuren einer Einwirkung finden lassen. In einer der neu hinzugetretenen Episoden, der von der Königin Helen von Korinth (F 67), liegt auf den ersten Blick eine solche Möglichkeit vor.

---

der Renaissancegesellschaft umgestaltet, aber der Unterschied ist der, daß es Petties Ziel ist, Novellen in der Art der italienischen Vorbilder zu schreiben, er also die Antike nur wie eine Art von höherem Ornament verwendet. Ihm kommt es überhaupt nicht darauf an, etwas vom Geiste der Antike zu wahren, sondern eher darauf, keine Verstöße gegen den Geist der Renaissance zu begehen.

[1] Vgl. Wolff a. a. O. S. 250ff., 364. Vgl. auch oben S. 130ff.

Im *Euphues* liebt Lucilla anfänglich Philautus; sobald Philautus aber seinen Freund Euphues bei ihr einführt, überträgt sie ihre Neigung auf diesen; als sie in Gegenwart von Philautus ihrem Vater ihre Liebe zu Euphues erklärt, schreibt Philautus dem Freunde einen vorwurfsvollen Brief und bricht den Verkehr mit ihm ab. In ähnlicher Weise neigt sich in der Arcadia Helen ihrem Bewerber Philoxenus zu, bis dieser seinen Freund Amphialus bei ihr einführt; da überträgt sie ihre Liebe auf diesen, der sie abweist; als sie Philoxenus ihre Liebe zu Amphialus erklärt, zwingt Philoxenus den Freund zum Zweikampf. Wie wir im folgenden zeigen werden, erklärt sich diese scheinbare Übereinstimmung — ebenso wie einige weitere geringfügige Ähnlichkeiten — aus der beiden Dichtern gemeinsamen Kenntnis der italienisch-französischen Novelle. Aber auch schon die ablehnende Haltung, die Sidney in der *Apology* dem *Euphues* gegenüber einnimmt, würde es so gut wie ausschließen, diese Übereinstimmungen als Anleihen bei Lyly aufzufassen. Erscheint es doch mit Sidneys peinlich gewissenhafter und zugleich ritterlicher Art nicht vereinbar, daß er einen Autor zu derselben Zeit angegriffen hätte, wo er dessen Werk für seine Zwecke benutzte. Wissen wir doch auch, daß Sidney und der Kreis seiner schriftstellernden Freunde eine unüberbrückbare Kluft zwischen dem lehrhaft verstandesgemäßen und im Stil so pedantischen Euphues und der heroisch-poetischen Art der Arcadia sahen. Einen guten Beleg hierfür bietet vor allem Sidneys gelehrter Freund Harvey, der die Arcadia und ihren Stil in den Tönen höchsten Entzückens preist, dagegen für den Euphues, besonders dessen Vergleichskunst, nur Worte der Verachtung hat[1], obwohl er sicherlich wußte, daß der Ursprung von „Arcadismus“ und „Euphuismus“ sich zum Teil aus der gleichen Quelle, aus der Rhetorik der Antike und der Humanisten, herleitete.

[1] Vgl. Works of Gabriel Harvey ed. Grosart II 211 ff., 216, 218 ff., 222, 226 ff.

VIII. Die Arcadia und die Antike.

Nur wer heute die Literatur des klassischen Altertums so beherrscht wie die Mitstrebenden eines Scaliger, Stephanus, Languet, Wilson und Harvey, vermag die Abhängigkeit der Arcadia von der Antike voll nachzuempfinden. Die Schuld Sidneys erschöpft sich nicht wie die so vieler kleinerer Geister der Zeit im Anbringen von Zitaten oder der Plünderung und Nachahmung einiger bestimmter Vorbilder, sondern erstreckt sich auf eine Fülle antiker Autoren, die bald den Inhalt von Haupthandlung oder Episoden der Arcadia bestimmen, bald die Technik, bald die Ansichten des Verfassers über Philosophie, Politik, und sonstige Fragen des Lebens beeinflussen oder endlich umgestaltend auf Metrik, Stil, Wortschatz und vieles andere einwirken[1].

Schon bei den bisher erwähnten Beziehungen der Arcadia zur Antike standen wir der überraschenden Erscheinung gegenüber, daß der Dichter sich griechischen und nicht römischen Schriftstellern anschloß. Wie wir schon gesehen haben und noch sehen werden, tritt hinter dem Einfluss von Homer, Aristoteles, Plato, Xenophon, Strabo, Heliodor und Achilles Tatius der von Cicero, Ovid, Vergil und Terenz weit zurück. Diese auffallende Erscheinung zwingt uns zunächst einmal festzustellen, wie weit Sidney imstande war, die genannten Schriftsteller in griechischer Sprache zu lesen. Obwohl die Entscheidung über diese Frage dadurch sehr erschwert ist, daß fast alle von Sidney benutzten oder zitierten Autoren auch in lateinischen Übertragungen zugänglich waren, sind doch einige Fingerzeige zu ihrer Beantwortung vorhanden. Noch im

[1] Vgl. oben S. 176 ff. und meinen Aufsatz über „Umfang und Ursprung der poetischen Beseelung in der englischen Renaissance bis zu Philip Sidney", Englische Studien 50 (1917).

Jahre 1574 klagt Sidney seinem väterlichen Freunde Languet, daß er sich bis dahin nur wenig mit Griechisch beschäftigt habe und spricht den Wunsch aus, wenigstens so viel zu lernen, daß er Aristoteles im Original lesen könne[1]. Daß er diese Lücke wirklich ausgefüllt hat, ist nicht wahrscheinlich; wenigstens dreht sich die Korrespondenz mit Languet auch in späterer Zeit immer nur um lateinische Schriftsteller; von Plutarch sucht er sich sogar eine französische Ausgabe zu verschaffen. Auch die *Apology*, in der griechische Autoren in weitgehendem Maße herangezogen sind und in der sogar Sätze in griechischer Sprache zitiert werden, läßt irgend welche sichere Schlüsse auf seine Kenntnis des Griechischen nicht zu. Auffallend ist dagegen, wenn er in dem Briefe an seinen Bruder Robert vom Jahre 1578 einen Vers aus Homer in lateinischer Sprache zitiert. Aber den Ausschlag zu geben scheint mir eine andere Überlegung: Die Masse der griechischen Eigennamen, mögen sie der Mythologie, Sage oder Geschichte angehören oder vom Dichter neu gebildet sein, erscheinen in der Arcadia wie in den andern Schriften Sidneys fast durchweg in lateinischer Form. Das ist besonders auffallend in der Arcadia, wo es sich ja um Griechenland als Schauplatz und Griechen als Personen handelt und wo, wie wir noch sehen werden, der Verfasser sich auch bestrebte, ein griechisches Lokalkolorit zu geben; wenn wir nun überdies noch wissen, daß er für die Arcadia alle die oben genannten griechischen Autoren heranzog, so bleibt, um die stilwidrige Erscheinung der lateinischen Namen zu erklären, nichts anderes übrig als anzunehmen, daß er die betreffenden Autoren zumeist in einer lateinischen Übertragung heranzog; besonders klar liegt der Fall bei den vielen aus Strabo entlehnten Namen[2]. Dazu kommt, daß der Stil der Arcadia wie der *Apology* trotz aller Benutzung

[1] Briefe vom 15. Januar und 4. Februar 1574. There are some things also which I wish to learn of the Greeks, which hitherto I haue but skimmed on the surface (15. Januar 1574).

[2] Vgl. unten S. 209 ff.

griechischer Autoren sicherlich mehr von den Lateinern, vor allem Cicero, abhängig ist als von den Griechen. So möchte ich alles in allem annehmen, daß Sidney sich auf lateinische Vorlagen, in einigen Fällen wohl auch auf französische und englische Übersetzungen, beschränkt hat, wenn er auch sicherlich sich genug Griechisch angeeignet hatte, um ohne weiteres einen Schriftsteller wie Homer im Original zu lesen und für seine Zwecke benutzen zu können. Wie abhängig damals selbst die größten Humanisten Englands von den lateinischen Fassungen der griechischen Originale waren, zeigt am deutlichsten das Beispiel eines Gelehrten wie Francis Bacon, der griechische Prosaiker nur in lateinischer Übersetzung gelesen zu haben scheint[1].

Betrachtet man den Inhalt der Arcadia in seinen Grundzügen, so wie er uns in der ersten Fassung entgegentritt, so ist sofort ersichtlich, daß für das äußere Gerüst in hohem Maße der griechische Roman das Vorbild war. Sidney stand so sehr unter seinem Bann, daß er auch bei der Umarbeitung der Arcadia nicht von ihm loskam, sondern sich in der zweiten Fassung noch viel enger an ihn anschloß als in der ersten, vor allem in der indirekten Technik des Erzählens, die dem Leser das Zurückliegende erst spät aus den Reden der Personen enthüllt. Im griechischen Roman fand der ganz an der Antike geschulte Geist Sidneys etwas, was ihm weder der Ritterroman noch der Schäferroman bieten konnte, eine kunstvolle Ordnung und Gliederung, wie er sie ähnlich vom antiken Drama her gewohnt war. Wenn er seine Verehrung für die Meisterwerke der Antike auf den hellenistischen Roman ausdehnte, den wir heute nur als den schwächlichen Ausklang einer vergangenen großen Kultur empfinden, so folgte er darin dem allgemeinen Urteil der Renaissance. In Italien bestrebten sich die größten Erzähler, auch ein Sannazaro, ihn nachzuahmen; in Frankreich fand Heliodor einen Übersetzer von der Bedeutung Amyots. Auch in

[1] Vgl. Emil Wolff, Francis Bacon und seine Quellen, Berlin 1913, S. 48.

England war die Wertschätzung des griechischen Romans damals schon eine allgemeine. Während in den gelehrten und gebildeten Kreisen die lateinischen und französischen Versionen längst bekannt waren, hatte das große Publikum von ihnen zum ersten Male Kenntnis erhalten durch ein Büchlein von James Sandford, genannt *Amorous Tales* (1567), eine Prosaanthologie, in der das Hauptstück eine längere Partie aus dem dritten und vierten Buche von Heliodors *Aethiopica* darstellt. Zwei Jahre später war bereits eine vollständige Übersetzung aus der Feder des gelehrten Thomas Underdowne erschienen. Bereits vor dem Jahre 1582 ging ein Drama gleichen Inhalts über die Bühne. Außer Sidney stützten sich, wohl unter dem Eindruck seiner Arcadia, Warner in *Pan his Syrinx* (1585) und Greene in verschiedenen seiner Erzählungen auf Heliodor. Etwas anders liegen die Dinge bei Achilles Tatius' Roman „Klitophon und Leukippe", der erst 1597 ins Englische übertragen worden zu sein scheint[1]. Hier könnte also Sidney sich nur des lateinischen oder eines fremdsprachlichen Textes bedient haben; das gleiche muß einstweilen, so wenig glaubhaft es auch scheinen mag, von Greene und Warner gelten. Daß an diesen beiden Romanen vor allem die indirekte Erzählertechnik die Zeitgenossen zugleich erstaunte und anzog, lehren uns Bemerkungen der Kritiker, so etwa von Sir John Harington im Vorwort zu seiner Übersetzung des Orlando Furioso (1591)[2] oder von Sir William Alexander, dem Fortsetzer der Arcadia, in seiner *Anacrisis* (1634?)[3]. Wenn Sidney selbst in der ersten

---

[1] Vgl. Wolff a. a. O. S. 477 ff.

[2] The *Aethiopian* History of *Heliodorus*, though far inferiour to that [Cyropaedia] for the Weight and State of the Matter, as fitted to instruct Greatness, yet above it for the Delicacy of the Invention and Variety of Accidents, strange yet possible, leading the curious Reader by a baited Appetite, with a methodical Intricateness, through a Labyrinth of Labours, entertaining his Expectation till he come unto the End, which he must seek that he may understand the beginning.

[3] There follows only two reproofs, which I rather interpret two

Fassung die fünf Bücher der Arcadia als *acts* bezeichnete, so tat er das wohl unter dem Eindruck dieser dramatisch-spannenden Technik, wozu vielleicht noch eine Erinnerung daran sich gesellte, daß aus ähnlichen Gründen, nämlich der Einwirkung des Dramas auf den Roman, die Griechen selbst diese Romane der nachklassischen Zeit als δράματα bezeichneten.

Diese kunstvolle, indirekte Erzählertechnik Heliodors, wo der Leser mitten in die Handlung eingeführt wird und die zum Verständnis erforderlichen zurückliegenden Ereignisse erst ganz allmählich aus den Reden der Personen erfährt, und wo erst die Katastrophe die volle Abwicklung aller Fäden und damit die volle Lösung bringt, ist für den Nachahmer außerordentlich schwer zu handhaben; so wundern wir uns nicht, wenn Sidney in der ersten Fassung, so stark er auch dort schon sich an Heliodor anlehnte, diesem Wagnis aus dem Wege ging und erst später, bei der revidierten Fassung, sich entschloß, das Ganze nun außer im Inhalt auch in der Form Heliodor anzupassen. Zu dieser Entschließung mag beigetragen haben die für ihn auch sonst ausschlaggebende Autorität Scaligers, der in den Poetices libri septem (III Cap. 95) bei Besprechung der indirekten Technik des Erzählens Heliodors Aethiopica als unübertreffliches episches Vorbild empfiehlt[1].

Dieser Prozeß der Umgießung der ersten in die zweite Fassung, sowie das Verhältnis der beiden Fassungen zu Heliodor und Achilles Tatius ist in neuerer Zeit so aus-

---

peculiar praises of this writer above all that wrote before him in this kind. One, that he breaks off narrations verie abruptly, so as indeed a looso vnattontive reader will hardly carrie away any part of the storie: but this doubtlesse is a point of great art, to draw a man with a continuall thirst to reade out the whole worke, and toward the end of the booke to close up the diuerse matters briefly and clenly. If S. *Philip Sidney* had counted this a fault, he would not haue done so himselfe in his Arcadia.

[1] Hanc disponendi rationem splendidissimam habes in Aethiopica historia Heliodori. Quem librum epico Poetae censeo accuratissime legendum, ac quasi pro optimo exemplari sibi proponendum.

führlich und in allen wesentlichen Punkten so überzeugend dargelegt worden[1], daß ich mich auf einige kurze zusammenfassende Bemerkungen und Ergänzungen beschränken kann. Dabei ist im voraus zu bemerken, daß trotz aller Einwirkung von seiten des griechischen Romanes von einer sklavischen Nachahmung nirgends die Rede sein kann, daß vielmehr Sidney jede Einzelheit in so selbständiger Weise aufgenommen, verarbeitet, in einen neuen Zusammenhang hineingestellt und durch all das sein Vorbild zumeist so weit übertroffen hat, daß dieser Prozeß des Umbildens in künstlerischer Hinsicht auf gleiche Linie mit der Erfindertätigkeit gestellt werden darf. So kommt es auch, daß der Gesamteindruck, den der Leser selbst von der ersten Fassung der Arcadia empfängt, doch nur von fern an den griechischen Roman anklingt. Während etwa der letztere in hastigem Tempo von einer überraschenden Situation zur anderen übergeht, sind Würde, Überlegung und ruhiger Fortschritt die Kennzeichen der Arcadia.

Schon die Grundzüge der Fabel Heliodors finden sich bei Sidney wieder: Ein Herrscher empfängt einen vieldeutigen Orakelspruch und sucht den schlimmen Ereignissen, die er herausliest, vorzubeugen, aber das Orakel erfüllt sich in anderer Weise als er geahnt hat; bei einer öffentlichen Gerichtsverhandlung verurteilt ein Vater unerkannt sein Kind zum Tode, als gerade noch zur rechten Zeit jemand anlangt, der die Identität des Kindes enthüllt. Ferner nimmt nach Art der beiden griechischen Romane den Hauptinhalt der Fabel eine Liebesgeschichte ein, die tragisch zu enden droht, aber schließlich glücklich ausläuft. Eine grundlegende Änderung, durch welche die Fabel reicher, aber noch viel verwickelter wird, besteht darin, daß Sidney statt des einen Liebespaares zwei gleichberechtigte und eng zusammengehörige in den Mittelpunkt stellt. Was den Dichter zu dieser auffallenden Änderung bewog, ist schwer zu sagen,

[1] In dem schon des öfteren zitierten Werke von Samuel Lee Wolff, The Greek Romances in Elizabethen Prose-Fiction. New York 1912, S. 262—366.

am ehesten, wie wir sahen[1], wohl der Wunsch, auf diese Weise außer dem Liebesmotiv auch das Motiv der Freundschaft, das in seinem Leben eine solche Rolle spielte, zum Leitmotiv zu machen; literarischer Einfluß, etwa durch Boccaccios Novelle von Titus und Gesippus (Dec. X 8), genügt kaum, um eine so durchgreifende Änderung zu erklären. Während es schwer hält, in den männlichen Charakteren des Romans Einwirkung durch den griechischen Roman festzustellen, entsprechen Philoclea und Pamela in einigen Zügen, vor allem in ihrer von jeder Koketterie freien und allen Anfechtungen der Sinne unzugänglichen Keuschheit, durchaus einer Chariklea oder Leukippe; allerdings fehlt ihnen, vor allem der Philoclea, die Aktivität, welche die Heldinnen der griechischen Romane auszeichnet. Andromana ist in mancher Hinsicht eine Nachbildung sowohl von Arsace wie Demaeneta bei Heliodor; in noch größerem Maßstab ist Gynecia eine Nachbildung der Melitta bei Achilles Tatius. Ohne daß wir auf die Teile der Haupthandlung, die verschiedenen Episoden und die zahlreichen Einzelzüge eingehen wollen, die alle trotz geschicktester Umbildung ein noch deutlich erkennbares Vorbild in den beiden griechischen Romanen haben, sei ganz allgemein festgestellt, daß aus dem griechischen Roman das ganze Milieu von Vorherbestimmungen, Orakeln, Schiffbrüchen, Trennungen, Einkerkerungen, Belagerungen, Piraten, Räubern, Träumen, Liebestränken, Giftmischerei und Scheintod herstammt, ebensogut wie die Idee von der Rache des beleidigten Eros oder die Sitte, Verbrecher von einem Turm herabzustürzen und auf einem Grabe zu opfern, oder technische Kunstgriffe, wie die scheinbare Hinrichtung einer Person, für die in Wirklichkeit eine andere untergeschoben wird, oder das Überhören von Monologen anderer, während der Zuhörer selbst ungesehen bleibt, und vieles sonst[2]. In

[1] Vgl. S. 130 ff.

[2] Einige von Wolff nicht verzeichnete Fälle, wo vermutlich Anlehnung vorliegt, seien hier noch nachgetragen. Die strategischen Exkurse Sidneys bei Gelegenheit der Belagerung von Cecropias Burg

der Vorliebe für die Schilderung der Wirkung, die eine Szene auf die Zuschauer ausübt, erkennen wir ohne Schwierigkeit den Einfluß von Heliodor, in den eingelegten Beschreibungen von Gärten, Bildern, Wasserkünsten und dergleichen den Einfluß von Achilles Tatius[1].

Überraschender als die Anlehnung an den griechischen Roman, aber ohne weiteres verständlich aus der Absicht des Verfassers heraus, in der Arcadia ein heroisches Epos zu schaffen, ist der reichliche Gebrauch, den Sidney von der Ilias und der Aeneis macht. Damit trat er unbewußt in die Spuren von Heliodor und Achilles Tatius,

scheinen mir angeregt durch die entsprechenden ausführlichen Schilderungen bei der Belagerung von Syene (Aeth. IX). Die Szene, wo Philoclea das Benehmen des Pyrocles gegenüber Gynecia mißversteht, deswegen in Eifersucht und Kummer verfällt und dem nichtsahnenden Geliebten die heftigsten Vorwürfe macht, scheinen mir eine Nachahmung der Szene bei Heliodor (I 25) zu sein, wo Theagenes in ähnlicher Weise das Benehmen der Chariklea gegenüber Thyamis mißdeutet. Die Höhle, in deren dunklem Inneren Basilius seiner eigenen Frau statt Zelmane beiwohnt, möchte ich auf die Höhle bei Heliodor (I 28) zurückführen, in der Thyamis ganz ähnlich Thisbe mit Chariklea verwechselt. Vgl. auch weiter unten S. 218 ff.

[1] Nichts ist auf den ersten Blick überraschender, in Wahrheit aber bezeichnender, als daß ein anderer der großen auf uns gekommenen griechischen Romane, Longus' Schäferroman „Daphnis und Chloe", keinerlei Wirkung auf Sidney hervorgebracht hat. Wie wir oben schon sahen, stand der ursprüngliche Plan der Arcadia der Gattung des Schäferromanes ganz fern. Auch die Romane von Sannazaro und Montemayor zog Sidney zunächst nur für die Eklogen heran; was im Text selbst von ihnen herstammt, ist im Grunde nur als ein Übergreifen der schäferlichen Poesie der Eklogen zu betrachten. (Vgl. S. 237 u. 252.) Während wir eine Bekanntschaft Sidneys mit Longus überhaupt nur auf Grund seiner sonstigen großen Belesenheit voraussetzen dürfen, ist seine Kenntnis von dem vierten der großen antiken Romane, Apuleius' „Goldenem Esel" durch eine Erwähnung in der *Apology* und eine Anspielung auf die Episode von „Amor und Psyche" in der Arcadia (B 529) gesichert. Irgend welche Berührungspunkte sind indessen nicht vorhanden. Daß die Figur des geizigen Schloßherrn, des Vaters der Dido, im zweiten Buche der Arcadia etwas an den geizigen Gastgeber des Lucius im ersten Buche von Apuleius erinnert, bin ich geneigt für einen Zufall zu halten.

die sich bereits in ähnlicher Weise einzelne Züge der heroischen Epen zu Nutze gemacht hatten. Der modernen Kritik scheint diese Tatsache der Anlehnung Sidneys an Homer und Vergil nicht aufgefallen zu sein, obwohl bis zu Miltons Verlorenem Paradies wohl niemand wieder die antiken Epen mit so viel Geschick nachgeahmt hat. Daß Sidney dabei eine deutliche Anschauung davon hatte, wie sehr die Kultur des hellenistischen Zeitalters, in das er die Handlung der Arcadia verlegte, sich von der homerischen unterschied, geht schon daraus hervor, daß er an einer Stelle, bei der Leichenfeier für Basilius, ausdrücklich den homerischen Ritus als die *ancient Greek manner* bezeichnet; zum anderen wird es dadurch klar, daß er aus Homer und Vergil nur solche Züge übernimmt, die mit der Kultur der späteren Zeit völlig vereinbar sind. Wie hoch er, der Kenner und Liebhaber des klassischen Altertums, die großen antiken Epen schätzte, zeigen die begeisterten Worte, die er für sie in der *Apology* findet. Auch in der Arcadia vergißt er sich so weit, daß er plötzlich einmal als Autor aus der Rolle fällt und von Homer zu sprechen anfängt (B 540) und zwei seiner Figuren Homer zitieren läßt (F 27, 29). Obwohl der Einfluß von Homer und Vergil sich bereits an manchen Stellen der ersten Fassung bemerkbar macht, sind es doch naturgemäß vor allem die heroischen Kampfesschilderungen in der zweiten, in denen ihr Einfluß uns entgegentritt, sich kreuzend mit der eigenen Erfahrung in den Waffen und der Einwirkung durch die Ritterromane. Diese Erkenntnis, daß die Schlachtszenen der Arcadia auf dem Boden der heroischen Kampfesschilderungen der Antike gewachsen sind, scheint auch bereits einem der humanistischen Freunde Sidneys, Gabriel Harvey, aufgegangen zu sein[1].

---

[1] Pierces Supererogation (1593), Works ed. Grosart II 99ff.: and he that would skillfully, and bravely manage his weapon with a cunning Fury, may finde liuely Precepts in the gallant Examples of his valiantest Duellists; especially of Palladius, and Daiphantus; Zelmane and Amphialus; Phalantus, and Amphialus: but chiefly of Argalus,

Wie eine Nachbildung der Kämpfe um Troja lesen sich die Belagerung von Cecropias Burg und die Kämpfe um sie im dritten Buche. Ein Massenkampf wird geschildert, wie ihn weder der griechische Roman noch der Ritterroman kennen [1]. Wir glauben eine Episode der Ilias vor uns zu haben, wenn bei dem Ausfall aus der Burg Amphialus den kaum mannbaren Agenor schonen will, den Stoß der Lanze aber nicht mehr hemmen kann und auch den jungen Freund des Agenor, Leontius, der den Toten rächen will, sein Schicksal teilen läßt (F 387); oder wenn Philanax, von Mitleid übermannt, den jungen Ismenus gefangen nehmen will, aber im nächsten Augenblick keine Schonung mehr kennt, als er die Leiche seines Bruders Agenor erblickt und an den Kummer seiner eigenen Mutter denkt (F 391); homerisch ist auch die Art, wie Agenor niederstürzend die Erde vor Zorn beißt und, so lange noch Leben in ihm ist, sein Schicksal verwünscht. An die Aristie des Diomedes werden wir erinnert, wenn nach einander von der Hand des Amphialus zahllose Helden, darunter der alte Aeschylus, Drialus, Memnon, Nisus und Polikrates fallen (F 388 ff.); an Homer denken wir, wenn der genannte Aeschylus im Vertrauen auf eine doppelsinnige Prophezeiung voll Tapferkeit kämpft und erst im Sterben seinen Irrtum erkennt; desgleichen, wenn sein Sohn ihm in den Tod nachfolgt, oder wenn Amphialus den Phebilus an der gefährlichsten Stelle entwaffnet, dort, wohin Achilles bei Hector zielt (F 389 ff.). Homerische Züge weist auch

---

and Amphialus, *whose lusty combats, may seeme Heroicall Monomachies* . . . Gallant Gentlemen, you that honor Vertue, and would enkindle a noble courage in your mindes to every excellent purpose; *if Homer be not at hand,* (whome I haue often tearmed the Prince of Poets, and the Poet of Princes) *you may read his furious Iliads, and cunning Odysses in the brave adventures of Pyrocles, and Musidorus: where Pyrocles playeth the dowty fighter, like Hector, or Achilles; Musidorus, the valiant Capitaine, like Pandarus, or Diomedes; both the famous errant Knightes, like Aeneas, or Vlysses.*

[1] Man vergleiche etwa die Kampfszenen bei Heliodor (Buch IX) und Achilles Tatius (Buch IV).

der Zweikampf zwischen Amphialus und Musidorus auf, so wenn die Helden Schmähreden während des Kampfes wechseln, oder wenn Amphialus, als ihm die Eingeweide heraustreten und er glaubt tötlich getroffen zu sein, noch einmal seine ganze Kraft zu einem Schlage zusammenrafft (F 461). Homerische Schlachtschilderungen, ins Groteske übersetzt, sind die Kämpfe, die sich zwischen den Aufständischen und den Anhängern des Basilius abspielen, so wenn etwa Dorus den Fuß auf den Nacken des überwundenen Müllers setzt und ihn mit dem Schwerte durchstößt, obwohl jener zwei Milchkühe und vier fette Schweine für sein Leben bietet (F 312). Die Szene, wo Zelmane (Pyrocles) den Lykurgus zu Boden schlägt und den um Gnade Flehenden verschonen will, ihn dann aber doch niederstößt, als sie an seinem Arm das juwelengeschmückte Band erblickt, das jener mit Gewalt Philoclea entrissen hat (F 515), ist eine deutliche Nachahmung der Schlußepisode der Aeneis, wo Aeneas, von Mitleid bewegt, den Turnus verschonen will, ihn aber doch niederstößt, als er den Schmuck des getöteten Pallas an ihm bemerkt. Ferner ist das heuchlerische Verhalten des Clinias beim Aufstande deutlich nachgebildet der Rolle des Sinon bei Vergil. Nachdem der Aufstand, den er im Auftrag von Cecropia erregt hat, fehlgeschlagen ist, gibt er sich für den treuesten Anhänger des Basilius aus; die pathetische Art, mit der er seine Hand in das Blut seiner Wunde taucht und schwört, daß seine Zunge, die vielleicht unglücklich, aber niemals falsch sei, nicht dazu übergehen werde, seinem geliebten Fürsten Lügen vorzuspiegeln, entspricht genau den Beteuerungen Sinons bei Vergil:

> Nec si miserum fortuna Sinonem
> Finxit, vanum etiam mendacemque improba finget.

Wie Sinon ruft Clinias mitten in seiner Rede die Götter, die den Meineid nicht ungestraft lassen, zu Zeugen an, und versucht er die Zuhörer glauben zu machen, daß ihm an seinem Leben nichts liege; wie Sinon weiß er zum Schluß seiner Rede die Hände zu ringen und Thränen zu vergießen (F 321 ff.)[1]. Außer einer Reihe von Namen wie Agenor, Sarpedon, Nestor, Tydeus und Thelamon, die unmittelbar der Ilias entnommen sind, weisen noch viele kleine Züge auf Homer und Vergil hin. Wenn von den Gegnern, die Pyrocles erschlägt, vermerkt wird, wie die meisten von ihnen Nachricht nach der andern Welt brachten, daß unter Menschen geheimes Unrecht nicht immer ungestraft bleibe (F 272), wenn Pyrocles dem gefallenen jungen Fürsten viele seiner Untertanen in den Tod nachschickt, damit sie in der andern Welt getreulicher ihm Folge leisten (F 287), wenn von den zuerst Erschlagenen gesagt wird, daß sie den Trost hatten, zu sehen, wie ihre Mörder sie auf dem Wege zu Charons Fähre überholten, so entspricht das den Anschauungen bei Homer und Vergil. Völlig in der Art der antiken Helden ruft Amphialus, als er von Musidorus bedrängt wird, die Seele des von ihm erschlagenen Barsanes an: *O noble Barsanes, how shamed will thy soule be, that he that slew thee, should be resisted by this one man?* Auch die von Sidney ausdrücklich als *ancient Greek manner* bezeichnete Art, wie die Hirten den vermeintlichen Leichnam des Basilius beklagen, ist antik und läßt sich in den Grundzügen auf die Leichenklage um Hector in der Ilias zurückführen. Die Hirten beklagen das Unheil, das ihnen selbst aus diesem Unglücksfall entstehen wird, preisen die edle Abkunft des Toten, seine Gestalt, seine friedliebende Regierung und seine Freigebigkeit, nennen den Verstorbenen gut, gerecht, mitleidsvoll, den Vater des Volkes, das Leben des Landes und rennen um den Leichnam herum, indem sie sich Bart und Gewänder zerreißen; einige schreien zum Himmel, andere erfinden besondere heulende Musik; viele endlich geloben, sich am Tage seines Begräbnisses zu töten (B 537 ff.). Den homerischen Sitten angepaßt ist auch das Verhalten der Dienerinnen der Parthenia bei der Leiche

[1] Schon der *overseer of the print* vom Jahre 1590 vermerkt in der Überschrift des Kapitels: *Clinias-his Sinon-like narration of this drunken rebellious original.*

ihrer Herrin (F 448). Selbst die berühmte rührende Szene, wo Argalus von der weinenden Parthenia Abschied nimmt, um den Kampf mit Amphialus aufzunehmen (F 420ff.), dürfte unter dem Eindruck von Hectors Abschied von Andromache geschrieben sein. Unter der Einwirkung von Homers Schilderung des alten Nestor stehen die Reden des alten Kalander von den guten alten Zeiten und den Gefährten seiner Jugend (F 60). Nachklänge aus dem antiken Epos dürfen wir wohl endlich auch darin sehen, wenn Amphialus bei seinen Versicherungen den Himmel anruft, auf daß er ihm zuhöre und ihn, wenn er lüge, mit einem tötlichen Donnerschlag antworte (F 369), oder wenn Atropos der sterbenden Parthenia das Wort abschneidet. Eine geschickte Anlehnung an die berühmte Szene der Odyssee, wo der listenreiche Odysseus dem Polyphem als seinen Namen „Niemand" (οὔτις) angibt und dadurch bewirkt, daß später der geblendete Riese gegen „Niemand" tobt, liegt vor, wenn Musidorus die eifersüchtige Miso nach der „Niemand-Straße" *(Oudemian Street)* in Mantinea schickt, wo sie angeblich in einem Hause ihren Gatten Dametas in Charitas Armen finden soll, und Miso vergeblich in Mantinea nach dieser Straße fragt (B 467, 526).

Die Gepflogenheit der Renaissanceschriftsteller, den Inhalt ihrer Werke durch Heranziehung der antiken Mythologie zu beleben, die nicht selten ihren Grund hat in dem Wunsche der Verfasser, mit ihrem mythologischen Wissen zu prunken und daher leicht in deplazierte oder übertriebene Anspielungen auf griechische Götter und Sagengestalten ausartet, ist auch Sidney als Kind seiner Zeit nicht ganz fremd, doch würde man ihm schon darum, weil die Handlung der Arcadia sich im heidnischen Griechenland abspielt, die Berechtigung zu einer ausgiebigen Verwendung antiker Mythologie nicht absprechen können. Statt dessen aber ist die Zurückhaltung, die er sich in diesem Punkte auferlegt, eine erstaunliche, zugleich ein Beweis seines literarischen Taktes. Nur in vereinzelten Fällen zieht eine der Figuren des Romans oder

der Dichter selbst Gestalten der antiken Mythologie oder Sage zum Vergleiche mit anderen Geschehnissen heran, und zudem immer in einer kurzen und dem Fall angepaßten Art und Weise, die völlig frei ist von der pedantischen Breite und gesuchten Gelehrsamkeit eines Lyly. Die ganze Art, wie Sidney zitiert, erinnert stark an Achilles Tatius, der gern Anspielungen auf antike Sagen, besonders ovidische wie Apollon und Daphne, Alpheios und Arethusa oder Tereus und Progne einfließen läßt. Nichts kann im Zusammenhange der Erzählung natürlicher wirken als wenn Musidorus seinen Freund Pyrocles als Amazone gekleidet wiederfindet und ihn mit einem Erstaunen anblickt *as Apollo is painted when he saw Daphne sodainly turned into a Laurell* (F 76) oder wenn der Dichter die Enttäuschung des Dametas, der um den angeblichen Schatz geprellt worden ist, mit der Empfindung des Midas vergleicht, der, einst ein Richter im Streite der Götter, plötzlich mit Eselsohren geschmückt wird (B 523). In Übereinstimmung mit fast allen elisabethanischen Schriftstellern entnimmt Sidney seine mythologischen Kenntnisse fast nie aus Homer oder Vergil [1], sondern aus Ovids Metamorphosen. So stammen die beiden eben erwähnten Anspielungen aus Met. I 452ff. und XI 85ff.[2]. Wenn wir die Reihe der Zitate überblicken, müssen wir ihre gleichmäßige Verteilung und die Kunst, mit der trotz der

[1] Die wenigen Anspielungen auf Homer oder Vergil sind allgemeinster Art und beziehen sich etwa auf Nestors Alter (F 338), den Lärm, den Vulkan beim Verfertigen der Rüstung des Aeneas macht (F 456), die Rüstung des Achilles (F 517; B 540), Aeolus, der die Winde gegen Aeneas losläßt (B 499), oder Neptun, der den rebellischen Wind beruhigt (B 588). Eine kleine Anzahl von Anspielungen endlich ist so allgemein gehalten, daß sie den verschiedensten Quellen entstammen können.

[2] Daß Ovid auch sonst einer seiner Lieblingsschriftsteller war, zeigen die Zitate aus der *Ars amandi* und den *Tristia* in der *Apology* (ed. Cook S. 32 und 47) und eine Anspielung in dem Gedicht der Arcadia, das die Schönheiten der Philoclea aufzählt (*Thighes, for Ovids song more fitte,* F 220).

Länge der Arcadia Wiederholungen fast ganz vermieden sind, aufrichtig bewundern[1]; ebenso vermeidet Sidney im Gegensatz zu so vielen Elisabethanern, voran Lyly, jede Vergewaltigung der antiken Mythologie. Nicht nur die Anspielungen innerhalb der Erzählung, sondern auch die im Text eingelegten Lieder und die Eklogen verraten, wie stark Sidney sich mit Ovid beschäftigte. So fußt das emblematische Gedicht von Cupido als dem Sohn des Argus und der zur Kuh verwandelten Jo (F 239 ff.)[2] in letzter Hinsicht auf der bekannten Episode bei Ovid (Met. I 568 ff.); ebenso weist die Hymne an Apollo, die Basilius mit seiner Familie zu singen pflegt (F 328), in Einzelheiten des Inhalts, wie der Anspielung auf die schwere Geburt der Latona, auf Ovid (Met. VI 313 ff.) hin. In dem Gedichte, das die Liebe des Claius und Strephon zu Urania schildert, wird die Plötzlichkeit, mit der sie von der Leidenschaft ergriffen werden, mit der Schnelligkeit verglichen, mit der Medeas goldenes Gewand sein Gift auf Creons Tochter übertrug (B 117; Met. VII 1 ff.). In dem im anakreontischen Versmaß abgefaßten Gedicht, das Zelmane um Philocleas willen singt (B 295), fordert der Sänger die Muse auf, doch andere Gegenstände zu besingen, so etwa den Fall von Theben, den Kampf der Centauren (Met. XII 210 ff.), das Leben und den Tod Hectors, die Entführung der Europa (Met. II 833 ff.), den Tod des Adonis (Met. X 519 ff.) oder das Netz der Venus (Met. IV 169). Ovidischen Gedankengängen paßt sich der Dichter an, wenn er beschreibt, wie die Ufer des Flusses Ladon Armen der liebenden Erde gleichen, die den Fluß gern umfangen möchten, während dieser selbst einer lustigen Nymphe ähnelt, die sich diesem Schicksal durch Flucht zu entziehen sucht (F 216); ebenso wenn er Zelmane

[1] Vgl. F 87 (Met. VI 313 ff.), F 120 (Met. V 572 ff.), F 259 (Met. X 243 ff.), F 310 (Met. VI 1 ff.), F 322 (Met. X 1 ff.), B 467 (Met. VII 1 ff.), B 471 (Met. XIII 1 ff.), B 491 (Met. IV 55 ff.), B 511 (Met. III 138 ff.), B 525 (Met. I 748), B 526 (Met. IX 273), B 532 (Met. IV 169 ff.); B 543 (Met. I 452 ff.), B 621 (Met. II 833 ff.).

[2] Vgl. S. 302.

sich so über das Wasser des Ladon beugen läßt *that one might have thought, that she began meltingly to be metamorphosed to the under-running river* (F 256).

So nahe es auf den ersten Blick läge, Sidneys Entschluß, die Handlung der Arcadia in das hellenistische Zeitalter zu verlegen, auf die Einwirkung durch den griechischen Roman zurückzuführen, so war, wie wir bei der Besprechung der politischen Interessen des Dichters (S. 62 ff.) bereits hervorgehoben haben, in Wahrheit ein anderer Gesichtspunkt ausschlaggebend, nämlich die Parallele, die sich ihm beim Studium von Polybius auftat zwischen dem Schicksal des damaligen Griechenlands, das sich nicht zu einer einheitlichen Abwehr gegenüber Rom aufraffen konnte, und dem Schicksal der protestantischen Länder Europas, die nichts taten, um der von Spanien und Rom drohenden Gefahr zu begegnen. Eine derartige Verwertung antiker Lehren war in der Renaissance kein ungewöhnlicher Vorgang. Seit Machiavellis Liviusstudien hatte man sich immer mehr daran gewöhnt, die Geschichte des Altertums daraufhin zu betrachten, welche Lehren sie für die Gegenwart darbiete[1]. Der Staatsmann und Gelehrte Thomas Wilson veröffentlichte seine Übersetzung der drei olynthischen Reden des Demosthenes (1570) in der ausgesprochenen Absicht, die Engländer zum Widerstand gegen Spanien zu ermutigen, und verglich dementsprechend in der Vorrede die Lage Athens mit der damaligen Englands und die Rolle Philipps von Makedonien mit der Philipps von Spanien (vgl. DNB). Auch aus anderen Gründen noch mußte Polybius eine starke Anziehungskraft auf Sidney ausüben. Selbst Militär und Staatsmann, hatte Polybius als erster unter den antiken Geschichtsschreibern es verstanden, die weltgeschichtlichen Zusammenhänge hervorzuheben. Bereits im ersten Kapitel seines Geschichtswerkes fand Sidney eine Darlegung der Mittel, durch welche die Römer in we-

---

[1] Vgl. Creizenach, Das englische Drama im Zeitalter Shakespeare's, II, S. 117.

niger als 53 Jahren den ganzen Erdkreis unter ihre Herrschaft brachten; im dritten Kapitel wurde er auf die weitreichenden Absichten hingewiesen, welche das weltbeherrschende Rom auf Griechenland hatte. Die Gestalt des Euarchus von Makedonien, der bei Sidney die kluge Voraussicht gegen die von Rom her Griechenland drohende Gefahr verkörpert, gewann er aus dem 5. Buche des Polybius, aus den Kapiteln 101—108, wo Philipp V. von Makedonien auf Grund der über die Römer verlautenden Nachrichten und auf den Rat des Demetrius von Pharos hin den Entschluß faßt, von dem Kriege mit den Aetolern abzulassen und sich mit Rücksicht auf die römische Gefahr mit dem Gegner zu verständigen. Die berühmte Rede, die Agelaos von Naupaktos bei der Zusammenkunft mit den Aetolern im Jahre 217 v. Chr. hält (Kap. 104), lieferte Sidney das Material für die Bemühungen des Euarchus um einen Bund der hellenischen Staaten gegen die Latiner (B 581; vgl. oben S. 63)[1]. Wenn er seinen Idealherrscher Euarchus zum König von Makedonien machte, so war der Grund der, daß Philipp V. über Makedonien herrschte. Wenn er bemerkt, daß Makedonien früher über ganz Griechenland, Arkadien eingeschlossen, die Oberherrschaft ausübte und daß diese unter Euarchus' letzten Vorgängern verloren ging, so befindet er sich in Übereinstimmung mit den historischen, auch bei Polybius berichteten Tatsachen von dem allmählichen Verlust der makedonischen Herrschaft über Griechenland unter Demetrius und Antigonus. Da Philipp im Bundesgenossenkrieg bis nach Naupaktos am korinthischen Meerbusen gekommen war, konnte Sidney ohne Schwierigkeit Euarchus bei seiner Reise, die er zur Gründung des hellenischen Bundes unternahm, nach Aulis kommen und auf der Heimfahrt von dort nach Lakonien verschlagen werden lassen (B 582ff.). Auch eine Reihe weiterer Züge sind von

[1] Aller Wahrscheinlichkeit nach kannte Sidney auch die entsprechende Partie bei Justin (Philippische Geschichte XXIX 2 und 3), wo die betreffenden Erwägungen Philipp selbst zugeschrieben werden. Über Sidneys Bekanntschaft mit Justin vgl. auch unten S. 207.

Philipp auf Euarchus übergegangen. Der auffallende Vermerk, daß Euarchus Waise von Vater und Mutter her ist und somit erst mit der Mündigwerdung den Königstitel empfängt, hat seine Entsprechung bei Polybius darin, daß für Philipp, dessen Vater Demetrius bereits 229 v. Ch. gestorben war, Antigonus bis zur Mündigkeit die Herrschaft führt. In beiden Fällen (F 186, Polyb. IV 22) ist es die Jugend des neuen Herrschers, welche sofort die Gegner zum Widerstand ermutigt. Während es im Falle des Euarchus innere Feinde, die übermütig gewordenen Großen des Landes sind, die in der königlosen Zeit eine schlimme Oligarchie ausüben und untereinander in Uneinigkeit leben (F 185ff.; vgl. oben S. 76), sind es bei Polybius einmal die Aetoler, die aus Verachtung des jungen Philipp in den Peloponnes einfallen in der Hoffnung, daß sie es nur mit den Achäern, aber nicht mit deren Verbündeten, den Makedoniern, zu tun haben werden (IV 3), zum anderen die Lakedämonier, die früher gewohnt, von Königen beherrscht zu werden, „jetzt keine mehr hatten, in Händel miteinander gerieten, indem alle sich als gleichberechtigt im Staate betrachteten" und zum Teil mit den Aetolern gemeinsame Sache machten, „in der Überzeugung, daß Philipp noch zu jung sei, um im Peloponnes die Verhältnisse beherrschen zu können" (IV 22)[1]. Euarchus bei den Makedoniern und Philipp bei den Lakedämoniern erreichen die Unterwerfung durch Schnelligkeit und anfängliche Strenge, vor allem aber durch eine klug angewandte Milde (F 187, Polyb. IV 24). Die Vorbereitungen, die Euarchus gegen den drohenden Angriff der Latiner auf Griechenland trifft, darunter die Instandsetzung und Ver-

[1] Ohne im einzelnen beweiskräftige Parallelen anführen zu können, glaube ich doch bei der Schilderung der anarchischen Zustände, wie sie in Makedonien beim Regierungsantritt des Euarchus herrschen (vgl. S. 75 ff.), und bei der Schilderung der inneren Streitigkeiten, die in Arkadien nach dem vermeintlichen Tode des Basilius auszubrechen drohen (vgl. S. 82 ff.), einen Widerhall dessen zu finden, was Thukydides (III 82 und 83) von den Parteikämpfen in Kerkyra und ihrem demoralisierenden Einflusse berichtet.

mehrung der Flotte (B 581 ff.), scheinen angeregt zu sein durch die Vorbereitungen zur See, die Philipp gegen die Römer trifft (Polyb. V 109). Auf den Gedanken der Belagerung von Byzanz durch Euarchus mag endlich Sidney durch den Feldzug der Rhodier und des Prusias gegen Byzanz im Jahre 220 v. Chr. gebracht worden sein, den er bei Polybius (IV 38) beschrieben fand.

Aber nicht nur für die Zeit, in die Sidney die Handlung der Arcadia verlegt, war Polybius ausschlaggebend, sondern aller Wahrscheinlichkeit nach auch für die Wahl des Schauplatzes. Sidneys Auffassung von Arkadien ist keineswegs bloß die eines poetischen Wunderlandes wie bei Sannazaro, sondern spiegelt die doppelte Rolle wieder, in der Arkadien bei Polybius erscheint. Bei diesem ist Arkadien einmal der griechische Staat, der geographisch und politisch zusammengehört mit Messenien und Lakonien, zum andern die Heimat einer ungewöhnlich veranlagten Nation, die durch die Vortrefflichkeit ihrer Sitten, vor allem aber durch ihre überaus hochstehende Pflege der Musik hervorragt. Das vierte Buch des Polybius, aus dem auch Sannazaro die Idee für sein Wunderland Arcadia empfing, lehrt uns verstehen, wie Sidney dazu kam, mit dem politischen Grundzug das schäferliche Element zu verbinden. Mitten in die Schilderung der politischen Ereignisse, die Philipp nach dem Peloponnes rufen, flicht Polybius bei Gelegenheit der Zerstörung der arkadischen Stadt Kynaetha seine einzigartige Schilderung Arkadiens (IV 20—21) ein. Aus ihr erfuhr Sidney, daß

„das Volk der Arkadier bei allen Griechen in dem Rufe einer edlen Gesinnung steht, nicht bloß wegen ihrer Gastfreundlichkeit und Menschenfreundlichkeit, wie sie in ihren Sitten und ihrem Leben hervortritt, sondern auch wegen ihrer Verehrung der Götter (Kap. 20)"

und bildete sich danach seine Vorstellung von dem friedliebenden und edlen arkadischen Volke. Die besondere Hervorhebung des Zuges der Gastfreundlichkeit mag ihm zur Gestalt seines Kalander angeregt haben, den wir als eine beabsichtigte Verkörperung dieser Eigenschaft kennen gelernt haben[1]. Hier erfuhr er weiter, daß die Arkadier von Alters her

„der Musik eine solche Stelle im ganzen Gemeinwesen einräumten, daß nicht bloß die Knaben, sondern auch die Jünglinge bis zu dreißig Jahren, sich mit ihr vertraut machen und mit ihr vertraut bleiben mußten, während sonst ihre Lebensweise den strengsten Charakter trug. Denn das ist jedermann wohlbekannt, daß beinahe allein bei den Arkadiern fürs erste die Knaben vom unmündigen Alter an die Hymnen und Päane, mit denen man in jeder Gemeinde, nach der väterlichen Sitte die einheimischen Heroen und Götter preist, nach den vorgeschriebenen Weisen zu singen gewöhnt werden, worauf sie später die Weisen des Philoxenos und Timotheos erlernen und mit größtem Eifer jährlich zum Spiel der Dionysischen Flötenbläser auf den Schauplätzen Reigentänze aufführen, die Knaben die Festreigen für die Knaben und die Jünglinge die sogenannten Festreigen für die Männer. Ebenso finden sie ihr ganzes Leben hindurch ihre Unterhaltung bei Zusammenkünften nicht in den Vorträgen fremder Personen, sondern in eigenen, indem sie einander abwechselnd zum Gesange aufrufen. Und in anderen Künsten sich als unwissend zu bekennen, gilt für keine Schande; das Singen dagegen können sie nicht verleugnen, weil alle es lernen müssen, noch auch trotz ihrer eingestandenen Geschicklichkeit dagegen sich sträuben, weil dies als eine Schande bei ihnen betrachtet wird. Ja, auch Märsche unter Flötenbegleitung und in Reih' und Glied üben sie ein und führen überdies künstliche Tänze auf, und darin zeigen sich jährlich die Jünglinge ihren Mitbürgern in den Theatern auf öffentliche Veranstaltung und öffentliche Kosten (Kap. 20)".

Diese Einrichtungen trafen nach Polybius die Arkadier als Gegengewicht gegen das rauhe Klima ihres Landes und ihre harte Lebensweise und

„gewöhnten überdies Männer wie Weiber an öffentliche Zusammenkünfte und häufige Opfer und endlich an Reigentänze von Jünglingen wie Knaben (Kap. 21)".

Diese ganze Schilderung des arkadischen Volkes bei Polybius erklärt uns, warum die Eklogen in Sidneys Arcadia ihrer Art nach etwas so ganz anderes sind als die Eklogen der früheren Dichter, selbst Sannazaros. In engem

---

[1] Vgl. S. 143.

Anschluß an die Ausführungen des Polybius ist bereits die einleitende Beschreibung Arkadiens und seiner sangesfreudigen Bewohner gehalten, die Sidney als eine Art Exposition Kalander (F 27 ff.) in den Mund legt:

But certainely, all the people of this countrie from high to lowe, is given to those sportes of witte, so as you would wonder to heare how soone even children will beginne to versifie. Once, ordinary it is among the meanest sorte, to make Songes and Dialogues in meeter, either love whetting their braine, or long peace having begun it, example and emulation amending it . . . . . And then truely, it would delight you under some tree, or by some rivers side (when two or three of them meet together) to heare their rural muse, how pretely it will deliver out, sometimes joyes, sometimes lamentations, sometimes chalengings one of the other . . . .

Entsprechend der Schilderung von Polybius üben bei Sidney im Staate Arcadia alle Menschen von Basilius und Gynecia bis zu Dametas (F 122, 327) und Mopsa (F 21) die Kunst des Gesanges aus. Im Anschluß an Polybius finden wir Hymnen und Päane eingelegt, so die Hymne an Apollo, die Basilius mit den Mitgliedern seiner Familie jedes Jahr zu singen pflegt (F 328), die Hymne, in der Basilius um Zelmanes willen Phoebus entsagt (B 455) und den Päan, den Dametas nach der Erlegung der wilden Tiere anstimmt (F 122). Von Polybius nimmt auch die ganze äußere Aufmachung der Eklogen ihren Ursprung, die als große öffentliche Schaustellung der Hirten gedacht sind und aus einem längeren Programm von *leapes and gambols* zum Klange der Musik (F 126), von Reigentänzen mit Gesang und endlich von Gesangesdarbietungen bestehen, zu denen Jung und Alt einander gegenseitig auffordern.

Den spärlichen Bericht, den ihm Polybius über Arcadia bot, suchte Sidney aus anderen Quellen zu ergänzen. Dabei mußte für ihn in erster Linie Pausanias' Beschreibung von Griechenland in Betracht kommen, wo das ganze achte Buch der Beschreibung Arkadiens gewidmet ist. Aber mit völliger Nichtachtung dieser Beschreibung hielt sich der Dichter lediglich an eine Episode, die er im vierten Buche bei Pausanias in nur sehr loser Verbindung mit arkadischen Verhältnissen fand, an die Schicksale des berühmten messenischen Heroen Aristomenes. Von hier empfing er die Anregung zu der seltsamen List mit dem angeblich von Aristomenes vergrabenen Schatze, durch die im dritten Buche der Arcadia Musidorus sich der Überwachung durch Dametas entzieht. Musidorus spiegelt Dametas vor, er habe unter einer alten Eiche beim Graben eine Anzahl von wertvollen Münzen und einen großen Stein gefunden, der offenbar den Verschluß eines Gewölbes bilde; auf letzterem habe sich eine Büchse aus Cypressenholz mit dem Namen des tapferen Aristomenes befunden und in der Büchse einige Verse des Inhalts, daß unter dem Stein alle seine Schätze verborgen lägen aus der Zeit, wo er wegen der arkadischen Wirren in der Verbannung gelebt habe (F 463 ff.) Bei Pausanias fand der Dichter eine ausführliche Beschreibung von dem Aufstand, den die Messenier und die mit ihnen verbündeten Arkadier unter Aristomenes gegen die Lakedämonier erregten, ferner die Mitteilung (IV 14), daß Aristomenes noch zu Polybius' Zeiten von den Messeniern als Halbgott verehrt worden sei, ferner einen Bericht (IV 22) von der Verbannung des Aristomenes und seinem Aufenthalt in Arcadia, vor allem aber die Erzählung von dem Schatze. Als Aristomenes erkennt, daß gemäß einem früheren Orakelspruche binnen kurzem den Messeniern Verderben droht, vergräbt er des Nachts in dem einsamen Gebirge Ithome die im Besitz der Messenier befindliche religiöse Geheimlehre, da bei deren Verlust das Land für immer verloren ist (IV 20). Als später die Thebaner unter Epaminondas, denen sich die Messenier angeschlossen haben, gegen die Lakedämonier Krieg führen, wird dem Epiteles im Traum befohlen, auf dem Berge Ithome zwischen einem Taxus und einem Myrtenbaum nachzugraben. Bei Tagesanbruch gräbt Epiteles an dem bezeichneten Orte und stößt auf eine eherne Urne. Er bringt sie dem Epaminondas und beim Öffnen findet sich darin eine dünne getriebene Zinnplatte, wie ein Buch gerollt, mit der Beschreibung des Geheimdienstes der großen Göttinnen (IV 26). Aus Pausanias holte sich Sidney endlich auch eine Reihe auffälliger Namen. So entlehnte er von Amyclas, dem Sohn des Lakedaimon (III 1), den Namen seines Königs Amyclas von Lakedaemon (F 47, 53), von Argalus, dem Sohn des Amyclas (III 1), den seines Argalus, von Amphialus (X 25) den seines Amphialus. Etwas zweifelhafter ist die Entlehnung der Namen Daiphantus aus Daiphantes (X 1) und Phalantus aus Phalanthus (VIII 35; X 10, 13), weil die gleichen Namen auch bei Strabo vertreten sind[1].

In einem Falle läßt sich auch mit leidlicher Sicherheit die Heranziehung von Justins Philippischer Geschichte feststellen. Um sich Philoclea nähern zu können, verkleidet sich Pyrocles als Amazone und gibt vor, eine Nichte der Amazonenkönigin Senicia zu sein, die ihrerseits von Penthesilea abstamme (F 89); sie habe ihre Heimat verlassen, um der Welt die Vollkommenheit der Amazonen vor Augen zu führen, und habe bereits eine Anzahl gefährlicher Abenteuer in verschiedenen Ländern bestanden. Da die Antike eine Amazonenkönigin Senicia nicht kennt, würden wir im Ungewissen bleiben, woher Sidney seine Anschauung von den Amazonen bezog, wenn sich nicht in der ersten Fassung im dritten Buche (B 476 ff.) ein Hinweis fände. Da erklärt Pyrocles der Königin Gynecia, der Grund zu seiner Verkleidung als Amazone sei der, daß er vor zwei Jahren seine Tapferkeit im Einzelkampf gegen die Amazonen habe erproben wollen, dabei aber stets überwunden worden sei; bei dem letzten Kampf gegen ein altes Weib, der in Gegenwart der Amazonenkönigin *Marpesia* stattgefunden habe, habe er, um sein Leben zu retten, schwören müssen, bis zum Sprossen seines Bartes als Amazone verkleidet einherzugehen. Da eine Amazonenkönigin Marpesia sich nirgends findet als in den Berichten über die Amazonen bei Justin (2, 4) und bei Orosius, der Justin folgt, kann es nicht zweifelhaft

[1] Vgl. unten S. 215.

sein, daß Sidney seine Kenntnisse der Philippischen Geschichte des Justin verdankt, den er auch des öfteren in der *Apology* heranzieht. Der Gewinn, den Sidney für die Arcadia aus seiner Beschäftigung mit den antiken Geschichtsschreibern zog, erstreckt sich aber noch weiter als auf die blosse Entlehnung historischer Namen und Begebenheiten. Wie viel er von ihnen für die großen Reden und die Volksszenen der Arcadia lernte, läßt sich im Einzelnen nicht nachweisen. Die Bedeutung der Schuld läßt sich indessen erraten aus einer Stelle in dem schon mehrfach herangezogenen Briefe Sidneys an seinen Bruder Robert, wo er davon spricht, wie der Geschichtsschreiber bisweilen zum Redner und Dichter wird, zum Redner, indem er rhetorisch bemerkenswerte Reden entwirft, zum Dichter, indem er die Handlungen, Regungen und das Geflüster des Volkes malt; wahrheitsgetreu, wie uns diese Dinge anmuteten, seien sie doch poetisch gefärbt[1]. Hier liegt der Ursprung von Sidneys Kunst, Volksszenen zu schildern, für die er in der ihm bekannten schönen Literatur keine Vorbilder finden konnte; von dem, was er aus eigener Anschauung hinzutat, ist oben bereits die Rede gewesen[2].

Auch eine Kriegslist, wie Musidorus sie anwendet, um sich der Stadt der Heloten zu bemächtigen (F 39 ff.), ist ganz in der Art der Kriegslisten gehalten, von denen die antiken Geschichtsschreiber so häufig berichten[3]. Bemerkt

---

[1] Besides this, the historian makes himself a discourser for profit, and an orator, yea, a poet sometimes, for ornament: an orator, in making excellent orations *e re nata*, which are to be marked, but marked with the note of rhetorical remembrances; a poet, in painting forth the effects, the motions, the whisperings of the people, which though in disputation, one might say were true, yet who will mark them well shall find them taste of a poetical vein, and in that kind are gallantly to be marked; for though, perchance, they were not so, yet it is enough they might be so.

[2] Vgl. oben S. 169 ff.

[3] Vgl. etwa die Einnahme der Stadt bei Polybius II 9 und sonstige Unternehmungen dieser Art, die sich im lateinischen Index unter der Rubrik *stratagemata* finden.

der Dichter bei dieser Gelegenheit doch auch noch ausdrücklich, dass Musidorus *by some experience, but especiallie by reading Histories, was acquainted with stratagames* und verweist er doch auch in der *Apology* (S. 20) auf Unternehmungen solcher Art bei Herodot, Justin, Livius und Xenophon. Wie viel er endlich für den Prosastil der Arcadia den antiken Geschichtsschreibern verdankt, kann an dieser Stelle nicht ausgeführt werden; es genügt in diesem Zusammenhange auf das Vorhandensein der vielen kurzen, epigrammatisch zugespitzten Sentenzen in der Arcadia hinzuweisen, die ihre unverkennbare Parallele bei Schriftstellern wie Tacitus und Polybius haben.

Viel größere Sorgfalt als auf die Schilderung der historischen Verhältnisse verwendet Sidney auf die Darstellung der geographischen. Hier geht er weit über das hinaus, was auch die späteren Romanschriftsteller oder Dramatiker des Elisabethzeitalters aufzuweisen haben. Im Gegensatz zu dem Schauplatz der griechischen Romane, den afrikanischen und asiatischen Mittelmeerländern, die auch bei dem gebildeten Leser der Renaissance keine lebendige Ortsvorstellung hervorrufen konnten, wählte Sidney für seinen Roman ein Land, das ihm einmal durch seine Lage Gelegenheit bot, an die allgemein bekannten historisch-geographischen Verhältnisse des alten Griechenlands anzuknüpfen und das andererseits seinem höfischen Publikum vertraut war als ein schäferliches Paradies in einem phantastischen Süden oder Osten. Mit jener Genauigkeit, die ihn auf so vielen Gebieten auszeichnet, suchte er auch dieses Mal den Gegenstand sozusagen wissenschaftlich zu fixieren und verwandelte so das griechische Arkadien, das im Verlaufe der Renaissance alle seine historischen und geographischen Merkmale zugunsten der poetischen Ausschmückung eingebüßt hatte, zurück in jenen historischen Staat des alten Griechenlands, von dem ein Strabo, Plinius, Polybius oder Pausanias berichtet. Sidney nahm für die geographischen Angaben in erster Linie Strabo zu seinem Wegweiser, und zwar, wie die Form der Namen verrät, nicht in der griechischen, sondern in der lateinischen Fassung, die in Ermangelung einer englischen Übersetzung damals allgemein zu Grunde gelegt wurde[1].

Fast alles, was Sidney für seine Zwecke brauchte, fand er beisammen auf den wenigen Seiten, die Strabo im 8. Buche der Beschreibung Griechenlands widmet[2]. Obwohl die geographischen Verhältnisse in der ersten Fassung der Arcadia deutlicher sichtbar sind als in der zweiten, indem die neu hinzugetretenen Parteien zumeist keine antike Färbung zeigen, läßt auch die zweite deutlich die Herkunft von Sidneys Wissen erkennen. Wenn wir von der Hauptstadt Arcadias, *Mantinea*, hören, von den andern großen Städten *Tegaea*, *Ripa*, *Enispae*, von *Stimphalus, and Pheneus, famous for the poisonous Stygian water* (F 63), von dem Berge *Maenalus* (F 75) oder dem Flusse *Ladon*, so findet sich das alles beisammen bei Strabo im 8. Kapitel des 8. Buches (S. 333—34); ja die Stelle mit dem stygischen Wasser ist wörtlich entlehnt:

Mantineam quidem Epaminondas nobilitavit . . . Verum haec, quoque sicuti Orchomenus, Heraea, Clitor, *Pheneus*, *Stymphalus*, *Maenalus*, Methydrium . . . . *Tegea* adhuc mediocriter constat . . . Quas vero Homerus refert:

Rhipen, ac Stratiam, et ventosae moenia *Enispae*[3].

. . . Montes praeter Cyllenem insignes sunt Pholoë, Lycaeum, *Maenalus* et Parthenium . . . . . Diversum plane est quod *Ladoni* amni accidit . . . rursum apertis, aquam e campis confertim dilapsam in *Ladonem* et Alpheum influere . . . . *Propter Pheneum est etiam ea quae Stygis dicitur aqua*, stillicidium aquae perniciosae, quam sacram habent.

---

[1] So verweist etwa Nash in der Vorrede zu Greenes *Menaphon* (1589) auf Strabos Bericht von den Sabäern (Strabo, Buch 16, Kap. 4) und Lodge in der *Defence of Poetry* auf Strabos Ausführungen über die Poesie als *prima sapientia* (Buch 1, Kap. 2).

[2] Ich zitiere nach dem lateinischen Text der Ausgabe von C. Müller und F. Dübner, Paris 1853.

[3] Wobei Sidney den Genitiv *Enispae* als Nominativ übernimmt.

Wenn wir später bei Sidney von der Stadt *Megalopolis* hören (F 226), so stammt auch sie aus derselben Stelle bei Strabo (S. 333; auch S. 312 und 331)[1].

Aus dem 3. Kapitel des 4. Buches, wo Strabo bei der Beschreibung von Elea ausführlich der olympischen Spiele gedenkt (S. 304—305) stammt der Zug des Musidorus (Palladius) *into the Elean province, to see whether at the Olympian games (there celebrated) he might in such concourse blesse his eyes with so desired an encounter.* Aus dem 4. Kapitel des 8. Buches (S. 308—309), aus der Beschreibung Messenias stammt die Stadt *Cardamila* in Messenia (F 40), wo die Heloten den Clitophon gefangen halten, ebenso das rätselhafte *Ithonia in the province of Messenia* (F 86), das nichts ist als ein Druckfehler für *Ithoma* bei Strabo: quae enim nunc dicitur urbs Messene, cujus arx fuit *Ithoma*, tum nondum fuerat in Laconica condita (S. 308). Ebenso (S. 310): utrique enim harum urbium mons imminet excelsus et praeruptus, communi contentus muro, arcisque usum praestans, *Ithoma* Messenae, Acrocorinthus Corintho. Auch die Erwähnung der Stadt *Pella* in Makedonien (B 496) ist vermutlich auf Strabo (S. 277, 278) zurückzuführen. Aus dem 5. Kapitel (S. 312) stammt einmal Sidneys Anschauung von der Insel *Cythera* gegenüber der lakonischen Küste, die er zur Heimat der Urania macht (F 5), dann aber auch seine gauze Anschauung von *Arcadia* und *Laconia.* Bei der Beschreibung der Vorzüge von Arcadia konnte er allerdings mit Strabo nichts anfangen, da dieser es für ein ödes Land erklärt, über das man nicht weiter zu reden brauche[2], aber er hilft sich, indem er die Beschreibung von Messenia auf Arcadia überträgt. Als Musidorus zu Beginn der zweiten Fassung nach dem Schiffbruch mit den beiden Hirten Claius und Strephon durch Laconia nach Arcadia gezogen ist,

---

[1] Aus demselben 8. Kapitel des 8. Buches entnahm Sidney den Namen *Daiphantus*, den angenommenen Namen des Pyrocles. (Vgl. unten S. 215.)

[2] S. 333: Ceterum quum prorsus vastata sit haec regio, prolixius de ea desserere nihil attinet.

fragt er schließlich seine Begleiter, was das für zwei so gänzlich verschiedene Gegenden seien. Claius antwortet (F 14), das erste sei *Laconia, not so poore by the barennes of the soyle (though in it selfe not passing fertill) as by a civill warre* . . ., das zweite sei Arcadia: *this countrie being thus decked with peace, and (the childe of peace) good husbandrie. These houses you see so scattered are of men, as we two are, that live upon the commoditie of their sheepe: and therefore in the division of the Arcadian estate are termed shepheards; a happie people, wanting litle, because they desire not much.* Ähnlich ist auch die Schilderung Arcadias, die wenige Seiten später (F 19) Kalander dem Musidorus gibt: *This countrie Arcadia among all the provinces of Greece, hath ever beene had in singular reputation: partly for the sweetnesse of the ayre, and other natural benefites, but principally for the well tempered minds of the people, who (finding that the shining title of glorie so much affected by other nations, doth in deed helpe little to the happinesse of life) are the onely people, which as by their Justice and providence geve neither cause nor hope to their neyghbours to annoy them, so are they not sturred with false praise to trouble others quiet, thinking it a small reward for the wasting of their owne lives in ravening, that their posteritie should long after saie, they had done so.*

Wenn auch bei dieser Schilderung Arkadiens Sidney wohl unter dem Banne der oben angeführten Worte des Polybius und der poetischen Vorstellung von dem Wunderlande Arcadia steht, wirkt doch in der Art, wie Laconia und Arcadia kontrastiert werden, die Gegenüberstellung von Laconia und Messenia bei Strabo (VIII 5) nach, der hier der Schilderung von Euripides folgt (S. 314—15):

De natura autem horum locorum et Messeniacorum ea sunt accipienda quae Euripides dicit. Laconicam enim ait habere:

> multum quidem arvum, sed ad colendum haud facile,
> nam cava est, cincta montibus et aspera
> difficilisque accessu hostibus.

Messeniam vero dicit:

bonae frugis feracem,
irrigatamque innumeris laticibus,
et bobus oviumque gregibus pascendis optissimam,
nec in hibernis flatibus peralgidam,
nec rursus quadrigis solis calidam nimis.

Et paulo inferius sortium earum, quibus de dividenda regione Heraclidae usi sunt, priorem fuisse dicit

terrae Lacenae dominam, vilis regionis;

alteram autem Messenae

virtutem habentis majorem quam verbis exprimas.

Was sonst noch an Beschreibung von Arcadia hinzukommt, stammt aus Polybius oder entspricht dem poetischen Bilde, wie es Sannazaro vor ihm am anschaulichsten entworfen hatte. So ist Arkadien bei Sidney eine Landschaft mit lieblichen Hügeln, Tälern und Gewässern, wo der Hirtenjunge flötet als ob er nie alt werden solle, und die Schäferin beim Stricken singt, wo die Musen endlich den Schäfern eine Gesangeskunst verliehen haben, welche die Gelehrten anderer Länder nachzuahmen sich beeifern.

Noch wichtiger ist, daß Sidney für seine ganze Vorstellung von dem Verhältnis der Lakonier zu den Heloten, das eine so große Rolle in dem ersten Buche der Arcadia spielt, auf die Schilderung zurückgreift, die Strabo in dem schon genannten 5. Kapitel des 8. Buches gibt (S. 313). Kurz vor der Ankunft des Musidorus (Daiphantus) in Arcadia hat in Laconia ein Krieg stattgefunden zwischen den Edlen und den Bauern, die von den ersteren Heloten genannt werden (F 14). Wie Musidorus später (F 39) auf Befragen erfährt, sind die Heloten früher selbst Freie und Grundbesitzer gewesen, dann aber von den *Lacedaemonians* unterworfen worden, die ihnen Tribut und Knechtschaft auferlegten. Als durch die Habsucht der Lakonier dieses Verhältnis unerträglich geworden sei, hätten die Heloten einen Aufstand erregt und eine Reihe von Städten und Burgen eingenommen. Zunächst hätten sie nur mit Erbitterung, aber ohne Disziplin gekämpft, jetzt aber seien sie durch die Übung den Besten der *Lacedaemonians* gleich. In jüngster Zeit hätten sie in einigen Treffen solche Vorteile errungen, daß der Staat *Lacedaemon* ihnen Frieden unter ausreichenden und ehrenvollen Bedingungen angeboten habe (F 39). Wie Musidorus den Heloten mitteilt (F 46), sind die Bedingungen folgende: Die eroberten Städte und Befestigungen verbleiben den Heloten, wenn sie die Gesetze des Landes bestehen lassen und dieselben Steuern zahlen, wie die übrigen *Laconians;* die Heloten werden durch öffentliches Dekret für frei und für fähig des aktiven und passiven Wahlrechts erklärt; der Namensunterschied zwischen Heloten und *Lacedaemonians* soll schwinden und beide sollen gleichmäßig Namen und Rechte der *Laconians* genießen; die Kinder der Heloten sollen zusammen mit den andern in *Spartane discipline* aufgebracht werden; wenn die Heloten gewillt seien, gute Mitglieder dieses Staates zu werden, würden sie in Zukunft Genossen und nicht länger Diener sein.

Zu dieser Darstellung der Beziehungen von Lakedämoniern und Heloten gelangte Sidney durch Benutzung mehrerer Berichte bei Strabo. In dem 5. Kapitel des 8. Buches fand er einige allgemeine Tatsachen über die Unterwerfung der Heloten: Circumhabitantes vero omnes quamquem parerent Spartiatis, ejusdem tamen cum illis fuisse juris, quippe civitatis munerumque publicorum participes. Verum ab Agide Eurysthenis filio id juris eis ademptum; jussosque fuisse Lacedaemoniis tributum solvere. Ac reliquos quidem obtemperasse, Heleos vero, qui Helos tenerent (nominari autem Helotes), quum defecissent, debellatos ac servituti addictos fuisse certis quibusdam conditionibus, ut talem servum neque libertate donare liceret domino, neque extra fines vendere. Ei bello nomen fuit bellum contra Helotas. Omnino illum fere Helotum statum, qui deinceps perduravit usque ad id tempus, quo rerum potiti sunt Romani, Agis instituit: quos Lacedaemonii publicos quodammodo servos habuerunt, domicilia iis designantes peculiaria, et operas injungentes certas.

Mit dieser Beschreibung scheint Sidney den Bericht über die Empörung der Parthenier (VI 3) verquickt zu haben, von dem Strabo zwei Versionen, die eine nach Antiochus, die andere nach Ephorus mitteilt (S. 231—232). Danach hätten die Lakedämonier während des langen Messenischen Krieges, damit der Nachwuchs zuhause nicht ausstürbe, die jungen Leute heimgesandt, um mit den Jungfrauen des Landes Nachkommenschaft hervorzubringen; diese Nachkommen, Parthenier genannt, seien von den Lakedämoniern nicht als gleichberechtigte Bürger anerkannt worden und hätten sich deshalb mit den Heloten zu gemeinsamem Aufstande verbündet; die Lakedämonier, denen der Anschlag durch einige Heloten verraten wurde, hätten es für gefährlich gehalten, Gewalt zu gebrauchen, da die Gegner zu stark an Zahl und alle gleichen Sinnes gewesen seien, und hätten sie zu dem friedlichen Ausweg überredet, auszuwandern und auswärts eine Kolonie zu gründen.

Auf den ersten Blick scheinen ja die Berührungspunkte zwischen diesen Berichten bei Strabo und der Schilderung bei Sidney keine übermäßig auffallenden und man könnte vielleicht doch zweifelhaft sein, ob hier wirklich eine Anlehnung vorliegt, wenn nicht wieder die Entlehnung der Namen den Ausschlag gäbe. Nicht nur gebraucht Sidney genau so wie Strabo an den genannten Stellen die Völkernamen Lakedämonier, Lakonier und Spartaner durcheinander, sondern er entlehnt vielleicht auch von dem *Deiphontes*, der bei Strabo (S. 334) zusammen mit Agraeus Acte im Peloponnes erhält, den Namen *Daiphantus*, den Pyrocles sich als Decknamen erwählt hat (F 14 ff.), und von dem *Phalantus*, dem Führer der Parthenier bei Strabo (S. 231, 232), den Namen für *Phalantus*, den Bruder der Königin Helen von Corinth (F 96 ff.)[1]. *Artaxia*, die Königin von Armenien (F. 102, 233 etc.) scheint den ihrigen dem König *Artaxias* von Armenien bei Strabo

[1] Vgl. aber auch die auf S. 207 angeführten Entlehnungen aus Pausanias.

(453, 456), *Cecropia*, die Mutter des Amphialus, vielleicht den ihrigen der Stadt *Cecropia* in Attica (Strabo 341)[1], *Dorilaus* von Thessalien, der Vater des Musidorus, den seinen einem der verschiedenen Träger dieses Namens bei Strabo (410, 477), *Ismenus*, der Bruder der Artesia, den seinen dem Fluß *Ismenus* (351), *Leonatus*, der König von Galatia, den seinen dem *Leonnatus* (372), *Leontius* (F 387) den seinen dem *Leonteus* (Strabo 504), *Zoilus*, der Bruder des Anaxius, den seinen dem Redner *Zoilus* (225) entliehen zu haben; selbst ein Name wie *Philisides*, der sicherlich gleichzeitig als eine Art Anagramm für Philipp Sidney gedacht ist, könnte sich an den Namen von *Philistides*, dem Tyrannen von Euböa (Strabo 382), anlehnen. Alle weiter abliegenden Fälle lasse ich mit Absicht beiseite.

Das Gesamtresultat kann nicht zweifelhaft sein. Mag hin und wieder auch die Übereinstimmung mit Strabo zufällig sein oder Sidney sich an eine andere Quelle gehalten haben, vor allem Plinius, der naturgemäß auch eine ganze Reihe dieser Namen bringt, so läßt doch die Anzahl der Übereinstimmungen, die Namensform sowie der Umstand, daß sich fast immer mehrere der Namen an bestimmten Stellen bei Strabo zusammen finden, keinen Zweifel darüber, daß Sidney bei der Abfassung der Arcadia Strabo beständig herangezogen haben muß. Bemerkenswert ist, daß nur die Namen von weniger hervortretenden Figuren aus Pausanias oder Strabo entlehnt sind, während die Namen der Hauptpersonen entweder ganz frei erfunden (Pyrocles, Zelmane, Musidorus, Gynecia etc.) oder in allegorischer Absicht gewählt sind (Basilius, Euarchus, Philanax etc.)[2].

Die Lage der einzelnen Landschaften Griechenlands und Asiens zueinander, von Bytinien, Galatien, Phrygien, Pontus, Paphlagonien, Lycien etc., wird Sidney sowohl dem beschreibenden Teile bei Strabo als, was mir noch wahr-

---

[1] Hier allerdings liegt es vielleicht näher, Entlehnung aus Vergils Georgica IV oder Sannazaro anzunehmen. Vgl. unten S. 235.

[2] Vgl. Wolff a. a. O. 330. Über die Entlehnung von Namen aus Terenz vgl. Brunhuber, Sir Philip Sidneys Arcadia, S. 23.

scheinlicher dünkt, den Karten von Griechenland und Asien verdanken, die sich einer ganzen Reihe von Ausgaben Strabos im 16. Jahrhundert (z. B. Basel 1571) beigegeben finden.

In dem Augenblick, wo Sidney sich entschloß, die Arcadia in das hellenistische Zeitalter zu verlegen, mußte für ihn, wenn er sich nicht sklavisch an seine Vorbilder anklammern wollte, die Milieufrage zu einer großen Schwierigkeit werden. Während er in der revidierten Fassung mit der größten Souveränität die Kultur seiner Zeit mit der Kultur der Antike vermengte, hatte er bei Abfassung der ersten die Frage sorgfältig erwogen und als Humanist auch in dem Sinne zu lösen versucht, daß er, soweit seine Kenntnisse das gestatteten, ein antik-hellenistisches Milieu zu schaffen sich bemühte. Wie wir an dem Beispiel Petties sehen können[1], der kurz vorher bei Abfassung seines *Pettie Palace* (1576) vor dem gleichen Problem gestanden, sich aber trotz seiner humanistischen Bildung dafür entschieden hatte, die antiken Stoffe seiner Erzählungen rationalistisch umzudeuten und in das Gewand der Renaissance zu kleiden, bedeutete für den damaligen Zeitpunkt der Entschluß Sidneys eine kühne Neuerung, auf Grund deren man die Arcadia, wenn auch in sehr beschränktem Sinne, als den ersten historischen Roman auf englischem Boden auffassen könnte. Wir dürfen nicht vergessen, daß die ganze schöne Literatur Englands vor Sidney noch auf dem Standpunkt des Mittelalters steht, der Griechen, Römern, Juden und Sarazenen dieselben Einrichtungen und Sitten zuweist wie dem eigenen Volke und der eigenen Zeit. Sidneys Berücksichtigung der fremden Lebensverhältnisse gelang insoweit, als in den Prosapartien der Arcadia, wenn man von den modern gehaltenen Charakteren und der Hereinziehung ritterlicher und christlicher Ideen und Einrichtungen absieht, sich nicht viele Anachronismen störender Art nachweisen lassen[2].

---

[1] Vgl. oben S. 182 Anm. 1.

[2] Besonders auffallend sind die folgenden: Gynecia fährt Zel-

Auf Grund seiner Kenntnis des griechischen Romans und seiner allgemeinen Belesenheit in antiken Schriftstellern bringt der Dichter, ohne daß es möglich wäre, auf bestimmte Autoritäten hinzuweisen, eine Reihe kleiner Züge an, die alle dazu dienen sollen, den Eindruck eines antiken Kolorits hervorzurufen. So wird auf das warme Klima Griechenlands angespielt, wenn Philoclea die Türe ihres Gemaches offen läßt und im bloßen Hemd auf ihrem Lager ruht *as the heat of that country did well suffer* (B 498)[1]; bis auf die wenigen christlich gefärbten Stellen, die sich zumeist in der zweiten Fassung finden[2], sprechen die Personen des Romans von *the gods;* Gynecia ruft die Furien an (B 460); Cecropia spricht von dem Neid des Himmels auf ihr Glück (F 364). Weit interessanter ist der Versuch, den Figuren des Romans antike Gedankengänge unterzulegen: Philoclea spricht von dem Gegensatz zwischen Griechen und Barbaren (F 233). Als Gynecia von Gewissensbissen gequält wird, glaubt sie zu sehen, wie ihr ermordeter Gatte Basilius über seinen Tod bei Pluto Klage führt und wie die Richter der Unterwelt sich darüber streiten, was für eine ewige Strafe sie ihr zuerteilen sollen (B 590). An dem vermeintlichen Leichnam des Basilius gebietet Philanax seinen Tränen Einhalt mit der Begründung, daß es für das Grab des Freundes weit ehrenvoller sein würde, wenn es mit dem Blut der Mörder als mit den Tränen der Freunde besprengt wäre; wenn die Seele des Basilius auf die Erde hinabblicke, so würde sie lieber wünschen, seinen Tod von der wohlverdienten Bestrafung der Mörder begleitet zu sehen als mit neuem Kummer be-

---

mane in einer *coach* spazieren (F 166); Musidorus tanzt vor Pamela den *Matachine daunce* (F 180); der italienische Name Candia für das antike Kreta (F 238); die Bezeichnung *Cannibals* (B 579). In den Eklogen ist gelegentlich von Kanonen die Rede (B 287); an einer Stelle wird sogar *Holland* als Schauplatz der Begebenheiten (B 514) genannt.

[1] Hier mag vielleicht auch eine Reminiscenz an Heliodor vorliegen, bei dem viel von der Hitze Ägyptens und den Temperaturunterschieden der einzelnen Tageszeiten die Rede ist.

[2] So spricht Cecropia sogar gelegentlich von Engeln (F 377ff.).

laden zu werden über das Ende derer, die er geliebt hätte (B 539). Auch die ganze seelische Veranlagung der antiken Helden scheint Sidney gelegentlich nachgeahmt zu haben. So werden wir an die großen Gestalten der antiken Epen, an Achilles, Odysseus oder Aeneas erinnert, wenn Pyrocles[1] oder Amphialus[2] an einem Punkte ihrer Laufbahn voll Wehmut und Mitleid mit sich selbst das vergangene Leid ihres Lebens vor ihrem Geiste vorüberziehen lassen.

Schilderungen von Opfern, die das antike Epos und die antike Geschichtsschreibung so gut wie der griechische Roman ihm in Fülle bot, geht Sidney im großen und ganzen aus dem Wege, doch schildert er gelegentlich, wie Basilius zum Dank für das scheinbare Eintreffen des Orakelspruches beschließt dem Gott Apollo drei Tage lang Ovationen darzubringen und mit Frau und Töchtern die Hymne anstimmt, die sie jedes Jahr zu singen pflegen (F 328)[3]; ähnlich läßt er Basilius dem Apollo ein Dankopfer für die glückliche Rückkehr seiner Tochter und Zelmanes darbringen (B 454). Prodigia im Sinne der Antike ereignen sich bei der Geburt des Pyrocles (F 189). Wahrsager sprechen folgenschwere Prophezeiungen aus bei der Geburt des Musidorus (F 188). Die Rolle des Gastfreundes ist der antiken Auffassung angepaßt (F 68). Ein Versuch, einem Charakter antike Färbung zu geben, liegt vor, wenn Euarchus, nachdem er unwissend über seinen Sohn und seinen Neffen die Todesstrafe ausgesprochen hat, auch nach der Enthüllung gegen den Willen aller anderen dabei verharrt, den Urteilsspruch aufrecht zu erhalten. Gewiß gab hier der Hydaspes des Heliodor, der seine Tochter Chari-

[1] Pyrocles als Zelmane verkleidet (B 463): There came straight before her mind, made tender with woes, the images of her former fortune, her tedious longings, her causes to despair, the cumbersome folly of Basilius . . . etc.

[2] Vgl. die Worte des Amphialus vor seinem Selbstmordversuch (B 493).

[3] Auch dafür bot der griechische Roman Muster, z. B. in dem Hymnus, den bei Heliodor der Chor der Mädchen zum Preis der Thetis und des Peleus singt (Aeth. III 2).

klea auch nach der Erkennung und trotz des Mitleids der Umgebung opfern will, die Anregung, aber auf ein zweites Vorbild macht uns der Dichter selbst aufmerksam, indem er Cato als Parallele heranzieht (B 628). In den Partien, die sich bereits in der ersten Fassung finden, ist sorgfältig darauf Bedacht genommen, daß die Gewänder der Personen nicht der antiken Tracht widersprechen, von der er eine Anschauung wohl nicht nur durch die antike Literatur, sondern auch durch Abbildungswerke (z. B. Emblembücher), antike Statuen, Münzen u. dgl. erhalten haben mochte; dürfen wir doch nicht vergessen, daß er auf seinen Reisen die römischen Altertümer sicherlich aufs genaueste studiert hatte. So läßt er Musidorus nach der Sitte der jungen Griechen sehr langes Haar tragen (F 10) und Pyrocles *after the Greek manner* ein langes bis unter die Waden herabreichendes Gewand aus weißem Samt mit großen, diamantenen Knöpfen, einen freien Hals ohne Kragen oder Halskrause, Sandalen mit Schnüren, die *after the ancient manner* vom Knie herab über die nackten Beine sich ziehen[1] und ein weißes Band im Haar *in those days used for a diadem* (B 598). Die Gewandung der „Amazone" Zelmane hingegen erscheint mehr als ein Zwitter zwischen Phantasiekostüm und griechischer Frauenkleidung; immerhin muten antik an die niederen Halbschuhe von rosa Samt *in some places open (as the ancient manner was) to shew the fairenes of the skin* und der Mantel, der unter dem rechten Arm hindurchgeht und oben auf der Schulter seinen einzigen Verschluß in einem reichen Juwel hat (F 75)[2]. Wenn die Arkadier glauben, eine ruhmreiche Tat begangen zu haben, bedecken sie ihre Häupter mit Lorbeerzweigen (B 557).

Eine Reminiscenz an die antiken Zirkuskämpfe und an antike Skulpturen liegt vor, wenn Pyrocles das rhinozeros-

---

[1] Vgl. die Schuhe der Epheben, die über den Knöcheln mit purpurnen verschlungenen Riemen befestigt sind (Aeth. III 3).

[2] Vgl. die weiße Chlamys, die auf der Brust von einer goldenen Schnalle zusammengehalten wird (Aeth. III 3), Wolff a. a. O. 338.

ähnliche Ungeheuer erlegt *to so great admiration of many (who from a safe place might look on) that there was order given, to have the fight, both by sculpture and picture, celebrated in most parts of Asia* (F 301). Die Bewunderung der Heloten für Pyrocles ist so groß, daß sie ihm als einem Halbgott Tempel errichten (F 47). Wenn der Maler, dem Dorus die beiden Hände abschlägt, sich in das Getümmel begibt, um Studien zu einem Bilde von dem Kampfe der Centauren und Lapithen zu machen, so liegt hier wohl eine Reminiscenz vor an eine goldene Stickerei auf der Chlamys des Theagenes, die den gleichen Gegenstand darstellt (Aeth. III 3). Wenn Claius und Strephon dem schiffbrüchigen Musidorus erhöhtes Mitleid deswegen entgegenbringen, weil er griechisch spricht *which was their naturall language* (F 9), so liegt hier wohl eine Anlehnung an Heliodor vor, bei dem die verschiedenen Sprachen wie ägyptisch, äthiopisch, griechisch und die Art der Verständigung eine große Rolle spielen; im übrigen ist Sidney, abgesehen von dieser einen Stelle, dem schwierigen Sprachenproblem aus dem Wege gegangen.

IX. Die Eklogen.

Rein äußerlich betrachtet unterscheidet sich die Arcadia auf den ersten Blick am stärksten von allen vorangegangenen Romanen durch den Wechsel zwischen der Prosa der rein erzählenden Partien und der Poesie der Eklogen, die jeweils den einzelnen Büchern nachfolgen. Als Vorbild diente hier für Sidney zweifellos das Werk, dem er auch den Titel für seinen Roman entlehnte, Sannazaros Arcadia mit ihrem zwölfmaligen Wechsel von Prosa und Ekloge[1]. Nicht umsonst hat Sidney auch in der *Apology* (S. 26) gerade diesen Zug, den Wechsel von Prosa und Vers, bei Sannazaro erwähnt und verteidigt. Wie bei Sannazaro machen auch bei ihm die Prosateile den eigentlichen Kern des Werkes aus. Während aber bei dem Italiener die Eklogen einen großen Teil des Inhalts, etwa die Hälfte, einnehmen, nehmen sie bei Sidney in der ersten Fassung nur etwa ein Fünftel des Raumes, in der zweiten noch beträchtlich weniger in Anspruch. Auch in der Frage, wie weit die Prosa und die Eklogen inhaltlich eine Einheit bilden, unterscheiden sich beide Verfasser. Während bei Sannazaro ein einheitliches schäferliches Milieu vorhanden ist, kommt bei Sidney von vornherein eine Disharmonie dadurch zustande, daß der eigentliche Inhalt des Romans sich gar nicht um schäferliche Dinge dreht, sondern um politische Begebenheiten und Abenteuer vornehmer Persönlichkeiten. In der ersten Fassung suchte Sidney, wohl unter dem Eindruck von Sannazaro, eine Art Einheit da-

[1] Beste Ausgabe von Michele Scherillo (Biblioteca di Autori Italiani I), Torino 1888. Einige wenige Angaben über Sidneys Verhältnis zu Sannazaro finden sich bei Brunhuber a. a. O. S. 10ff.

durch herzustellen, daß er einen Teil der Abenteuer in den Eklogen unterbrachte[1]; aber er mochte wohl selbst fühlen, daß er damit seinen Schäfern Erzählungen in den Mund legte, die nicht zu ihrem Charakter paßten, und hat daher in der revidierten Fassung diese Partien aus den Eklogen entweder in die Prosaerzählung überführt oder gänzlich getilgt. Das Resultat dieser Abweichung von der alten Technik ist, daß in der revidierten Fassung die Eklogen nur noch recht lose mit dem Prosatext zusammenhängen und daher stark wie Anhängsel wirken, die in keinem organischen Zusammenhange mit den einzelnen Büchern stehen. So ist es schließlich nur natürlich, wenn der Dichter bis zuletzt mit den Eklogen herumexperimentierte und sich die endgültige Verteilung auf die einzelnen Bücher vorbehielt, woraus heute der Übelstand entspringt, daß die Eklogen in den verschiedenen Fassungen der Arcadia, im Ms., in der Ausgabe von 1590 und der von 1593 sich nicht nur in der Anordnung, sondern auch im Inhalt stark voneinander unterscheiden, in der Weise, daß fast jede Ekloge in jeder der drei genannten Versionen Stücke enthält, die in den anderen fehlen[2].

Die Frage, wie die Abweichungen in den verschiedenen Fassungen zu erklären sind, wird am einfachsten mit der Annahme gelöst, daß der Dichter selbst Reihenfolge und Inhalt der Eklogen im Laufe der Jahre änderte, indem er Umstellungen, Hinzufügungen und Fortlassungen anbrachte, was ja ohne Schwierigkeit geschehen konnte, da die Eklogen kaum in einem inneren Zusammenhange mit den ihnen vorangehenden Büchern standen. Diese Annahme wird bestätigt von dem *over-seer* der revidierten Ausgabe von 1590, der sich für etwaige Irrtümer in den Eklogen damit entschuldigt, daß Sidney diese im Gegensatz zu dem Text nicht revidiert, sondern ihre Prüfung sich bis zur Vollendung des Werkes vorbehalten habe, um dann erst zu

[1] Vgl. die Inhaltsangabe auf S. 8 ff.

[2] Über die Verteilung der Eklogen in der Ausgabe von 1593 vgl. Feuillerat a. a. O., Appendix, S. 563 ff.

entscheiden, welche Stücke er aufnehmen und wie er sie anordnen wolle[1]. Der *over-seer*, in dem wir Greville erkannten, hat also auf eigene Hand aus einem oder mehreren Mss. der ersten Fassung die Eklogen sich zusammengestellt und in den revidierten Text eingefügt. Dadurch, daß der Herausgeber der Ausgabe vom Jahre 1593 genau so vorging, erklären sich die starken Abweichungen in den Eklogen der beiden Drucke. Die Hauptschwierigkeit besteht aber darin, daß wir nur in den seltensten Fällen nachweisen können, wann die betreffenden Stücke der Eklogen entstanden sind; von den meisten können wir nichts sagen, als daß sie ebenso gut schon im ersten Entwurf vom Jahre 1577 gestanden haben als im Laufe der Zeit, zwischen 1577 und 1582, hinzugefügt sein können. Daß der Dichter, nachdem er die Revision des Textes vorläufig abgeschlossen und das Ms. Greville in Verwahrung gegeben hatte, noch Änderungen in den Eklogen der ersten Fassung vorgenommen haben sollte, ist unwahrscheinlich.

Eine mit der Datierung nahe zusammenhängende Frage ist die, ob Sidney in die Eklogen nicht auch Gedichte aufgenommen hat, die ursprünglich gar nicht für die Arcadia bestimmt, eventuell auch vor deren Entstehung abgefaßt waren. Für zwei der schönsten Stücke glaube ich dies mit leidlicher Sicherheit feststellen zu können. Das eine ist das kunstvolle Preislied, das der Schäfer Philisides (= Sidney) in der dritten Ekloge (B 512—514) auf seine abwesende Geliebte Mira (= Penelope) anstimmt[2]:

The lad Philisides
Lay by a river side
In flow'ry field a gladder eye to please
etc.

[1] And also, if any defect be found in the Eclogues, which although they were of Sir Phillip Sidneis writing, yet were they not perused by him, but left till the worke had bene finished, that then choise should have bene made, which should have bene taken, and in what manner brought in. And this time they have bene chosen and disposed as the over-seer thought best.

[2] Über die Identifikation der Namen vgl. Kap. X.

Zwei Stellen gegen Schluß dieses *ditty* beweisen, daß der Dichter sich bei seiner Abfassung in den Niederlanden befunden haben muß. An der einen wünscht er, daß sein Lied auf den Flügeln des Windes von Holland nach England getragen werde:

My song climb thou the wind,
Which Holland sweet now gently sendeth in,
That on his wings the level thou may'st find
To hit, but kissing hit
Her ears the weights of wit.

An der anderen beneidet er Phoebus, daß er westwärts, von Holland nach England, zieht:

He envied such a death in sight of lover,
And always westward eyeing,
More envied Phoebus for his western flying.

Daß Sidney in den Niederlanden ein so persönlich gefärbtes Lied verfaßt haben sollte, nur um es den Eklogen der Arcadia einzuverleiben, ist gewiß weniger wahrscheinlich als daß er dieses Lied selbständig entwarf. Das wird nahegelegt auch durch die auffallende, wenig geschickte Art, wie der Dichter in der Ekloge das Lied dem Philisides in den Mund legt, der auf diese Weise genötigt wird, von sich selbst in dritter Person zu singen: *and to show what a stranger he was to himself, spoke of himself, as of a third person in this sort.* Schließlich hat dieses Lied auch schon darum keine Berechtigung in der Arcadia, weil es durch die Anspielungen auf die Niederlande dem antiken Gewand widerspricht, das Sidney auch in den Eklogen sonst sorgfältig zu wahren sucht; in einem anderen Stück, der Klage um Languet, wo er ja gleichfalls Ereignisse aus seiner Zeit schildert, hat er das dadurch vermieden, daß er für die Donau den antiken Namen *Ister* wählte (F 133, B 515). Auch auf den Zeitpunkt der Abfassung läßt sich ein leidlich sicherer Rückschluß machen. Sidney ist drei Mal in den Niederlanden gewesen, das erste Mal auf der Rückkehr von der deutschen Gesandtschaft, im Mai und Juni 1577, also kurz vor Entstehung der Arcadia, das zweite Mal, als er den Herzog von Anjou geleitete, im Februar und März 1582, das dritte Mal endlich bei seinem letzten Kriegszuge von Ende 1585 bis zu seinem Tode. Das letzte Datum scheidet von vornherein aus. Von den beiden anderen werden wir uns aus inhaltlichen Gründen besser für das frühere entscheiden, denn noch erscheint lediglich die Entfernung als das Hindernis, das den Dichter von der Geliebten trennt; noch ist die Stimmung hoffnungsvoll, noch ist nicht von der Heirat der Geliebten (1581) oder irgendwelchem bevorstehenden Hindernis die Rede. Somit gewinnt die Vermutung, daß Sidney bereits im Jahre 1577 dieses Gedicht entwarf, eine große Wahrscheinlichkeit.

Gegen unsere Behauptung, daß dieses Lied ursprünglich ohne Rücksicht auf die Arcadia gedichtet wurde, könnte man scheinbar seinen eklogenhaften Charakter geltend machen; stellt sich doch Philisides darin als Schäfer vor, der unter anderem zu seiner Flöte und zu seinen Schafen spricht. Aber dieses Argument wird hinfällig, wenn wir sehen, daß unter den selbständigen Gedichten Sidneys sich auch sonst solche finden, die völlig eklogenhaften Charakter tragen, so die beiden Gedichte *Join mates in mirth to me* und *Walking in bright Phoebus' blaze.* Ebenso könnte man vielleicht einwenden, daß Philisides doch eine zur Arcadia gehörige Figur ist. Wie aber weiter unten (Kap. XII) ausführlich dargelegt werden wird, ist Philisides nichts als ein Deckname für die Person des Dichters, und die Figur des Philisides in der Arcadia nur ein Eindringling, der mit Zweck und Inhalt des Romans nichts zu schaffen hat. So ist es durchaus möglich, daß der Dichter dieses bereits früher abgefaßte Lied von vornherein und nicht erst bei der Aufnahme in die Eklogen der Arcadia dem Philisides in den Mund legte[1].

Noch ein anderes Gedicht, das uns gleichfalls erst in der Ausgabe von 1593 begegnet und dort in der ersten Ekloge seinen Platz gefunden hat, fällt völlig aus dem

[1] Auch die Anklänge an Sannazaro (vgl. unten S. 233 ff.) schließen eine frühe Datierung nicht aus, da Sannazaro vermutlich von Anfang an eines der Vorbilder Sidneys für seine schäferlichen Poesien war.

Rahmen der Arcadia heraus, nämlich das schöne und umfangreiche, absichtlich nicht zu Ende geführte Gedicht, das die Entstehung der Liebe von Claius und Strephon zu Urania schildert. Claius und Strephon gehen ihren harmlosen schäferlichen Vergnügungen nach, bis sie eines Tages, selbst ungesehen, ein schönes Mädchen erblicken, das einen Sperling zu haschen sucht. Das Mädchen legt sich ins Gras und seufzt unter Tränen, weil es einen von ihren Eltern begünstigten reichen Nachbarn heiraten soll. Beide Schäfer verlieben sich in sie. Strephon macht ihren Namen ausfindig, und sucht ihre Bekanntschaft dadurch zu machen, daß er mit seinen Schafen die ihrigen bedrängt und sich hinterher entschuldigt. Auf diese Weise erlangt er Zutritt zum Hause ihrer Eltern. Eines Abends entschließt sich Urania, auf Bitten der Nachbarn an einem schäferlichen Spiel, dem *barley-break*, teilzunehmen, das durch das Hin- und Herlaufen und Haschen der Paare dem Dichter reiche Gelegenheit gibt, in einer kunstreichen Schilderung der wechselnden Gruppierung Neigung und Abneigung der Burschen und Mädchen vorzuführen (B 113—117). Strephons Liebe saugt hier neue Nahrung und eines Tages strömt er seinen Schmerz in heftigen Klagen um Urania aus, während Claius ihn ungesehen überhört und in Strephons Worten sein eigenes Schicksal wiedergespiegelt findet. — Was dieses Gedicht so in Gegensatz zu dem sonstigen Inhalt der Prosa wie der Eklogen setzt, ist sein völlig englischer Charakter. Das Spiel, das uns vorgeführt wird, ist ein englisches ländliches Spiel; die Landschaft, die geschildert wird, ist die englische, vermutlich die Gegend von Wilton; wenigstens legt der Dichter diese Vermutung nahe, indem er in einem Vergleiche von den Hügeln bei *Wilton* spricht[1]. Hier fehlt also der antike Charakter genau so gut wie in dem oben besprochenen Gedichte. Daß dieses Stück nicht an seinem richtigen Platze steht,

[1] So on the Downs we see, near Wilton fair,
A hasten'd hare from greedy grayhound go
And past all hope his chaps to frustrate so.

wird dadurch wahrscheinlich, daß es durch seine Länge wie durch seinen Inhalt ganz ungeeignet dazu ist, einem Dritten in den Mund gelegt zu werden, in diesem Falle noch dazu dem ungebildeten Schäfer Lamon. So würde man ohne weiteres annehmen können, daß das ganze Gedicht ursprünglich nichts mit der Arcadia zu tun hätte, wenn nicht die darin genannten Figuren, Strephon, Claius, Urania, Cosma und Pas auch sonst in der ersten Fassung in den Eklogen vorkämen, von wo die ersten drei von ihnen in der revidierten Fassung sogar in den Text selbst gewandert sind[1]. Aber auch dieser Widerspruch löst sich, wenn wir annehmen, daß Sidney wie so viele Dichter der Renaissance, wie Googe oder Turberville vor ihm in England, eine größere Reihe selbständiger, auch umfangreicher poetischer Eklogen außer den zwei oben erwähnten Gedichten und dem Preislied des Philisides auf Myra verfaßte, und daß er von diesen die ihm geeignet scheinenden in die Eklogen der Arcadia übernahm, wobei sie möglicherweise noch starke Umarbeitung erfuhren. Vielleicht steht damit auch im Zusammenhange, daß die ganze Gruppe Philisides, Strephon, Claius und Urania nicht zu den arkadischen Hirten gehören, vielmehr Fremdlinge in Arcadia sind[2]. Was das Datum des Gedichtes anbelangt, so erhalten wir den terminus a quo aus der Anspielung auf Wilton, den Wohnsitz seiner Schwester, den der Dichter erst im Jahre 1577 nach der Rückkehr aus Deutschland kennen gelernt hatte.

Bei einigen anderen Stücken lassen sich wenigstens Vermutungen über die Abfassungszeit gewinnen. So kann das in Rhyme Royal abgefaßte Gedicht, das mit der Klage des Philisides um seinen verstorbenen alten Lehrer, den Hirten Lanquet (Languet) anhebt und sich im Druck von 1590 in der ersten Ekloge, im Druck von 1593 in der dritten Ekloge findet (F 132ff., B 515ff.), erst nach Languets Tode (30. Sept. 1581) abgefaßt, also erst spät in

[1] Vgl. unten S. 280 ff.
[2] Vgl. unten S. 266 ff.

die Eklogen der Arcadia aufgenommen worden sein. Besonderes Interesse erweckt der Fall des Wechselgespräches in Hexametern zwischen Dorus und Zelmane, das sich in der ersten Ekloge der Ausgabe von 1593 (B 104ff.) findet, indem hier der terminus a quo durch eine Anlehnung an Spensers Feenkönigin gegeben ist. So überraschend diese Behauptung gewiß auf den ersten Blick wirkt, so ist das Abhängigkeitsverhältnis doch ohne Schwierigkeit nachzuweisen. Im Verlauf des Zwiegesprächs führt Dorus aus, wie er in dem Anblick der verschiedenen Bäume der Erde seinen eigenen Fall dargestellt sieht:

Laurel shows what I seek, by the myrrh is shown how I seek it,
Olive paints me the peace that I must aspire to by conquest:
Myrtle makes my request; my request is crown'd with a willow,
Cypress promiseth help, buth a help where comes no recomfort:
etc.

Die umfangreiche Aufzählung gemahnt nun nicht nur durch die Reihenfolge, sondern auch durch wörtliche Anklänge so stark an die berühmte Aufzählung der Pflanzen im ersten Gesang von Spensers Feenkönigin (Str. 8—9)[1], daß zufällige Übereinstimmung vollständig ausgeschlossen ist. Da nun Spenser an dieser Stelle bekanntlich stark, zum Teil wörtlich, auf Chaucers Aufzählung der Bäume im Parlament der Vögel (v. 176ff.) fußt, ist es undenkbar, daß etwa Spenser seinerseits Anleihen bei Sidney machte. So bliebe nur noch die Möglichkeit, daß beide unabhängig von einander auf Chaucer zurückgingen, aber auch das ist ausgeschlossen durch die Art, wie Sidney in vielen Einzelheiten, die bei Chaucer fehlen, mit Spenser zusammengeht. Ein paar Parallelen mögen genügen, um die Abhängigkeit Sidneys zu erweisen, der in der ganzen Aufzählung überhaupt nur vier Bäume bringt, die Spenser nicht kennt (Myrtle, Juniper, Fig, Palm). Bei beiden folgen etwa nicht

[1] Much can they praise the trees so straight and hy,
The sayling Pine; the Cedar proud and tall:
The vine-propp Elme; the Poplar never dry.
etc.

nur *elm*, *poplar* und *oak* direkt aufeinander, sondern *elm* und *oak* zeigen sogar die gleichen Epitheta[1]:

Spenser (FQ. Str. 8):

> The vine-propp Elme; the Poplar never dry;
> The builder Oake, sole king of forrests all.

Sidney:

> Elm embrac'd by a vine, embracing fancy reviveth:
> Poplar changeth his hue from a rising sun to a setting:
> Thus to my sun do I yied, such looks her beams do afford me.
> Old aged oak cut down, of new work serves to the building.

Ebenso entsprechen sich auch die Epitheta bei Cypresse, Eibe, Fichte und Ceder:

Sp. the Cypress funerall
Si. Cypress promiseth help, but a help where comes no recomfort.
Sp. The Eugh obedient to the benders will.
Si. Yew doth make me think what kind of bow the boy holdeth.
Sp. The sayling Pine.
Si. Pine is a mast to a ship . . .
Sp. The Cedar proud and tall . . .
Si. But to the Cedar, queen of woods . . .

Da wir wissen, daß Spenser die Feenkönigin 1579 begann, liegt nichts Unwahrscheinliches in der Annahme, daß er, der im selben Jahre Sidney seinen Schäferkalender widmete, ihm auch den Anfang der Feenkönigin zeigte und daß Sidney unter dem Eindruck der betreffenden Stelle bei Spenser nun die seinige entwarf. Der ganze Fall wirkt nur darum so überraschend, weil wir mit der Tatsache zu rechnen gewohnt sind, daß bei der Bekanntschaft von Sidney mit Spenser der erstere der Gebende war. Auch noch aus einem anderen Grunde können das eben besprochene Stück wie auch die meisten anderen in antiken Metren geschriebenen Teile der Eklogen erst spät abgefaßt sein. Da sie schon wegen ihrer Länge ungewöhnlich schwierige

---

[1] Bei Chaucer fehlt nicht nur die Pappel, sondern erscheinen noch dazu Eiche und Ulme in umgekehrter Reihenfolge:

> The bilder ook, and eek the hardy asshe,
> The piler elm, the cofre unto careyne.

Experimente in antiker Metrik darstellen, wird man sie, wenn nicht alle, so doch jedenfalls zum größten Teil, frühestens in das Jahr 1579 verlegen dürfen, wo Sidney und Dyer den „Areopag" zur Reform der englischen Metrik auf Grund der antiken Messungen gründeten; wir dürfen wohl annehmen, daß mit diesen Stücken in den Eklogen Sidney für seine Person die Probe auf das Exempel zu machen versuchte [1].

Soweit die Eklogen in der ersten wie in der zweiten Fassung schäferlichen Charakter tragen, sind sie in erster Linie als Nachahmungen Sannazaros aufzufassen. Mag auch die oben zitierte Stelle bei Polybius vielleicht die erste Anregung gegeben haben, so ist doch Sannazaro als das Vorbild für den Plan anzusehen, einen größeren Kreis von wirklichen Schäfern und Schäferinnen ohne irgend welche romantische Abenteuer oder politische und satirische Absichten lediglich mit ihren persönlichen Erlebnissen, ihren ländlichen Sitten und vor allem ihren poetischen Wettkämpfen vorzuführen. Auch die Art, wie die Schäfer bald Wechselgesänge veranstalten, bald Soli vortragen, wie sie sich gegenseitig auffordern und herausfordern und wie sie sich nachher über das Gehörte unterhalten, ist Sannazaro nachgebildet. Ebensowenig wie bei dem Italiener kann auch bei Sidney die Rede sein von irgend welcher realistischer Schilderung oder auch nur von wirklicher Anschauung des Schäferlebens. Wennschon bei Sannazaro, wo die Hirten gänzlich unter sich sind und mit ihrem Berufe wirklich verwachsen erscheinen, die ganze arkadische Welt aus literarischen Quellen, vor allem Vergil, herstammt, so ist das bei Sidney, wo die Welt der Fürstlichkeiten und der Schäfer sich berühren, in noch viel höherem Grade der Fall. Aus der Art, wie Sidney in der *Apology* (S. 47)

[1] Das im elegischen Versmaß abgefaßte Gedicht *Unto a caitife wretch, whom long affliction holdeth* (F 357 ff.), das in der revidierten Fassung im Text steht, gehört ursprünglich in die vierte Ekloge (vgl. Dobell a. a. O. S. 93).

sich gegen den Dialekt der Hirten in Spensers Schäfer-Kalender wendet, kann man schließen, daß er absichtlich einer allzugroßen Naturtreue, die ja auch bei dem antiken Schauplatz wenig angebracht gewesen wäre, aus dem Wege ging. Während er sonst, wie wir noch sehen werden, gern Selbstgeschautes wiedergab, oder wenigstens an die Kultur seiner Zeit anknüpfte, hat er hier nur in dem einen oben erwähnten Falle das Bild verwertet, das die englische Landschaft ihm bot. Fast alle seine Schäfer sind steife hölzerne Typen ohne eigenes Leben, Automaten, die dazu da sind, Gesänge in verschiedenen Metren vorzutragen.

In der Verskunst der Eklogen, deretwegen Sidney von jeher ähnlich wie Wyatt und Surrey zu den großen Neuerern der englischen Metrik gezählt worden ist, verrät sich am deutlichsten die Abhängigkeit von seinem Vorbilde. So verschiedenartig die Metra sind, deren Sidney sich in den Eklogen bedient, sie sind so gut wie alle Sannazaro abgesehen. Schon der Wechsel des Versmaßes innerhalb einer Ekloge, den Harvey an Sidney mißbilligte[1], ist dem italienischen Vorbilde abgesehen; so folgt etwa in den beiden ersten Eklogen sowohl bei Sannazaro wie bei Sidney (Ausgabe 1590 und 1593) auf eine längere Reihe von Terzinen die Rimalmezzo. Wie bei den Italienern dominiert auch bei Sidney die Terzine und zwar auch in allen drei Formen als Terzine mit normalem Reim (terzine piane)[2], mit Reimen auf der drittletzten Silbe (terzine sdrucciole)[3] und mit wechselnden normalen und auf der drittletzten Silbe betonten Reimen[4]. Weiter sind nicht nur der Blankvers der Eklogen, sondern auch kompliziertere Metra aus Sannazaro übernommen, so das fünfzeilige fortlaufende Reimsystem AbCcB BdEed etc., das sich bei Sannazaro in der

---

[1] Marginalia ed. Moore-Smith (1913) S. 168: An errour (if an error) in sum few Eclogues of Sir Philip Sidney.

[2] F 187, 227, 346; B 288, 291, 519.

[3] F 127, 340, 343.

[4] F 500 (= B 573).

zweiten Ekloge v. 81ff. im Wechselgespräch zwischen Montano und Uranio, bei Sidney in der ersten Ekloge im Wechselgespräch zwischen Lalus und Dorus findet (F 131); weiter die Sestine, deren sich Sincero in der siebenten Ekloge bei Sannazaro und Argelastus in der vierten bei Sidney (B 570ff.) bedienen; weiter die doppelte Sestine, in der Logisto und Elpyno in der vierten Ekloge bei Sannazaro und Strephon und Claius in der ersten bei Sidney (F 141ff.) einen Wechselgesang veranstalten. Eine Nachahmung der Canzone (abC abC cdeeDfF), deren sich bei Sannazaro Galitio in der dritten Ekloge und Ergasto in der fünften bedienen, ist sicherlich das canzonenartige Gebilde mit dem Reimschema abA cbC cdeeDfF, von dem bei Sidney Philisides in der dritten Ekloge (B 512ff.) Gebrauch macht. Endlich stammt auch noch die Rimalmezzo oder Rima ripercossa, in der bei Sidney in der ersten Ekloge Lalus und Dorus (F 130ff.), in der zweiten Ekloge Dicus und Dorus im Verlaufe ihres Zwiegespräches (F 342ff.), endlich im Druck von 1593 in der zweiten Ekloge Geron und Philisides sich ergehen (B 287ff.), von Sannazaro her, der in der ersten Ekloge Ergasto, in der zweiten Montano, in der zehnten Selvaggio zeitweilig in diesem Metrum reden läßt.

Sehen wir uns den Inhalt der Eklogen an, so ist zunächst eine allgemeine, zum guten Teil sicher durch das gleichartige Schäfermilieu bedingte Ähnlichkeit der Gegenstände bei Sidney und Sannazaro vorhanden. Aber auch im einzelnen lassen sich mancherlei Anklänge feststellen, besonders in den Fällen, wo auch das Metrum übereinstimmt. So sind nicht nur etwa die beiden oben erwähnten, in der Form der Sestine abgefaßten Gesänge bei Sannazaro wie bei Sidney Klagelieder, sondern auch die beiden in doppelten Sestinen abgefaßten Wechselgesänge sind einander insofern ähnlich, als in beiden Fällen die Pointe darin besteht, daß die vortragenden Schäfer sich in jeder folgenden Strophe in ihren Äußerungen des Schmerzes jeweils zu überbieten suchen. Ganz ähnlich steht es mit den im fünfzeiligen fortlaufenden Reimsystem abgefaßten

Wechselgesprächen, wo gleichfalls die Schäfer ihr Mißgeschick in einander steigernden Bildern beklagen, wenn auch kaum je die Bilder bei Sannazaro und Sidney genau miteinander übereinstimmen. Bei der in Canzonenform abgefaßten dritten Ekloge Sannazaros und dem in ähnlichem Metrum gebauten Gesange von Philisides stimmt wenigstens der Eingang überein, die Schilderung des am Ufer ruhenden Schäfers, der später zu reden beginnt[1]. Weitere Parallelen zu ziehen wäre mißlich. Auch ein mehr ins einzelne gehender Vergleich würde keinen genaueren Einblick in das Maß bewußter Anlehnung ergeben. Eine offenkundige Entlehnung Sidneys liegt dagegen vor in dem Gedanken, sich selbst als einen der Schäfer unter dem Decknamen Philisides einzuführen und in dieser Rolle eigene Erlebnisse zu

---

[1] Sovra una verde riva
Di chiare et lucide onde
In un bel boscho di fioretti adorna,
Vidi di bianca oliva
Ornato et d'altre fronde
Un pastor, che 'n su l' alba appiè
Cantava il terzo giorno d' un orno
Del mese innanzi aprile:
Ad cui li vaghi ucelli
Di sovra gli arbuscelli
Con voce rispondean dolce et gentile;
Et ey rivolto al sole,
Dicea queste parole:

The lad Philisides
Lay by a river side.
In flow'ry field a gladder eye to please;
His pipe was at his foot,
His lambs were him beside,
A widow turtle near on bared root
Sat wailing without boot.
Each thing both sweet and sad
Did draw his boiling brain
To think, and think with pain
Of Mira's beams, eclips'd by absence bad,
And thus, with eyes made dim
With tears, he said, or sorrow said for him: (B 512).

berichten, wie das vor allem in einer Stelle in der vierten Ekloge der ersten Fassung der Fall ist, die nur in den Mss. erhalten ist[1]. Von der schwierigen Frage, wie weit Sidney in den Eklogen sich selbst und seine Freunde geschildert hat und wie weit er darin sich an Sannazaro anschloß, wird unten ausführlich die Rede sein[2]. Des weiteren scheint Sidney eine Reihe von Namen Sannazaro entliehen zu haben. Obwohl deren Zahl schon deshalb nicht groß sein kann, weil Sidney keine italienischen, sondern nur griechische Namen für seine Zwecke gebrauchen konnte, gehören hierher vielleicht Namen wie Urania (Sannazaro: Uranio), Elpine (Elpino) und Parthenia (Parthenio); auch der Hund Melampus (Melampo) gehört möglicherweise hierher, obwohl schon Ovid den gleichen Namen kennt. Schwieriger gestaltet sich die Frage bei Namen wie Cecropia, Dametas, Mopsa und Corydon, die alle bei Sannazaro erwähnt werden, sich aber auch schon bei Virgil finden, dessen Bucolica und Georgica Sidney genau kannte[3].

Auch in den prosaischen Teilen der Arcadia gibt es endlich ein paar Episoden, die möglicherweise einer Anregung durch Sannazaro ihre Entstehung verdanken könnten. Von Ergastos' Schilderung (1. Ekloge), wie er die Geliebte im Flusse badend und singend erblickt, wie sie ihn alsdann bemerkt und untertaucht, wie er ohnmächtig hinsinkt und sie ihm zu Hilfe eilt, empfing Sidney möglicherweise die Anregung für die Szene im zweiten Buche (F 216ff.), wo Pyrocles (Zelmane) dem Bade von Philoclea und Pamela im Flusse Ladon beiwohnt. Das ist auch deshalb nicht unwahrscheinlich, weil das nachfolgende Lied des Pyrocles (F 218ff.), das die Schönheiten der Philoclea vom Haar angefangen in nichts verschweigender Folge abwärts schildert, eine frappante Entsprechung hat in der Beschreibung der schönen Hirtin in der vierten Prosa bei Sannazaro, wo

[1] Vgl. unten S. 269ff.
[2] Vgl. S. 263ff.
[3] Vgl. Apology S. 26ff.

gleichfalls die Beschreibung der Schönheiten ihren Weg vom Haar abwärts nimmt[1].

[1] Die folgende Gegenüberstellung mag dazu dienen, die Ähnlichkeit zu veranschaulichen:

Le labbra erano tali che le matutine rose avanzavano; fra le quale ognie volta che parlava o sorrideva, mostrava alguna parte de' denti, de tanto strana et maravigliosa ligiadria, che ad niuna altra cosa che ad orientali perle gli haverei saputi assomigliare. Quindi a la marmorea et delicata gola discendendo, vidi nel tenero pecto le picciole et giovenili mamelle, che a guisa de duo ritondi pomi la sutilissima veste in fuori pingivano; per mezzo de le quali si discerneva una vietta bellissima et oltra modo piacevole ad riguardare, la qual però che nelle secrete parti si terminava, de ad quelle con più efficatia pensare mi fu cagione.

But who those ruddie lippes can misse?
Which blessed still themselves doo kisse.
Rubies, Cherries, and Roses new,
In worth, in taste, in perfitte hewe:
Which never part but that they showe
Of pretious pearle the double rowe,
The second sweetly-fenced warde,
Her heav'nly-dewed tongue to garde.
Whence never word in vaine did flowe.
Faire under these doth stately growe
The handle of this pretious worke,
The neck, in which strange graces lurke.
Such be I thinke the sumptuous towers
Which skill dooth make in Princes bowers.
So good a say invites the eye,
A little downward to espie,
The livelie clusters of her brests,
Of Venus babe the wanton nests:
Like pomels round of Marble cleere:
Where azurde veines well mixt appeere.
With dearest tops of porphyrie.
Betwixt these two a way doth lie,
A way more worthie beauties fame,
Then that which beares the Milkie name.
This leades into the joyous field,

Wie wenig indessen der Grundplan der Arcadia durch Sannazaro beeinflußt wurde, sehen wir am besten daran, daß Sidney es vermieden hat, den ganzen mythologischen Apparat von antiken Göttern, Nymphen und Satyrn in seine Arcadia, oder auch nur in die Eklogen, zu übernehmen. Daß er auf der anderen Seite sich gerade Sannazaro zum Vorbild für die Eklogen nahm, ist leicht verständlich bei der allgemeinen Wertschätzung, deren sich Sannazaro bei den Elisabethanern, auch gerade in dem Sidneyschen Kreise, erfreute. Gabriel Harvey zählt um diese Zeit in seinem Rhetor (1577) *Danthe, Petrarcha, Boccatio, Sannazario* und *Ariosto* als die Wunder Italiens auf[1]; nicht nur hat Spenser Sannazaro für den *Shepherds Calendar* (1579) einige Züge abgesehen, sondern auch sein Kommentator E. K. vergißt nicht, in der Vorrede bei der Aufzählung der Eklogendichter Sannazaro zu erwähnen[2].

Die Frage, ob Sidney bei Abfassung der Eklogen irgendwelche Anregungen aus der englischen Literatur empfing, haben wir bis jetzt außer acht gelassen. Ist doch die englische Produktion auf diesem Gebiete, Googe und Turberville eingeschlossen, bis zum Auftreten Sidneys eine so minderwertige, daß der Fall zunächst ganz ausgeschlossen erscheint. Aber eine andere Frage taucht dafür auf, ob nicht Zusammenhänge bestehen zwischen der Arcadia und dem fast gleichzeitig entstandenen großen Eklogenwerke, Spensers Schäferkalender. Daß Spenser spätestens Anfang 1579, so gut wie sicher aber bereits 1578, wenn nicht noch früher, die Bekanntschaft von Sidney gemacht hat und von ihm freundlich aufgenommen, ja sogar zur Dicht-

---

Which only still doth Lillies yeeld:
But Lillies such whose native smell
The Indian odours doth excell.
Waste it is calde, for it doth waste
Mens lives, untill it be imbraste.

[1] Fol. Q. 1.

[2] Auch Nash zitiert Sannazaro in *Have with you to Saffron Walden* (Works ed. Mc. Kerrow III 126), ebenso Meres in Palladis Tamia (1598).

kunst ermuntert wurde, geht hervor aus dem Widmungsgedicht an Lady Pembroke in der Feenkönigin, wo Spenser von Sidney spricht als dem:

Who first my Muse did lift out of the flore
To sing his sweet delights in lowlie laies!

Daß der Plan der Feenkönigin auf Anregungen beruht, die er von Sidney empfing, haben wir bereits früher feststellen können[1]. Wenn Spenser im Schäferkalender am Schluß der Eklogen Gebrauch von der Emblemkunst macht, denken wir sofort an Sidneys eigene starke Interessen auf diesem Gebiete, die für viele seiner näheren Bewunderer eine Anregung bedeuteten[2]; für seine Versuche, englische Dichtungen in antiken Metren zu schreiben, gibt Spenser in seinem Briefe an Harvey vom April 1580 nicht nur diesen, sondern auch Sidney als Lehrmeister an[3]; auch bei seinem nie veröffentlichten Werke, *The English Poet*, das er gleichfalls in den Briefen an Harvey erwähnt, liegt es gewiß nahe, an eine Einwirkung Sidneys zu denken, der spätestens um 1580 herum seine *Apology* verfaßte[4]. Wenn wir nun für Sidneys erste Versuche auf dem Gebiet der Ekloge die Zeit um 1577 gewonnen haben und für die Entstehung des Schäferkalenders ein früheres Datum keinesfalls in Frage kommt, so liegt die Vermutung recht nahe, daß Spenser auch auf diesem Gebiete Anregung oder wenigstens Ermutigung von Sidney empfing und daß unter den *lowlie laies* die Eklogen des Schäferkalenders gemeint sind. Wie wir sehen werden, sind einige inhaltliche Berührungspunkte zwischen Sidneys und Spensers Eklogen sicher vorhanden.

[1] Vgl. S. 34.

[2] Vgl. die Ausführungen auf S. 34.

[3] I would hartily wish you would either send me the rules or precepts of arte which you observe in quantities; or else follow mine that Mr. Philip Sidney gave me, being the very same which Mr. Drant devised, but enlarged with Mr. Sidneys own judgement . . .

[4] Vgl. oben S. 29. — Die Gründe, die J. J. Higginson in seiner Schrift *Spenser's Shepheard's Calendar in relation to contemporary affairs* (New York 1912) für eine von einander unabhängige Entstehung der beiden Werke anführt, scheinen mir nicht stichhaltig.

Trotzdem wird die Entscheidung sehr erschwert durch die Erwägung, daß Sidneys Tätigkeit auf dem Gebiet der Eklogendichtung sich auf eine ganze Reihe von Jahren, vermutlich von der Zeit vor 1577 bis mindestens zum Jahre 1581, erstreckt und er daher, selbst wenn er Spenser für den Schäferkalender Anregungen gab, auch seinerseits wiederum durch diesen Beeinflussung erfahren haben kann. Sahen wir doch, wie er für eine seiner Eklogen eine Stelle aus der Feenkönigin heranzog. Die meisten Berührungspunkte zwischen den Eklogen von Sidney und Spenser erklären sich naturgemäß aus gemeinsamer Anlehnung an dieselben oder einander nahestehende Vorbilder. Aber bei einer Eklogendichtung Sidneys, der frühestens 1581 entstandenen Klage des Philisides um Lanquet, bleibt kaum eine andere Wahl als eine Beeinflussung durch die Februar- und wohl auch die Juni-Ekloge bei Spenser anzunehmen. In der Februar-Ekloge erzählt der alte Schäfer Thenot dem jungen Cuddie eine lange Fabel vom Dornbusch und der Eiche, die er in seiner Jugend von Tityrus [= Chaucer] lernte, als er dessen Schafe auf den Hügeln von Kent weidete; eine Art Ergänzung dazu liefert die Juni-Ekloge, wo Colin um den Tod von Tityrus klagt, dem herrlichsten der Schäfer und dem großen Sänger, der ihm alles, was er könne, beigebracht habe[1]. Ganz ähnlich erzählt bei Sidney (F 132ff.) der Schäfer Philisides, wie er einst am Ufer des Ister seine Herde geweidet und seinen Schafen ein Lied vorgesungen habe, das ihm der alte Lanquet, der beste der Schäfer und der Lehrer seiner Jugend beigebracht hätte, und gibt danach das Lied selbst zum besten, die Fabel von den Tieren, die einen König haben wollen und so den Menschen zu ihrem Herrscher erhalten. Dazu kommt das kaum zufällige Zusammentreffen, daß nur in diesem Stück Sidney die Situation in einen bestimmten

[1] Auch in der Mai-Ekloge läßt Spenser einen seiner Schäfer, Piers, eine Fabel erzählen, die vom Fuchs und Lamm (= römische und protestantische Kirche).

Monat, den August, verlegt[1]. So häufig die Ekloge auch seit den Zeiten von Moschus in der Form einer Totenklage um den Freund erscheint, so handelt es sich in dem Falle von Sidney uud Spenser um etwas ganz Spezielles, einmal um den Dank zweier Dichter an große Männer aus dem Reiche des Geistes für das, was sie von ihnen gelernt haben, zum andern im Anschluß daran um die Wiedergabe einer Fabel, die jeder von seinem Lehrmeister gelernt haben will. Diese letzte Übereinstimmung ist derart, daß wir nicht anders können als annehmen, daß sich Sidney hier bewußt oder unbewußt an den Schäferkalender anlehnt, den er ja genau gekannt haben muß.

Kaum weniger auffallend ist die nächste Übereinstimmung. Nach dem bekannten Tadel, den Sidney in der *Apology* (S. 47) gegen die *old rustic language* des Schäferkalenders ausspricht, müßten wir erwarten, daß Sidney seine Schäfer durchgängig in gewöhnlichem Englisch reden ließe. Um so merkwürdiger muß es uns berühren, wenn gerade in dem eben besprochenen Stücke und noch einem anderen Sidney seine Schäfer, wenn auch in bescheidenem Umfange, sich einer altertümlichen oder mundartlich gefärbten Sprache bedienen läßt. So wenig angebracht gerade in dem ersten Falle, wo gar kein wirklicher Schäfer, sondern der verkleidete Edelmann Philisides spricht, die Erscheinung sein mag, so ist angesichts von Formen wie *they couthe* (Str. 1), *welkin*, *icleped* (Str. 2), *mickle* (Str. 3), *reed* [sbst.] (Str. 4), *thilke* (Str. 5), *won'd* [= bewohnt] (Str. 6) an der Tatsache nicht zu zweifeln. Auch in dem zweiten Stücke, dem Zwiegespräch zwischen Geron und Mastix in der zweiten Ekloge der Ausgabe von 1593 (B 291 ff.), finden sich Formen wie *erst*, *jarl* (vb.), *brim* (adj.), *read* [= riet], *twa*, *con* [weiß], *mickle warse*, *siker*. Wie

[1] As for the Nightingale woodmusiques King,
It *August* was, he daynde not then to sing.
Die Stelle ist um so auffallender, als auch Spenser in seiner August-Ekloge des Abschieds der Nachtigall gedenkt (v. 183):
Hence with the Nightingale will I take part.

sehr die eben angeführten Ausdrücke sich mit der Sprache Spensers berühren, geht wohl am besten daraus hervor, daß allein in der Juli-Ekloge des Schäferkalenders sich die folgenden wiederfinden: *thilke* (v. 1), *reede* (11), *mickle* (16), *syker* (33), *wonned* (49), *couth* (138), *tway* (152), *y*clad (173), *y*gyrt, *y*pent. So werden wir auch in dieser Eigentümlichkeit ein Anlehnung Sidneys an Spenser erblicken müssen und als Gesamtresultat feststellen, daß Sidney allem Anschein nach Spenser zuerst zur Abfassung von Eklogen angeregt hat, späterhin aber auch selbst Einflüsse durch Spenser erfuhr.

Bei der großen Rolle, die bei der Gestaltung der Arcadia die antiken Einflüsse spielen, entsteht ganz von selbst die Frage, ob und wie weit die antiken Eklogendichter, vor allem Theocrit und Vergil, die Sidney genau kannte[1], die Eklogen der Arcadia beeinflußt haben[2]. Die Beantwortung scheint zunächst einige Schwierigkeiten zu bieten. Wohl ist ohne weiteres klar, daß eine Menge antiker Eklogen-Motive bei Sidney sich wiederfinden, aber wenn man erwägt, erstens daß alle diese Motive auch bei den Eklogendichtern der Renaissance wiederkehren, zweitens daß Sidney einen Petrarca, Mantuan oder Marot sicher genau so gut kannte wie Vergil, und daß er, wie wir sahen, Sannazaro zu seinem Hauptvorbilde wählte, drittens daß keinerlei wirklich auffallende Reminiscenz an Theokrit oder Vergil sich bietet, selbst nicht in den Stücken, die in Vergils Metrum, dem Hexameter, abgefaßt sind, und endlich, daß sämtliche Stücke der Eklogen einen durchaus unantiken, renaissancemäßigen, in vielen Fällen völlig petrarchistischen Charakter tragen, so kann dieser Einfluß von Theokrit und

---

[1] Vgl. Apology ed. Cook S. 26 ff., 47.

[2] Bei Übereinstimmung von Namen wie Coridon, Dametas, Menalcas, Mopsus, Thyrsis, Melampus, Cecropia, die sämtlich in Vergils Eklogen oder Georgica vorkommen, ist größte Vorsicht in der Schlußfolgerung geboten, da fast alle diese Namen Gemeingut der späteren Eklogendichter sind und zum Teil auch sonst bei antiken Schriftstellern begegnen (vgl. oben S. 235).

Vergil nur ein sehr geringer gewesen sein. Auffallend ist der Gebrauch der antiken Versmaße in den Eklogen, der sich aber ohne Schwierigkeit erklärt aus Sidneys Wunsch, sich ebenso wie in Tendenz, Inhalt, Komposition und Prosastil so auch auf dem Gebiet der Verskunst den antiken Kunstwerken so weit als möglich zu nähern. Bei der geringen Rolle, die in der Arcadia der Hexameter und das elegische Versmaß gegenüber anderen antiken Metren spielen, kommt ein Einfluß durch den Hexameter der antiken Eklogendichter nicht in Betracht. Sidneys sämtliche Versuche in antiker Metrik können ohne weiteres zurückgeführt werden auf die damaligen Bestrebungen der englischen Humanisten, die reimlosen Versmaße der Antike in die englische Poesie einzubürgern[1]. Außer den Lehren von Cheke und Watson hatte Sidney auch das Beispiel des von ihm so verehrten Ascham vor Augen, der in seinem *Schoolmaster* nicht nur theoretisch die Aufnahme des *carmen hexametrum* und *carmen iambicum* in die englische Sprache empfahl, sondern der Empfehlung auch eine Probe aus der Übersetzung der Odyssee durch Watson beifügte[2]. Als nächsten Lehrmeister Sidneys wie Spensers hat man gewöhnlich Gabriel Harvey betrachtet, der sich diese Rolle auch anmaßte[3]; aber es kann nach den oben zitierten Worten Spensers[4] wie auch nach dem Prinzip seiner Silbenzählung nicht zweifelhaft sein, daß Sidney seine Anregungen zunächst von Drant empfing, wenn auch späterhin Harveys Ansichten ihn bei seinen Versuchen ermutigt haben mögen[5].

---

[1] Vgl. darüber Spingarn, Literary Criticism S. 221ff., 298ff.

[2] Works of Ascham ed. Giles IV 150, 249ff.

[3] Marginalia a. a. O. S. 169: Our poems only Rymes, and not Verses. Aschami querela. Et mea post illum Reformatio: post me, Sidneius, Spenserus, Francius.

[4] Vgl. S. 238 Anm. Siehe auch Marginalia S. 29.

[5] Sidneys ganzes Interesse für den Gegenstand erhellt am besten aus seiner Teilnehmerschaft am „Areopag" (1579), der die Bekämpfung des Reims zum Programm hatte und statt dessen den reimlosen, die Quantität der Silben messenden Vers der Antike forderte, dann auch

Ähnlich wie bei der Handhabung der italienischen Metren[1] eilt auch in der Beherrschung der antiken Metren Sidney allen Mitbewerbern weit voraus: während die anderen bei dem Hexameter oder dem Elegischen Versmaß halt machen, ist er der einzige, der sich darüber hinaus in den Eklogen in *Sapphiques* (F 143), *Anacreontics* (B 295), *Phaleuciacs* (B 296) und *Asclepiadics* (B 297) versucht[2]. Als ein besonders kühnes Experiment in antiker Metrik mutet uns das Echolied des Philisides in der zweiten Ekloge (F 352ff., B 293ff.) an, das in Hexametern abgefaßt ist und dadurch zustande kommt, daß Philisides bei jedem Verse das letzte Wort in erhöhter Tonlage singt und dadurch eine Antwort des Echos hervorruft:

Faire rocks, goodly rivers, sweet woods, when shall I see peace?
Peace.
Peace? who debars me my tongue? who is it that comes me so
nie? I.
etc.

Obwohl die Poetiken der Renaissance, selbst so ausführliche wie die von Scaliger oder Puttenham, die Gattung und Herkunft des Echoliedes mit Stillschweigen übergehen, kann doch kein Zweifel darüber bestehen, daß die Eklogendichtung der Renaissance diese Spielerei der Antike entlehnte[3]. Auch bei Sidney wirkt trotz der äußeren Form

aus der Art, wie er in der *Apology* (S. 55ff.) die Vorzüge von antikem und modernem Vers gegen einander abwägt.

[1] Vgl. S. 232ff. und 248 Anm. 4.

[2] Heute geht die allgemeine Ansicht dahin, daß diese Versuche der Übertragung antiker Versmaße auf die englische Sprache ein Irrtum gewesen seien, wobei wir aber zu leicht vergessen, daß erst an der Hand dieser Versuche die literarische Kritik des 16. Jahrhunderts sich überhaupt mit metrischen Fragen zu beschäftigen begann und daß das in diesen Versuchen Geleistete weit hinausgeht über das, was etwa zur gleichen Zeit in Deutschland von Rebhuhn, Gesner und seinen Nachfolgern erreicht wurde. (Vgl. Borinski, Die Poetik der Renaissance Berlin 1886.)

[3] So viel ich sehen kann, dürfte die Erzählung von Narcissus und Echo in Ovid's Metamorphosen (III 379—392) den Anstoß zu der Entstehung des Echoliedes gegeben haben:

des Hexameters der ganze Inhalt des Echogespräches, das sich um Liebe dreht, so renaissancemäßig, daß man am besten irgendwelche italienische oder französische Vorbilder annimmt. Aus der italienischen oder französischen Literatur hatte auch kurz vorher Gascoigne die Anregung zu seinem Echoliede, dem ersten in englischer Sprache, empfangen, das er zu den Festlichkeiten in Kenilworth (1575) entwarf[1].

Forte puer comitum seductus ab agmine fido
dixerat „ecquis adest?" et „adest!" responderat Echo.
hic stupet, utque aciem partes dimittit in omnis,
voce „veni!" magna clamat: vocat illa vocantem.
&c.

Eines der frühesten und merkwürdigsten Beispiele in der Renaissance ist das Echogespräch zwischen Juvenis und Echo in Erasmus' Colloquia:

Juvenis: Cupio paucis te consulere, si uacat.
Echo: Vacat.
Juvenis: Et si uenio tibi gratus iuuenis.
Echo: Venis.
Juvenis: Sed potes ne mihi et de futuris dicere verum Echo?
Echo: ἔχω.
etc.

[1] Auch die Romanschriftsteller der Zeit machen sich das Echogedicht zu Nutze, so Grange in *Golden Aphroditis* (1577), Wotton in *Courtlie Controversie* (1578), Riche in *Simonides* (1581) und Thomas Watson in *Hekatomphila* (1582).

X. Die Arcadia und Montemayors Diana.

Geringer noch als der Einfluß Sannazaros, aber zum Teil ähnlicher Art ist der Einfluß von Montemayors berühmter *Diana,* die, selbst eine Nachahmung von Sannazaros Arcadia, um 1560 herum zum erstenmal im Druck erschien[1]. Sidneys Kenntnis und Wertschätzung der *Diana* geht schon daraus hervor, daß er gelegentlich, außer Zusammenhang mit seiner Arcadia, zwei von den in der *Diana* eingelegten Gedichten direkt aus dem Spanischen übersetzte[2]; auch die Anspielung in der *Apology* (S. 26) auf die Schriftsteller, die heroische und pastorale Gegenstände mit einander vermischen, möchte ich auf Montemayor deuten. Als Ganzes betrachtet, steht Sidneys Roman der Diana im Grunde fast ebenso fern wie der Arcadia Sannazaros. Montemayors *Diana* ist ein Gefühlsroman ohne rechte Handlung, ohne Steigerung des Interesses oder Realistik, dessen Schauplatz ein Spanien ohne rechtes Orts- und Zeitkolorit bildet. Im Gegensatz zu Sidneys Arcadia wird die *Diana* durch das Eingreifen mythologischer Figuren nicht nur zu einer Art Wundererzählung, sondern auch die ideelle Wahrscheinlichkeit, die Sidney so streng wahrt, wird durch grobe Unwahrscheinlichkeiten und Zufälligkeiten der Handlung, Kampfestaten von Schäferinnen, Zauberheilungen u. a. m. verletzt. Während Montemayor fast alle seine Figuren zu unwahren, modisch redenden und fühlenden Schäfern macht, achtet Sidney sorgfältig

[1] Vgl. über die *Diana* Schönherr, Jorge de Montemayor &c., Diss. Leipzig 1886 und Rennert, The Spanish Pastoral Romances, Baltimore 1892.

[2] *What changes here, O hair* und *Of this high grace.*

darauf, daß nur die Schäfer ein modisches Gewand tragen, hinter denen verkleidete Edelleute sich verbergen; ähnlich widersteht Sidney im Gegensatz zu Montemayor und so vielen anderen arkadischen Dichtern der Versuchung, unter arkadischem Deckmantel den Preis seines Vaterlandes zu singen. Auch die oft behauptete Einwirkung der Episodentechnik der Diana auf die Arcadia ist nicht zu erweisen; für die erste Fassung der Arcadia mit ihrem glatten Fluß der Erzählung fällt sie von selbst fort, und für die zweite kommt sie deshalb nicht in Betracht, weil wir hier deutlich die Episodentechnik des griechischen Romans vor uns haben, wo die Episoden nach einem vorausbedachten Plane in kunstreicher, wenn auch oft äußerlich loser Verbindung mit der Haupthandlung stehen und die Fäden alle am Schluß zusammenlaufen, während in der Diana die Episoden nur selten etwas anderes als selbständige epische Einlagen bedeuten und zumeist keinerlei Beziehung zur Haupthandlung aufweisen.

Dennoch hatten die Zeitgenossen Recht, wenn sie Sidney auch als Nachahmer Montemayors betrachteten [1]. Wenn wir auch zu der Annahme gelangten, daß die Eklogen Sidneys durch die Eklogen Sannazaros bedingt sind, so sind doch die vielen poetischen Einlagen im Text der Arcadia und der dadurch bedingte stark lyrische Charakter einer Reihe von Partien auf die äußere Anlage der Diana zurückzuführen, wo die eingelegten Gedichte, über fünfzig an Zahl, fast ein Drittel des ganzen Umfanges ausmachen. Bei der weiten Verbreitung der Sitte, gelegentlich Lieder in den Text der Erzählungen einzuflechten, könnte man zunächst an alle möglichen Gewährsmänner denken, doch sind die Einlagen in der Arcadia ein so wesentliches Merkmal, daß von vornherein die meisten etwaigen Vorbilder ausscheiden. Was die Ritterromane an poetischen Einlagen bieten, ist zu un-

[1] So Garvase Markham im Vorwort zu seiner Fortsetzung der Arcadia (1607): Sidney . . . who were our age but blest with his liuing breath, he would himselfe confesse the honie hee drew both from Heliodorus, and Diana.

bedeutend, um überhaupt in Betracht zu kommen; dem griechischen Roman fehlen sie so gut wie ganz; in etwas größerem Umfang vertreten sind sie in der italienischen Novelle, besonders bei Belleforest, der hier über seinen Gewährsmann Bandello weit hinausgeht; Painter und Fenton, der nur einen Teil der Gedichte von Belleforest übernimmt, bedeuten bereits einen Rückschritt. Am meisten Beachtung verdient Gascoignes Novelle *The pleasant Adventures of F. J.*, wo sich auf einem Umfang von 70 Seiten nicht weniger als 13 Gedichte in verschiedenen Versformen wie Septenar, Alexandriner, paarweise und kreuzweise gereimte Fünfheber, Dreiheber, Vierheber und vier Sonette finden. Da aber alle diese Gedichte dem Helden Ferdinando, hinter dem sich Gascoigne selbst verbirgt, in den Mund gelegt werden und sich sämtlich um seine Gefühle und Erlebnisse in der Liebe drehen, so handelt es sich hier im letzten Grunde um eine Art von Gedichtzyklus an die Geliebte, um eine Art Vorläufer der späteren elisabethanischen Sonettzyklen. Auch sonst ist es gewiß wenig wahrscheinlich, daß solche novellenartige Gebilde wie Gascoignes Erzählung oder Whetstones *Rock of Regard* (1576), mit denen die Arcadia sonst nichts zu tun hat, sie nun gerade in diesem Punkte beeinflußt haben sollten. Wenn bisweilen die Situation, der das Lied entspringt, oder auch der Inhalt bei Sidney leise an Gascoigne anklingt, so ist die Erklärung dafür darin zu suchen, daß beide Dichter im Bann der petrarkaschen Lyrik stehen.

Schon die eigenartige Metrik der Einlagen in der Arcadia läßt nur die Wahl zwischen Sannazaro und Montemayor als Vorbild. In den Fällen, wo Sidney Strophenformen verwendet, die sich bei beiden finden, so etwa Terzine, Sestine und Doppelsestine, werden wir nach unseren früheren Darlegungen über den Einfluß Sannazaros auf die Metrik von Sidney diesen ohne weiteres als Vorbild ansehen dürfen. Wenn wir aber daneben in der Arcadia Sonett, Rhyme Royal, gereimten Vierheber, gereimten Sechsheber, Ottaverima, Madrigal, Octave (ababaabb), sechs-

zeilige Strophe (ababcc), Crowne (ababbcacdd), neunzeilige
44 4 55 5 5
Odenstrophe (abab bccdd) und weitere metrische Experi-
55 33535
mente antreffen, so stimmt das allein zu Montemayors Fülle von Canciones, Villancicos, Romanzen, Glosas, Sonetten, Canzonen, Ottaverimen, Epigrammen und sonstigen strophischen Gebilden[1]. In den meisten Fällen hat Sidney allerdings die Metra Montemayors sich nicht ohne weiteres zu eigen gemacht, doch hat er wenigstens die ihm geläufigen Gattungen des Sonetts und der Ottaverima übernommen. Wenn von den vielen Sonetten der Arcadia[2] auch nur ein einziges (B 531) die genaue Form (abba abba cde cde) der drei Sonette bei Montemayor aufweist und nur ein anderes (B 479) dieser Form nahekommt (abab abab cdc dcd), so schließt das doch keinesfalls eine Anlehnung an Montemayor aus; wie schon der Fall der beiden selbständigen Lieder zeigt, die Sidney aus der Diana übersetzte, liebt er es, die ihm nicht geläufigen Metra Montemayors durch ihm geläufige zu ersetzen, im vorliegenden Falle durch die von Wyatt und Surrey überkommenen Formen des Sonetts, die er überdies noch verschiedentlich variiert. Die Ottaverima, die wir bei Montemayor oft, besonders auch in Häufungen von 6 Strophen und sogar in seitenlangen Partien begegnen, findet sich bei Sidney dreimal[3], darunter zweimal in der Zahl von je zwei Ottaverimen, das dritte Mal (1. Ekl. B 109—120) genau in der Art von Montemayor, hindurchgeführt durch eine lange erzählende Partie[4]. Dieser lange Bericht Lamons von der Liebe Strephons

[1] Vgl. Schönherr a. a. O. S. 67 ff.

[2] Dobell a. a. O. S. 96. F 76, 149, 253; B 457, 458, 459, 466, 472, 479, 485, 488, 498, 511 (3. Ekl.), 531, 595.

[3] Dobell a. a. O. S. 97. B 109 (1. Ekl.), 482.

[4] So stark die Einflüsse waren, die Sidney in seiner Verskunst durch Sannazaro, in zweiter Linie auch durch Montemayor, sowohl für die Eklogen wie für die metrischen Einlagen innerhalb der Prosa der fünf Bücher erfuhr, so hat er diese Anregungen doch auch weiter auszugestalten verstanden und auf Grund der italienischen und spanischen Formen neue und kühne Umbildungen von Strophen und

und Claius' zu Urania in Ottaverimen ist sicherlich angeregt durch das in der gleichen Strophe gehaltene lange Lied, das Orpheus im vierten Buche der Diana zum Preise der vornehmen spanischen Dame singt. Wie in der Diana die Lieder allen möglichen Figuren in den Mund gelegt sind, Männern und Frauen, Nymphen, Rittern, Schäfern und Schäferinnen, so sind sie auch bei Sidney auf eine große Anzahl von Personen wie Basilius, Gynecia, Pyrocles, Musidorus, Philoclea, Pamela oder Amphialus verteilt. Nach der Sitte der Zeit werden ähnlich wie schon in der italienischen Novelle und bei Gascoigne die Lieder zu irgend einem Musikinstrumente, der *lute*, *cittern* oder *base viol* vorgetragen. Ähnlich wie bei Montemayor ist die Einführung der Lieder bisweilen wenig geschickt. Hier wie dort bedient sich der Verfasser gern des Kunstgriffes, daß er eine Person eine oder mehrere andere beim Singen eines Liedes überhören oder eine Person singend einhergehen und dabei auf andere stoßen läßt[1]. Unmögliches wird dem Glauben des Lesers zugemutet, wenn Dorus der Miso berichtet, wie er Dametas und Charita beim Stelldichein überrascht habe, und die Lieder rezitiert, die sie bei dieser Gelegenheit sangen (B 466). Im allgemeinen aber ist sich Sidney als Lyriker des Wesens seiner Kunst voll bewußt und geht demgemäß geschickter und sorgfältiger zu Werke als seine Vorgänger. Vor allem begnügt er sich nicht damit, den Liebhaber der Geliebten ein Gedicht vorsingen oder zustellen

Kombinationen von Strophen geschaffen, die weder die englische noch die ausländische Literatur vor ihm kennt und die zum Teil erst im 19. Jahrhundert aufs neue geschaffen worden sind. Zu diesen Neuschöpfungen gehören etwa Sonette mit nur zwei oder sogar nur einem Reimwort, Sonette aus Alexandrinern, Sonette, die um eine Quatrine vermehrt (= 18 Verse) oder um eine oder sogar zwei Quatrinen verkürzt sind (= 10 und 6 Verse) u. a. m. In den metrischen Partien der Arcadia sind die Grundlagen zu der reiferen, aber in ähnlicher Art den Wechsel liebenden Verskunst von *Astrophel and Stella* zu suchen; in einer Reihe von Fällen sind die Formen sogar dieselben.

[1] Vgl. Diana (Antwerpen 1575) Fol. 37b, 39b, 41 etc. und Arcadia F 113, 147, 149, 253, 325, B 458, 498.

zu lassen, sondern er gibt uns häufig die ganze lyrische Situation oder Stimmung, als deren natürlicher Ausfluß oder Höhepunkt das Lied erscheint. So läßt etwa die Freude über die scheinbare Verheißung der ersehnten Gunst den alten Basilius sein volles Herz in einem Jubelsang ausströmen (B 494); so fließt späterhin sein Preis der Nacht, die sein vermeintliches Liebesglück unter ihren Fittichen beschützt hat, ganz von selbst aus der Prosa in Vers über (B 530 ff.); so schreibt Pyrocles, der vor Liebesschmerz weinend am Ufer des Ladon liegt, seine in Verse übergehende Klage mit einem Weidenzweig in den Sand (F 257); so erinnert sich die unglückliche Gynecia eines Gesanges, der zu ihrer gegenwärtigen Stimmung paßt (F 310); so löst sich das lyrische Idyll von Musidorus und Pamela, die auf der Flucht in dem lieblichen Pinienwalde in ungezwungener Ausgelassenheit scherzen, geradezu in Gedichte auf (B 471 ff.). Diese reiche Verwendung des Liedes im Roman, die der damaligen hohen Blüte der Gesangeskunst in England entsprach, erschien dem Publikum als einer der größten Vorzüge der Arcadia und wurde maßgebend für die nachfolgenden Verfasser poetisch gefärbter Liebesromane, wie Greene oder Lodge.

Bei den meisten anderen Punkten ist die Entscheidung über eine etwaige Einwirkung der *Diana* nicht so leicht zu gewinnen. Mit Bestimmtheit kann man wohl sagen, daß Sidney bei der Rolle, die er dem schäferlichen Elemente innerhalb der Prosapartien der Arcadia anweist, nur von Montemayor, nicht aber von Sannazaro ausgegangen ist. Kommt es ihm doch, wie wir schon oben sahen, nicht darauf an, eine eingehende Schilderung des Schäferlebens zu entwerfen, etwa die Schäfer bei ihrer Beschäftigung im Rahmen der ländlichen Natur zu zeigen, sondern die ganze Welt der Schäfer ist für ihn nichts als der gelegentliche Hintergrund für die eigentliche Fabel, die sich zwischen den Mitgliedern verschiedener Herrscherhäuser abspielt. Ein solches Berühren und Ineinandergreifen höfischer und schäferlicher Kreise, das dadurch entsteht, daß vornehme Personen sich als Schäfer verkleiden, verbunden mit einer stetig, wenn auch langsam fortschreitenden Handlung, findet sich bereits bei Montemayor, während es Sannazaro fremd ist. Auch wenn Sidney bei der Schilderung äußeren Prunkes gern die eigene Kultur heranzieht, liegt es nahe, hier an Einwirkungen Montemayors zu denken. Zwar sahen wir[1], daß es bei den Beschreibungen von Gärten, prunkvollen Bauwerken, Statuen u. dergl. näher liegt, an Einwirkung des griechischen Romans zu denken, dafür kommt aber neben diesem die *Diana* stark in Betracht bei der Schilderung des äußeren Anblicks der Helden und Heldinnen, die sich bei Montemayor und Sidney bis auf genaue Beschreibung der Edelsteine auf den Gewandungen erstreckt[2]; selbst die Schilderung der ruhenden, von der Lampe beschienenen Philoclea, bei der wir an Einwirkung der italienischen Malerei denken[3], mag von der Schilderung der schlafenden Belisa in der *Diana* angeregt sein[4].

Eine deutliche inhaltliche Reminiscenz scheint in dem Eingang der revidierten Fassung vorzuliegen. Ganz ähnlich wie Montemayor zu Beginn seines Romans hintereinander zwei seiner Hauptfiguren, die Schäfer Sireno und Silvano, einführt, die sich in Klagen um die von ihnen geliebte Diana ergehen, so läßt auch Sidney zu Beginn der Arcadia die beiden Schäfer Strephon und Claius auftreten und sich in klagenden Erinnerungen an die geliebte Schäferin Urania ergehen[5]. Hier ist die Entlehnung um so wahrscheinlicher, als ein solcher Eingang bei Montemayor durchaus gegeben ist, bei Sidney es sich aber um die Ein-

---

[1] Vgl. S. 192.

[2] Man vergleiche etwa die Beschreibung von dem Gewande des Amphialus (F 367) mit der Beschreibung von dem des Don Felis (2. Buch der Diana, ed. Antwerpen 1575, Fol. 63) oder von dem der Felismena (4. Buch, Fol. 100).

[3] Vgl. unten S. 317.

[4] 3. Buch der Diana, ed. 1575, Fol. 77.

[5] Vgl. Brunhuber a. a. O. S. 12.

führung von Nebenfiguren handelt, die für die gleich danach einsetzende Haupthandlung ohne Bedeutung sind. Auch eine der Episoden des zweiten Buches (F 281 ff.), wo Zelmane, die Tochter des Plexirtus, sich in Pyrocles verliebt, als Page verkleidet den beiden Freunden folgt, unter dem Namen Daiphantus unerkannt in Pyrocles' Dienste tritt, schließlich aber aus Kummer über die Untaten ihres Vaters Plexirtus erkrankt und sterbend den Freunden ihr Geheimnis enthüllt, könnte trotz der sonstigen großen Verbreitung des Motives möglicherweise der bekannten Episode von Felis und Felismena im zweiten Buche der Diana nachgeahmt sein[1]. Allerdings ist die Situation insofern eine ganz andere, als Felis und Felismena zur Zeit ihrer Trennung bereits ein Jahr lang ihrer Liebe leben und Felismena ihrem Geliebten nicht nur aus Liebesleidenschaft, sondern auch aus Eifersucht folgt; da endlich auch der ganze weitere Verlauf der Episode, Felismena als Liebesbote des Felis bei Celia, Celias Neigung zu der verkleideten Felismena und Celias Tod als Folge dieser unerwiderten Leidenschaft keinerlei Echo in der entsprechenden Episode der Arcadia gefunden haben, möchte ich es dahingestellt lassen, ob hier überhaupt ein Zusammenhang besteht[2].

Die genannten Einwirkungen durch Sannazaro und Montemayor, die im Grunde geringfügig sind, schon darum, weil sie sich fast ausschließlich auf die metrischen Partien erstrecken, legen uns die Frage nach der Stellung nahe, welche die Arcadia innerhalb der pastoralen Literatur einnimmt. Wie hoch Sidney diese bewertete, zeigen einmal die empfehlenden Worte, die er ihr in der *Apology* (S. 26 ff.)

---

[1] Vgl. Brunhuber a. a. O.

[2] Obwohl die Schreibweise Montemayors ähnlich wie die Sidneys als poetisch, pathetisch und wortreich bezeichnet werden muß, ist eine Einwirkung des bei weitem einfacheren Prosastils der *Diana* auf den außerordentlich komplizierten der Arcadia nicht nachzuweisen. Eine gewisse Ähnlichkeit liegt allerdings vor in dem starken Gebrauch der Hyperbel, besonders bei den Liebesklagen, doch findet sich derartiges auch schon bei Sannazaro und anderen italienischen Schriftstellern.

widmet, zum anderen seine eigene Betätigung auf diesem Gebiete, die sich, soweit uns bekannt, noch auf die beiden nicht genauer zu datierenden und auch nicht weiter wertvollen Gedichte *Join mates in mirth to me* und *Walking in bright Phoebus' blaze* und auf sein Festspiel *The Lady of the May* erstreckt. In dem ersten der genannten Gedichte, wo Sidney seiner Freude über das Zusammentreffen mit seinen Freunden Dyer und Greville Ausdruck geben will, spricht er von sich und den Freunden als Hirten und führt er dieses Bild auch konsequent durch; in dem zweiten läßt er einen seiner Freunde, der einst zur Zahl der Schäfer gehörte, jetzt aber am Hofe weilt, dem Gotte Pan über die Nachteile des Hoflebens und die Vorzüge des Schäferlebens vorklagen. Beide Gedichte stehen in Übereinstimmung mit der oben herangezogenen Stelle in der *Apology*, wo der Dichter an den Eklogen Vergils gerade diese Einkleidung politischer und allgemein menschlicher Verhältnisse in das Gewand schäferlicher Allegorie hervorhebt. Allegorischen Zwecken dient ebenfalls das im Mai 1578 zu Ehren von Elisabeth aufgeführte Schäferspiel *The Lady of the May,* wo der Jägersmann Therion mit dem Hirten Espilus sich streitet, wem von ihnen beiden die Liebe der schönen *Lady of the May* zuteil werden soll, und wo der Hirte den Sieg davon trägt. Während aber diese anspruchslosen Dichtungen einfach zur Gattung der Hirtenpoesie zählen, bereitet die Arcadia durch ihr einzigartiges Nebeneinander von schäferlichen und nichtschäferlichen Bestandteilen einer Klassifizierung ungewöhnliche Schwierigkeiten. So sehr das schäferliche Element in der Arcadia durch die Eklogen, die den einzelnen Büchern folgen, äußerlich in die Augen fällt, so gering ist die Rolle, die es für die eigentlichen Begebenheiten innerhalb des Romans spielt. Im Gegensatz zu Sannazaro und Montemayor ist in keiner der beiden Fassungen der Arcadia eine der Hauptfiguren ein wirklicher Schäfer oder eine Schäferin. In der einheitlichen Fabel der ersten Fassung ist noch ohne weiteres erkennbar, wie das arkadische Element nur zum Zweck der Abwechslung als eine Zutat zu den ernsthaften epischen Partien hinzugefügt wurde. Während die späteren Nachahmungen der Arcadia, die Pastoralen von Greene und Lodge, wirkliche Schäferromane sind und demgemäß eine Fülle von Szenen aus dem Schäferleben entfalten, gibt Sidney überhaupt nur in der ersten Fassung der Arcadia eine derartige Szene[1]. Die Art, wie diese ganz äußerlich und beiläufig mitten in die Begebenheiten der Haupthandlung hineingestellt ist, zeigt aufs deutlichste, daß es sich hier nur um ein mehr zufälliges, unorganisches Hinübergreifen des schäferlichen Elementes aus den Eklogen handelt. Der Dichter beschreibt den Aufstand der Menge gegen Basilius und bemerkt, daß Pyrocles und Basilius in ihrem Widerstand gegen die Rebellen unterlegen wären, wenn nicht Dorus (Musidorus) den Lärm gehört und ihnen zu Hilfe gekommen wäre. Diese Gelegenheit benutzt der Dichter, um eine idyllische Schilderung einzuflechten, wie Musidorus zu diesem Zeitpunkt mit einigen anderen Hirten auf dem Hügel im Schatten der Myrthen liegt und aus Begeisterung über seinen Erfolg in der Liebe zu Pamela seinen Schafen ein fröhliches Lied vorsingt, auf das der Hirte Philisides mit einem melancholischen antwortet.

Wohl lebt Pamela im Hause eines Schäfers und wohl nimmt Musidorus die Verkleidung eines Hirten an, aber wir sehen die beiden außerhalb der Eklogen kaum an den Beschäftigungen der Schäfer teilnehmen. Bei ihnen beiden wie auch bei Philisides ist die pastorale Tünche so dünn, daß sie mit den Hauptfiguren bei Sannazaro oder Montemayor, die das Leben der Hirten wirklich teilen, gar nicht verglichen werden können. Während bei dem Italiener und Spanier die Gestalten der vornehmen Kreise, die nur Schäfertracht angenommen haben, und die geborenen Schäfer eine ideale Gemeinschaft auf gleichem Fuße bilden, hält Sidney aufs sorgfältigste die vornehmen Kreise und die wirklichen Schäfer auseinander. Die wirklichen Schäfer, mit denen

[1] Dobell a. a. O. S. 96ff.

die Vornehmen in Berührung kommen, sind entweder völlig schattenhafte Gestalten oder sie sind Tölpel von unschönem Aussehen und roher Art wie Dametas, Miso und Mopsa. Damit sucht Sidney gegenüber seinen beiden Vorgängern auch in diesem Punkte die innere Wahrscheinlichkeit zu wahren, von der er bei der Herstellung der Arcadia ausgegangen war. Sahen wir doch, wie er von vornherein durch das politische Element, durch die lehrhaften Tendenzen und die Psychologie der Hauptfiguren sein Werk auf eine reale Grundlage gestellt hatte, die ein Abweichen von der inneren Wahrscheinlichkeit nicht gestattete. Dadurch setzte er sich, was das pastorale Element anbetrifft, in Nachteil gegenüber Sannazaro und Montemayor, für deren von vornherein mit Verzicht auf jede Wahrscheinlichkeit entworfene Gestalten es gleichgültig war, ob sie verkleidete oder „wirkliche" Schäfer darstellten, da auch die „wirklichen" Idealfiguren waren. Wegen dieses realen Grundcharakters konnte Sidney nicht einmal in den Eklogen das ganze übernatürliche Milieu von antiken Göttern, Nymphen und Satyrn verwenden, das die bukolische Poesie der Renaissance sonst kaum entbehren kann und das in so reichem Maße bei Sannazaro und in beschränktem auch bei Montemayor vorhanden ist. Das Gesagte genügt, um zu zeigen, wie verkehrt es ist, von der Arcadia als einem Schäferroman zu reden. Sidney wollte in erster Linie einen politischen Roman, in zweiter ein heroisches Epos im Prosa schreiben[1]. Auch die Mühe, die Sidney auf die Ausmalung der schäferlich-idyllischen Züge verwendet, ist keine große; hält er doch völlig an dem herkömmlichen

[1] Auch die Zeitgenossen waren sich über diesen Punkt ganz klar. Ein so berufener Kritiker der Arcadia wie ihr Herausgeber und Fortsetzer Sir William Alexander rechnet die Arcadia nicht wie Sannazaros Arcadia, Montemayors Diana und d'Urfés Astrea unter die Schäferromane, sondern betont, daß Sidney *as in an Epick Poem, did express such things as both in War and Peace were fit to be practised by princes* (Anacrisis 1634?. Vgl. Spingarn, Crit. Essays in the 17th Cent. I 188).

pastoralen Landschaftsbilde fest, ohne seiner sonstigen Gewohnheit gemäß etwas aus der eigenen Beobachtung hinzuzufügen. Statt uns ausführliche und poetische Schilderungen des Wunderlandes Arcadia zu entwerfen, gibt er uns bezeichnend genug in der ersten Fassung überhaupt nichts derartiges und in der zweiten nur die berühmte, immer wieder zitierte poesievolle Beschreibung der idealen Landschaft Arcadiens (F 13), die an Umfang nicht mehr als eine halbe Seite beträgt.

XI. Zusammenhang mit der italienischen Novelle und mit Ariost.

Weit geringer als man von einem Werke erwarten sollte, das Ende der siebziger Jahre, in der Hochflut des italienischen Einflusses, entstand, sind die von uns schon gelegentlich berührten Einwirkungen der italienischen oder der von ihr abhängigen französischen Novelle auf die Arcadia. Das mag zusammenhängen mit der offensichtlichen Abneigung, die Sidney der ganzen Gattung der Novelle entgegenbrachte, und mit der geringen Meinung, die er trotz seines Aufenthaltes in Italien von diesem Lande hegte. Seiner ganzen Veranlagung nach konnte ihm der Geist der italienischen Novelle, die mit Vorliebe das Walten der blinden Leidenschaften von Liebe und Haß schilderte, nicht sympatisch sein. Demgemäß handelt es sich bei den Anleihen Sidneys auch nur um etwas blasse Motive oder um Eigentümlichkeiten der Erzählungstechnik. Da viele Motive des griechischen Romans, des Ritterromans und der *Diana* sich mit Motiven der italienischen Novelle berühren, ist es oft schwer, das Vorhandensein eines Motives mit Sicherheit auf die letztere zurückzuführen; weiter ist es bei der großen Verbreitung, welche einzelne Motive innerhalb des Gebietes der italienischen Novelle haben, oft nicht möglich, eine bestimmte Novelle als Vorbild anzugeben[1]. Be-

[1] So werden wir etwa bei dem Gespräche im ersten Buche der Arcadia, wo Musidorus dem Pyrocles mit einer Fülle von Gründen seine Liebesleidenschaft auszureden sucht (F 81 ff.), ähnlich wie bei einer

sonders greifbar treten die italienischen Einflüsse im zweiten Buche hervor, wo die Handlung längere Zeit hindurch mit denselben herkömmlichen Kunstgriffen der italienischen Novelle arbeitet, wie sie auch Lyly im *Euphues* sich zunutze macht. An bekannte Züge der italienischen Novelle werden wir erinnert, wenn der als Schäfer Dorus verkleidete Musidorus der geliebten Pamela seine Neigung zu verstehen geben will und das Wort scheinbar an deren Aufseherin, die häßliche Mopsa, richtet, in der Voraussicht, daß die Geliebte auf dieses Spiel eingehen wird (F 154ff.); wenn er bei einer anderen Gelegenheit ihr einen für sie bestimmten Brief in die Hände spielt unter dem Vorgeben, er sei an Mopsa gerichtet (F 180ff.); wenn er Pamela seine eigene Lebensgeschichte als die eines seiner Freunde erzählt, mitten in dem Bericht aber aus der Rolle fällt und zur Belustigung Pamelas per ich zu reden beginnt (F 199). Ein bekanntes, auch von Lyly im *Euphues* benutztes italienisches Novellenmotiv, daß während einer Unterhaltung einer der Zuhörer einschläft, erkennen wir wieder, wenn Mopsa bei der langen Erzählung von Musidorus entschlummert (F 215). Ganz „italienisch" mutet uns die Szene an, wo Philoclea, Pamela, Miso und Pyrocles (Zelmane) beisammensitzen und einander Geschichten erzählen. Nachdem Philoclea damit begonnen hat, von der Rache des Eros an Erona zu berichten, bittet sie ihre Schwester fortzufahren, aber Miso wirft sich zur *governess* auf und verlangt, daß man um den Vortritt lose. Als sie auf diese Weise selbst an die Reihe kommt, beginnt sie eine lang ausgesponnene alberne Märchenerzählung, wird aber dabei von Philoclea unterbrochen und zum Schweigen gebracht; auf die Bitte von Pyrocles führt endlich Pamela die Erzählung von Eurona weiter (F 237ff.). Hier liegt eine deutliche Nachwirkung jener Diskussionserzählungen vor,

---

entsprechenden Szene des *Euphues*, ganz allgemein Einwirkung durch die italienische Novelle annehmen dürfen, bei der diese Situation beständig wiederkehrt.

wie sie seit Castigliones *Cortegiano* in Blüte standen[1]. An die Künste der Liebenden in der italienischen Novelle, in Gascoignes Erzählung von *Ferdinando Jeronimi* und im *Euphues*, werden wir erinnert, wenn zu Beginn des dritten Buches der abgewiesene Dorus (Musidorus) einen Brief in Versen an die geliebte Pamela verfaßt und ihn heimlich in ihr Schreibzeug steckt (F 356ff.), und Pamela daraufhin einen inneren Kampf auszufechten hat, ob sie ihn lesen soll oder nicht. Bei einigen anderen Zügen lassen sich sogar bestimmte italienische Novellen als Vorbilder vermuten. Wenn im dritten Buche Cecropia ihren Tod dadurch findet (F 492ff.), daß sie beim Anblick ihres Sohnes, der mit gezücktem Schwerte auf sie eindringt, vor Schreck vom Dach fällt, und der Sohn sich darauf aus Verzweiflung mit einem Messer zu entleiben versucht, so werden wir an die 17. Novelle bei Belleforest erinnert[2], wo der Vater mit gezücktem Schwerte auf den Sohn losgeht, der vor Schreck von einer Planke in eine Grube stürzt und sich die Glieder zerschmettert, worauf der Vater sich aus Reue in das eigene Schwert stürzt. Auf Boccaccio (Decamerone III 3) oder irgend eine Nacherzählung geht Nicos Gesang am Schluß des dritten Buches (B 508ff.) zurück, der davon berichtet, wie ein an steter Eifersucht leidender Gatte schließlich von seiner Frau wirklich betrogen wird und dabei selbst noch die Rolle des Gelegenheitsmachers spielen muß. Ein herkömmliches Motiv der italienischen und französischen Novelle liegt endlich vor, wenn die Liebenden ihre Namen oder ganze Gedichte überall eingraben, in Bäume, auf einen Marmorstein, auf eine Laute oder in den Sand des Flußufers (F 172, B 472 etc.) Endlich ist es durchaus möglich, daß die vielen Anreden an

[1] Auffallenderweise läßt sich Sidney in seiner Liebeshandlung eines der dankbarsten Motive der italienischen Novelle, die Begegnung beim Tanz, entgehen.

[2] 1577 auch in englischer Sprache erschienen als zweite Erzählung in Smyth's *Tragicall histories* (vgl. Koeppel, Studien zur Geschichte der italienischen Novelle in der englischen Literatur S. 41 ff.).

die Leserinnen in der ersten Fassung die italienische Mode nachahmen, die Sidney sowohl im Decamerone wie in den Novellen von Fenton und Pettie vorfand.

Während die genannten Züge für den Gesamtcharakter des Werkes nur von geringer Bedeutung sind, werden wir doch wohl auch einen wichtigeren Zug, der die Arcadia wie den Euphues auszeichnet, auf die italienische Novelle oder die italienischen Diskussionserzählungen zurückführen müssen, die behagliche Breite der Erzählung und das damit zusammenhängende graziöse Nichtstun, in dem die Hauptfiguren, vor allem die Mitglieder der Königsfamilie, dahinleben. Durch die vielen Unterhaltungen zwischen den Liebenden und die Ausmalung des Intérieurs entspricht auch das Tempo der Arcadia im wesentlichen dem der italienischen Erzählungen und steht im Gegensatz zu dem raschen Dahinschreiten des griechischen Romans, selbst zu dem sich etwas langsamer abwickelnden des Ritterromans.

Wie wir aus der *Apology* ersehen können, blickte Sidney außer auf Sannazaro auch noch auf einen anderen großen Dichter der italienischen Renaissance als Vorbild, nämlich auf Ariost, dessen Orlando Furioso er, ähnlich wie Spenser in dem Einleitungsbrief der Feenkönigin, in einem Atem mit den großen Epen der Antike nennt. Was ihn an Ariost anzog, scheint ähnlich wie bei den anderen Elisabethanern nicht die eigenartige ironische Auffassung des Rittertums und der menschlichen Verhältnisse überhaupt oder die kühne persönliche Vortragsweise gewesen zu sein, sondern abgesehen von dem vermeintlichen moralischen Gehalte und von Gestalten, wie Orlando und Rinaldo, die ihm im Lichte vorbildlicher Helden erschienen, allein der bunte Inhalt. Die Fülle des Stoffes, die vielen Begebenheiten ritterlichen Charakters, Turniere, Kämpfe, Vertauschung von Rüstungen, Frauen, die als Ritter kämpfen, geraubte und mißhandelte Mädchen, Verkleidungen von Frauen als Männer, Liebeshändel jeglicher Art u. a. m., bewirkt, daß wir des öfteren in den Episoden der Arcadia Anklänge an einzelne Züge bei Ariost wahrzunehmen glauben, doch ist die Ähnlichkeit eine so vage, daß es sich ebensogut um Reminiscenzen aus dem Ritterroman handeln kann[1]. Bemerkenswert ist immerhin die Ähnlichkeit zwischen Ariosts Angelica, die in Indien die Heilkunst gelernt hat, den verwundeten Medor findet, sich in ihn verliebt und ihn pflegt, bis seine Wunden geheilt sind (Orl. Fur. 19. Gesang), und der Königin Helen von Korinth bei Sidney; Helen, die stets als die Heilerin auftritt, stellt einmal durch die Kunst ihres Arztes die verunstaltete Parthenia wieder her und läßt zum anderen ihrem schwerverwundeten Geliebten Amphialus die erste ärztliche Hilfe angedeihen, um ihn dann mit sich zu ihrem Arzte in ihre Heimat zu führen[2]. Auch der eingeschobene Bericht von dem wunderbaren Schlaftrunk (B 628ff.) weist einige Ähnlichkeit auf mit der Episode von Gabrina (Orl. Fur. 21. Gesang); in beiden Fällen handelt es sich darum, daß eine Frau einen Edelmann, den sie liebt, durch List in eine komprimittierende Situation lockt und zur Ehe zwingt, indem sie ihn vor die Wahl stellt, sie zu heiraten und mit ihr zu fliehen oder Ehre und Leben dadurch zu verlieren, daß sie Lärm schlägt und ihn der versuchten Notzucht beschuldigt. Nicht anders steht es mit Bojardos Orlando Inamorato, wo die Episode von Origille (29. Gesang) eine unverkennbare Ähnlichkeit mit der Erzählung von dem Untergang der beiden Brüder Tydeus und Telenor bei Sidney (F 293ff.) aufweist. Ähnlich wie Origille sich des Uldon und Locrin zu entledigen sucht, indem sie dem ersteren aufträgt, in den Waffen Oringos an einem von ihr bestimmten Orte mit einem unbekannten Ritter zu kämpfen, und dem Locrin, sich mit Oringo zu schlagen, so sucht in der Arcadia Plexirtus sich der beiden Brüder zu entledigen, indem er Tydeus bewegt, an einem bestimmten Orte in

[1] Macht doch auch der französische Amadis Anleihen beim Orlando Furioso. Vgl. Küchler in Z. f. franz. Spr. u. Lit. XXXIV (1909) S. 274.

[2] Obwohl die Geschichte von Helen und Amphialus in der Arcadia nicht zu Ende erzählt wird, war doch als Ausgang eine glückliche Vereinigung der beiden beabsichtigt (vgl. Greville a. a. O. S. 15).

einer schwarzen Rüstung gegen den König von Pontus zu kämpfen, der eine blaue Rüstung tragen werde, und zu gleicher Zeit den Telenor auffordert, sich in einer blauen Rüstung zu gleichem Zwecke an denselben Ort zu begeben. Mag vielleicht auch kein direkter Zusammenhang zwischen den beiden Darstellungen vorhanden sein, so beweist die Übereinstimmung jedenfalls, daß Sidney diese merkwürdige Episode nicht allein der eigenen Phantasie verdankt[1].

---

[1] Auch die Erzählung Malorys vom Tode der beiden Brüder Balin und Balan (Morte d'Arthur, Buch II, Kap 17 und 18) deckt sich ziemlich genau mit Sidneys Darstellung von Tydeus und Telenor, nur daß bei Malory keine Intrige vorausgeht.

XII. Autobiographische Züge.

Der Gedanke, sich selbst, die Gestalt der Geliebten und den Kreis der Freunde im Gewande des Romans vorzuführen, lag im Zeitalter der Renaissance in der Luft und war in Italien bereits in jeglicher Ausdehnung, von der direkten Einführung der betreffenden Person unter ihrem wirklichen Namen bis zur feinsten, nur für den Eingeweihten erkennbaren Anspielung durchgeführt worden. Auch in England hatte nicht nur Thomas Morus in der Utopia sich selbst und seine Freunde handelnd und redend mit Namen eingeführt, sondern auch Gascoigne hatte im Gefolge der Italiener seine eigenen Liebeshändel in Verserzählungen und in der Prosanovelle von *Ferdinando Jeronimi* dargestellt. Während es sich bei Gascoigne aber nur um Verwertung galanter Abenteuer handelte, haben wir in der Arcadia und in *Astrophel and Stella* den ersten Fall innerhalb der englischen Literatur vor uns, daß in einem grösseren Kunstwerk der Held und seine Geliebte innerliches Erlebnis des Verfassers sind.

Der Ausgangspunkt für die Verwertung eigener Erlebnisse und Gefühle in der Arcadia war für Sidney schwerlich das Vorbild von Sannazaro oder Montemayor, die nach ihren eigenen Angaben wirkliche Ereignisse aus ihrem Leben, vor allem ihre Liebeshändel, im Gewande der Hirtenerzählung dargestellt hatten, sondern wir haben auszugehen von den Anfängen seiner Liebeslyrik und von seiner ersten Beschäftigung mit der Dichtungsgattung der Ekloge. Beide fallen vermutlich vor die Niederschrift der Arcadia[1]. Als Eklogendichter geriet er ohne weiteres in den Bann einer

[1] Vgl. oben S. 224 ff.

ununterbrochenen Tradition autobiographischer Darstellung. War es doch in der Eklogendichtung seit der Zeit von Theokrit üblich, daß der Dichter sich selbst, seine Geliebte und seine Freunde in schäferlichem Gewande einführte. Wie schon damals jedermann bekannt war, hatte Vergil in seinen Bucolica sich selbst als Tityrus und Menalcas eingeführt und in ähnlicher Weise auch Persönlichkeiten seiner Umgebung abgezeichnet. Macht uns doch auch Sidney selbst durch den Mund Kalanders darauf aufmerksam, daß die arkadischen Schäfer bisweilen ihren Kundgebungen einen geheimen Sinn unterlegen [1]. Was den lyrischen Ausgangspunkt betrifft, so ist angesichts von *Astrophel and Stella,* das ein für damalige Zeit ungewöhnlich reiches Stück Bekenntnislyrik darstellt, das autobiographische Element in der Arcadia geringfügig. Doch konnte dies bei der Absicht des Dichters, ein zugleich lehrhaftes und heroisches Epos zu schreiben, kaum anders der Fall sein. Alles in allem sind die autobiographischen Züge nicht so stark vertreten, als das 17. Jahrhundert sich einbildete, aber immerhin stärker, als die meisten neueren Biographen haben anerkennen wollen. Daß auf alle Fälle eine Art von Schlüsselroman vorlag, erkannten schon die Zeitgenossen. Die Kreise des Hofes, in denen Sidney verkehrte, waren sicher imstande, eine Reihe der Figuren in der Arcadia zu identifizieren, schon darum, weil es Sidney gar nicht darauf ankam, die Gestalten zu verschleiern, ebensowenig wie in „Astrophel and Stella", wo jedermann die Anspielungen auf Penelope Rich und deren Gatten herauserkennen mußte. Schon zu Lebzeiten Sidneys scheint man sich denn auch in den Kreisen des Hofes darüber einig gewesen zu sein, daß unter Philoclea so gut wie unter Stella Penelope Rich verborgen sei. Das geht schon aus der Art hervor, wie Puttenham in seiner *Arte of English Poesie* diese Gleichung als etwas völlig Selbstverständliches ansetzt [2]. Offenbar hatte Puttenham,

[1] . . . sometimes under hidden formes uttering such matters, as otherwise they durst not deale with (F 28).

[2] Buch III, Kap. 19 (ed. Arber S. 250 ff.): Sir *Philip Sidney* in

der selbst mit dem Hofe in enger Verbindung stand und seine Schrift ausdrücklich zur Belehrung der Königin und ihrer Hofdamen verfaßte, das Gefühl, eine allgemein bekannte Tatsache anzuführen. Wie wir wissen, muß die *Arte of English Poesie* zwischen 1584—88 entstanden sein; da nun an den verschiedenen Stellen, wo Sidney erwähnt wird, niemals von ihm als Gestorbenen die Rede ist, müssen wir weiter annehmen, daß die Schrift, jedenfalls die Sidney betreffenden Stellen, vor seinem Tode (17. Oktober 1586) niedergeschrieben wurden, mithin in dem Bewußtsein, daß sie sehr wohl Sidney selbst vor Augen kommen könnten. Einen Schritt weiter noch geht Sir Thomas Wilson, der in der Widmung seiner Übersetzung von Montemayors Diana an den Earl of Southampton (1596) die Ansicht ausspricht, daß in der *Diana* in verschleierter Form viele große Taten und Gesinnungen der spanischen Nation verborgen seien, ähnlich wie in Sidneys Arcadia solche der englischen[1]. Daß man in der Tat versuchte, jede einzelne Figur der Arcadia auf bestimmte Persönlichkeiten zu deuten, lehrt uns auch ein später, schon im Zeitalter des Schlüsselromans abgefaßter Bericht über die Arcadia, den ein gewisser D. Tyndale 1687 dem Antiquar Aubrey, dem Verfasser der *Brief Lives*, auf seinen Wunsch sandte; Tyndale, der in der Familie Sidney Erkundigungen eingezogen hatte, identifiziert unter anderem Philoclea gleichfalls mit Penelope Rich und Amphialus wie Philisides mit Sidney[2].

---

the description of his mistresse excellently well handled this figure of resemb aunce by imagerie, as ye may see in his booke of *Archadia*.

[1] Wherein under the names and vai es of Sheppards and theire Lovers are covertly discoursed maine noble actions & affections of the Spanish nation, as it of ye English of y^t admirable & never enough praised booke of Sr Phil: Sidneyes Arcadia (Ms. Additional 18,638).

[2] Key of Pembroke's Arcadia.

Sir,

All the good bodies thanke you for your remembrance, which I ought to have told you sooner if a paine in my head had not hinderd me.

Von Mitwelt wie Nachwelt wurde ohne weiteres empfunden, daß unter der Gestalt des Hirten Philisides (Anagramm für Philip Sidney) der Dichter sich selbst in den Roman einführte. In den *Ruins of Time* klagt Spenser, daß die Harfe von *Philisides* verstummt ist; ebenso wiederholt Spensers Freund Lodowick Bryskett in seiner Totenklage um Sidney, in der *Pastorall Aeglogue*, beständig den Schmerzensruf: *Phillisides is dead.* Die Rolle, die Philisides in der ersten Fassung, in den Mss., spielt, ist größer als die in der revidierten, aber in beiden erscheint er als der melancholische Hirte, der an unglücklicher Liebe krankt. Seine Rolle entspricht einigermaßen der des Dorus (Musidorus), denn er ist kein wirklicher Hirte wie die anderen Gestalten der Eklogen, sondern ein Edelmann, den enttäuschte Liebe bewogen hat, das Hirtengewand anzunehmen. In den Prosapartien der ersten Fassung taucht

---

I wishe I could give you the key you desire, but all I know of it is not worth anything; though conversant amongst his relations, could learne no more then Pamela's being my lady Northumberland, Philo[clea] my lady Rich, two sisters, the last beloved by him, upon whose account he made his *Astrophell and Stella;* Miso, lady Cox, Mopse, lady Lucy, persons altogether unknowne now; Musid[orus] and Pericles, the two ladies' husbands. Lord Ri[ch] being then his friend, he perswaded her mother to the match, though he repented afterwards: she then very young and secretly in love with him but he no consern for her. Her beauty augmenting, he sayes in his *Astrophel and Stella*, he didnt think „the morn would have proved soe faire a daye". Their mother was beautifull and gallant (whether he meant Ginesia by her or noe, I know not); but their father died, they being young. She remaried to Dudley, Leycester and Northumberland, and afterwards to her gentleman of the horse, Sir Christopher Blunt, which was beheaded with lord Essex. It was thought he meant himself by Amphi[alus] and his lady, Sir Francis Walsingham's daughter and heire, the queen of Corinth. If he did make his owne character high, they sayd Philisides was himself to, but it was all a guesse. He made it young, and diyng desired his folies might be burnt.

Some others I have heard guessed at, but have forgot. Therfore cannot satisfie the lady, which I would for your sake. . . . . . Your humble servant, D. Tyndale.

[Aubrey, Brief Lives ed. A. Clark, Oxford 1898, II 250 ff.]

er nur einmal vorübergehend auf als einer der Hirten, die herbeieilen, um das Gartenhaus des Basilius gegen die Rebellen zu verteidigen[1]. Die Situation ist folgende: Dorus liegt mit Philisides und einigen anderen Schäfern zusammen auf einem Hügel; in der Freude über die guten Fortschritte, die er in seiner Bewerbung um Pamela gemacht zu haben glaubt, gibt er seiner Hoffnung in einem Sonett Ausdruck, worauf Philisides in einem Gegensonett seine Enttäuschung in der Liebe zum Ausdruck bringt. In einer weit auffälligeren Weise greift in der zweiten Fassung Philisides in die Prosaerzählung ein (F 285 ff.). Dieses stärkere Eingreifen erklärt sich daraus, daß der Dichter in der revidierten Fassung eine ganze Anzahl Figuren, die in der ersten nur in den Eklogen auftreten, zu Akteuren in der Haupthandlung oder in einer der Episoden macht. Wie Strephon und Claius aus den Eklogen in die Erzählung wandern und gleich zu Beginn Zeugen des Schiffbruchs der beiden Prinzen werden, so wandert auch Philisides in den Roman, wo er die frühere Rolle des Ritters beibehält, der aus enttäuschter Liebe unter die Hirten gegangen ist. So beteiligt er sich auf der Seite der Iberier an dem Turnier, das zwischen den Rittern der beiden Königinnen Andromana und Helen ausgefochten wird, und reitet als „Schäferritter" unter dem Klange von Sackpfeifen statt Trompeten in die Schranken, mit einem Schäferjungen als Pagen und zwölf als Schäfern gekleideten Begleitern. Wenn der Dichter bei diesem Turnier die Damen von den Fenstern aus zuschauen läßt und unter ihnen *the Star* [= Stella], *whereby his course was only directed*, so schildert er, genau wie in *Astrophel and Stella* (XLI, LIII)[2], sich selbst, wie er unter den Augen der Geliebten turniert[3].

---

[1] Dobell a. a. O. S. 91, 96 ff. Vgl. oben S. 254.

[2] Having this day my horse, my hand, my lance &c. — In martial sport I had my cunning tried &c.

[3] Auch im weiteren Verlauf des Kampfspiels mag der Dichter eigene Erfahrungen wiedergeben. Der Freund und Gegner des Phili-

Wichtiger aber sind die Züge, die der Dichter aus seinem Leben in den Eklogen unter der Maske des Philisides vorführt. Eine gewisse Schwierigkeit liegt hier für die Interpretation allerdings insofern vor, als in Anordnung und Inhalt der Eklogen sich starke Abweichungen nicht nur zwischen der ersten und der revidierten Fassung, sondern auch innerhalb der beiden Ausgaben von 1590 und 1593 finden[1]. In der ersten Ekloge (Ausgabe 1590, F 132) haben wir in dem jungen melancholischen Hirten, dessen Name nicht genannt wird, Philisides vor uns. Das geht daraus hervor, daß er auf die Aufforderung des Basilius, eine Ekloge zum besten zu geben oder etwas von seinen früheren Schicksalen zu berichten, mit der Bitte antwortet, man möge ihm zu einer so heiteren Stunde den Bericht seiner Schmerzen erlassen, und daß er statt dessen einen Gesang vorträgt, den er vor Beginn seines Liebeskummers verfaßt haben will, die Totenklage um den alten Schäfer Lanquet (= Languet), den besten der Schäfer, der seine Jugend gelenkt und belehrt habe[2].

Ähnlicher Art ist auch die Rolle des Philisides in der zweiten Ekloge, für die wir hier die vollere Fassung des Druckes von 1593 zugrunde legen. Als Claius und Strephon ihr Klageduett beendigt haben, schlägt der alte Schäfer Geron, der die Klagen der Jugend mißbilligt, dem melancholischen Philisides, der sich von allem Sang und Tanz fernhält, auf die Schulter und fordert ihn zu einem Wechselgesang heraus; während er

sides, der korinthische Ritter Lelius, der Besten einer in der Kunst des Turnierens, berührt kunstreich mit dem Speer nur den Kamm vom Helme des Philisides, der sich darüber erzürnt, weil er darin hochmütige Verachtung gegenüber seiner Jugend (!) sieht; aber Lelius beschwichtigt ihn freundschaftlich mit der Auskunft, daß er durch die Ungnade seiner Dame zu solchem Vorgehen verpflichtet sei.

[1] Vgl. oben S. 223 ff.

[2] Die Ausgabe von 1593 enthält dieselbe Episode, allerdings mit starken Abweichungen und verteilt auf die zweite und dritte Ekloge. Über die Verteilung der Eklogen in der Ausgabe von 1593 vgl. Feuillerat a. a. O., Appendix, S. 563 ff.

seinen Partner zur Fröhlichkeit und zur Entsagung von seiner Liebesleidenschaft auffordert, erntet er von der anderen Seite nur abweisende Entgegnungen. Später fordert Basilius Philisides auf, eine Ekloge zu singen oder von seinem Kummer zu berichten, aber Philisides bittet ihn, zu einem so freudigen Zeitpunkt ihm den Bericht seiner Schmerzen zu erlassen[1] und erbietet sich, statt dessen ein Gespräch in Hexametern zwischen sich und Echo vorzutragen; in diesem Echogespräche führt Echo durch seine Antworten Philisides die Hoffnungslosigkeit seiner Liebe vor Augen. In der dritten Ekloge (Ausgabe 1593), wo die Hochzeit von Thyrsis und Kala gefeiert wird, erscheinen alle arkadischen Schäfer als Gäste, von den fremden Hirten aber allein der melancholische Philisides, den Dicus auffordert, eines von den Liedern seines Landes zu singen. Philisides kommt der Aufforderung nach und singt, um anzudeuten, wie fremd er sich selbst sei, von sich als Philisides in der dritten Person, wie er am Ufer eines Flusses weinend und seufzend lag und sich nach der fernen, im Westen wohnenden Mira sehnte. Die ganze Gesellschaft möchte bei dieser Gelegenheit ihn gern genauer ausfragen, aber Philisides kommt dem zuvor, indem er das Lied singt, das ihm sein Lehrer, der Schäfer Lanquet, gelehrt hat[2].

In der vierten Ekloge (nach der Anordnung der Mss.[3]) erfolgt dann die Lösung des Rätsels, die Erklärung der merkwürdigen Erscheinung des Philisides. Nachdem Strephon und Claius ihren Klagen um den Verlust ihrer Herrin Urania Ausdruck gegeben haben, fordern sie Philisides auf, ihnen die Geschichte seiner Leiden vorzutragen, und Philisides, den keine Bitten des Herzogs dazu hatten bewegen können, macht sich bereit, ihnen einen Teil der Schmerzen zu enthüllen, die seine Miene ihnen bereits verraten hat. Der Bericht, den er ihnen (in Prosa) gibt, ist eine Darlegung

[1] Im Druck von 1590 ist diese Episode zum Teil schon in der ersten Ekloge vorhanden.

[2] In der Ausgabe 1590 in der ersten Ekloge enthalten.

[3] Vgl. Dobell a. a. O. S. 97.

von Sidneys eigenem Werdegang von der Geburt ab bis zur damaligen Zeit, gipfelnd in seinem Liebeskummer um Mira. Wenn der Dichter sich sowohl hier wie in den vorher angeführten Stellen als ausgesprochenen Melancholiker darstellt, so wollte er damit vielleicht weniger seinen Liebesschmerz um Stella als die natürliche Anlage seines Temperaments kennzeichnen, die er ähnlich auch in *Astrophel and Stella* (XXVII) geschildert hat[1]. Daß er wirklich von Haus aus Melancholiker war, bezeugen sowohl seine eigenen Aussprüche wie die von Zeitgenossen. Als ihm im Jahre 1574 Languet in einem Briefe vorwirft, daß er nicht heiter genug von Natur sei[2], räumt Sidney in seiner Antwort ein, daß er oft ernster sei als sein Alter oder seine Bestrebungen verlangten, und fügt hinzu, daß er erfahrungsgemäß am wenigsten eine Beute der Melancholie sei, wenn er die schwache Kraft seines Geistes einem hohen und schwierigen Gegenstande zuwende[3]. Aus einem andern Briefe Languets (22. Oktober 1578) erfahren wir, daß Sidney seines bisherigen Lebenswandels müde ist und wünscht, aus dem Lichte des Hofes zu fliehen und sich in die Zurückgezogenheit eines abgeschlossenen Ortes zu begeben, um dem Ansturm der Geschäfte zu entgehen, durch den Männer des öffentlichen Lebens geplagt zu werden pflegen[4]. Sidney selbst schreibt in einem Brief an seinen Bruder (18. Oktober 1580) von sich als einem, der auf alle Vergnügungen der Welt verzichtet hat[5].

Was Philisides von seiner Herkunft und Erziehung berichtet, stimmt selbst in allen Einzelheiten, was Ausbildung in Naturwissenschaften, Reiten, Handhabung von Waffen und Reisen betrifft, aufs genaueste mit dem überein, was uns über Sidney sonst überliefert ist. Wenn er aber weiter

---

[1] Because I oft in dark abstracted guise &c.

[2] Brief vom 22. Januar 1574 (Pears S. 26).

[3] Brief vom 4. Februar 1574 (Pears S. 29).

[4] Vgl. auch das Schreiben Languets vom 24. September 1580.

[5] I write this to you as one, that for myself have given over the delight in the world . . .

berichtet, wie Liebe seine bisherige Ruhe des Geistes zerstört und ihn in Kummer gestürzt hat, obwohl er äußerlich sie vor jedermann zu verbergen verstehe[1], so fehlt es an Beweismaterial, um festzustellen, wie weit der Dichter hier die Geschichte seiner Liebe zu Penelope Rich wiedergibt. Augenscheinlich läßt er seiner Phantasie freien Lauf, denn der in Versen abgefaßte Bericht, wie ihm Mira zuerst im Traum als Nymphe im Gefolge von Venus und Diana erscheint, entspricht völlig herkömmlichen literarischen Motiven. Dadurch werden wir auch ein Gefühl der Unsicherheit nicht los, ob der nachfolgende Prosabericht den Tatsachen entspricht. Philisides schildert, wie er sich von allen Übungen des Geistes abgewandt und allein darnach getrachtet hat, ihre Gunst zu erringen; wie er einen Teil seiner Jugend der Verfolguug dieses Ziels geopfert, alle Mittel, sein Glück zu erlangen, erschöpft und dennoch nicht nur keine Erhörung gefunden hat, sondern wie neue Ursachen zum Streit gegen ihn ausfindig gemacht worden sind; und wie er dann endlich beschlossen hat, durch dauernde Abwesenheit seinem schlimmen Geschick zu entfliehen, nachdem er zuvor noch Mira in Versen über seine zu stürmische Werbung und ihre darauf erfolgte ablehnende Haltung geklagt hat[2]. Das sind Liebesklagen so allgemeiner Art, daß sie beinahe auf jeden Liebeshandel passen. Daß Mira mit Stella (= Penelope Rich) identisch ist, ergibt sich ohne weiteres aus der Situation; bestätigt wird es auch noch durch den Preis der goldenen Locken (F 358), der auch in *Astrophel and Stella* (IX) eine Rolle spielt. Das Fehlen dieser ganzen autobiographischen Episode in den gedruckten Ausgaben legt naturgemäß den Verdacht nahe, daß sowohl Greville wie die Gräfin Pembroke sie als allzu persönlich empfanden und deshalb in stillschweigender Übereinstimmung tilgten. Dadurch wurde in den gedruckten

[1] Vgl. das 54. Gedicht in *Astrophel and Stella:* Because I breathe not love to every one &c.

[2] Dobell a. a. O. S. 92 ff.

Ausgaben die vierte Ekloge bedeutend kürzer als ihre Vorgänger. Aber Sidney selbst hatte offenbar auch schon daran gedacht, diese Episode in der revidierten Fassung abzuändern, denn er übernimmt die beiden Lieder des Philisides aus der vierten Ekloge in die Erzählung des dritten Buches und legt das erste von ihnen dem Amphialus (F 394 ff.), das zweite dem Musidorus (F 357 ff.) in den Mund. Was er mit dem Rest der Episode, dem eigentlich autobiographischen Teil, für die revidierte Fassung vorhatte, läßt sich naturgemäß nicht sagen.

Die ganze Frage, wie weit Sidney sich selbst in Philisides und Penelope in Mira geschildert hat, kann endlich nur im Zusammenhang mit der anderen behandelt werden, wie weit Sidney Anregungen von Sannazaro folgt, der sich selbst in seinem Roman unter seinem Akademienamen als Schäfer Sincero, vielleicht auch noch in der Rolle des Schäfers Ergasto eingeführt hatte. Der ganze Bericht des Philisides in der vierten Ekloge hat sein Vorbild in der siebenten Prosa bei Sannazaro, wo Sincero, der wie Philisides als ein Fremder unter den arkadischen Schäfern weilt, auf Bitten von Charino unter Seufzern seine Lebensgeschichte erzählt. Wie Philisides beginnt er damit, seine Herkunft zu beschreiben und erzählt der Wahrheit entsprechend, daß er aus Neapel stamme und aus einem vornehmen spanischen Geschlechte. Nach einem längeren Berichte von den Schicksalen seines Vaters, der die Gunst König Karls III. genossen hat, kommt er auf seine eigenen Erlebnisse zu sprechen, die genau wie bei Philisides in einer unglücklichen Leidenschaft und freiwilligen Verbannung gipfeln. Mit noch nicht acht Jahren verliebt er sich in ein kleines Mädchen, das schön und von vornehmer Herkunft ist und bewahrt diese Liebe heimlich bei sich. Er verfällt in Melancholie und verliert Appetit und Schlaf; wenn er allein in seiner Kammer ist, faßt er Mut und beschließt, ihr alles zu enthüllen, aber in ihrer Gegenwart wird er furchtsam und schweigsam. Nachdem er lange willens gewesen ist, sich das Leben zu nehmen, beschließt er endlich, Neapel und sein Vaterhaus zu verlassen, um in der Fremde Vergessenheit zu finden, ohne daß ihm dies gelingt. Obwohl auch Unterschiede vorhanden sind, indem Philisides seine Leidenschaft der Geliebten enthüllt, Sincero dagegen sie geheim hält, kann doch kein Zweifel sein, daß die melancholische Gestalt des Philisides, wie sie in den Eklogen auftaucht, dem Sincero nachgebildet ist, der bei Sannazaro in ähnlicher Rolle unter den Hirten Arcadias weilt. Auch der aus Liebe melancholisch gewordene Ergasto mag Züge für die Figur des Philisides abgegeben haben.

Betrachten wir die Rolle des Philisides noch einmal im Zusammenhange, so fällt auf, daß sie innerhalb des Ganzen uns fremdartig, wie ein unorganischer Einschub, berührt. In der Tat steht seine Erscheinung auch in einem deutlichen Widerspruch zu dem sonstigen Inhalt des Romans, insofern, als sein Platz durch die Rolle des Pyrocles schon mehr oder weniger ausgefüllt ist. Philisides' Geliebte, Mira, ist identisch mit Penelope Rich, die der Dichter, wie wir noch sehen werden, in den Prosapartien der Arcadia unter dem Bilde der Philoclea verherrlicht hat[1]. Aus diesem Grunde konnte er Mira, die ja nur ein Doppelgänger der Philoclea war, nicht als Figur in den Roman einführen, und es ist merkwürdig genug, daß er Philisides aus den Eklogen in den Roman übernommen hat. Vermutlich wurde ihm selbst nicht recht bewußt, daß er da-

[1] Schon Sir William Alexander, der Herausgeber der Arcadia vom Jahre 1621, erfaßte den Zusammenhang ganz richtig. Als er die Lücken im dritten Buche zwischen der zweiten und ersten Fassung eigenmächtig ergänzte, suchte er nach seinen eigenen Worten (B 451) seiner Liebe zu Sidney dadurch ein Denkmal zu setzen, daß er hier den Tod des Philisides schilderte, der an einer vergifteten Pfeilwunde stirbt. Auf dem Sterbebette enthüllt er den beiden Freunden Pyrocles und Musidorus, wie er in jugendlicher Neugier nach Arkadien gezogen sei, sich unter die Hirten gemengt und sein Schicksal in der Liebe zu Philoclea gefunden habe; nachdem er sich entschlossen habe, sich durch Taten einen ihrer würdigen Namen zu erringen, habe er sich an dem Kriegszuge zu ihrer Befreiung beteiligt und dabei seine Todeswunde empfangen (B 441 ff.).

mit für Pyrocles eine Art Doppelgänger schuf, und zwar deshalb nicht, weil er wahrscheinlich schon vor der Abfassung der Arcadia sich selbst im Liede unter der Figur des Schäfers Philisides dargestellt hatte, Philisides mithin eine selbständige Schöpfung, sogar eine ältere als Pyrocles war[1].

Eine andere Art von Selbstschilderung als bei Philisides liegt vor bei den Helden des Romans, bei Pyrocles und Musidorus. So viel Züge auch der Dichter von seiner Person auf sie übertragen hat, so kann von einer wirklichen Gleichsetzung nicht die Rede sein. Wie wir sahen, diente die Schilderung des Freundespaares in erster Linie allegorisch-lehrhaften Zwecken. Daß aber trotzdessen Sidney nicht nur Pyrocles, sondern auch Musidorus als ein Ebenbild von sich empfand, glauben wir daraus schließen zu können, daß er das Liebesgedicht, das in der ersten Fassung Philisides an Mira schickt[2], in der zweiten Musidorus an Pamela schicken läßt (F 357). Auch unter den Zeitgenossen fiel bereits Harvey die Ähnlichkeit zwischen dem Freundespaar und der Person des Verfassers auf[3]. Einer der Züge, die der damals etwa dreiundzwanzigjährige Dichter nicht nur auf Philisides[4], sondern auch auf die beiden Haupthelden überträgt, ist die eigene Jugend: Pyrocles ist 18, Musidorus 21 Jahre alt (F 10, 16). Vor allem aber verlieh er, wie wir sahen, beiden das hohe Ethos, das ihn selbst beseelte, die Begeisterung für die hohen Ideale von Tugend, Ehre und Freundschaft[5] und zugleich das zielbewußte Streben

[1] Vgl. oben S. 226.

[2] Vgl. Dobell a. a. O. S. 93.

[3] Pierce's Supererogation (1593): What should I speake of the two brave knights, Musidorus and Pyrocles, combined in one excellent knight, Sir Philip Sidney, at the remembrance of whose woorthy and sweete Vertues my heart melteth? (Works ed. Grosart II 99.)

[4] So berichtet Philisides von sich (Dobell a. a. O. S. 92); After that by my yeares or p rchaunce by a soner priveledge than yeares commonly graunt I was thought able to be my owne master, I was suffered to spend sometyme in travaile . . .

[5] An dieses Ethos dachte Harvey, als er die Arcadia einen

durch bestimmte gute Handlungen zum Wohl der Menschheit beizutragen. Zum ersten Mal spricht in einem englischen Roman ein Autor durch seine imaginären Gestalten aus den Tiefen der eigenen Seele. Wenn die jungen Prinzen *exercises of their vertue* (F 206) suchen, so vermuten wir darin eine Wiederspieglung von Sidneys eigenem Wunsch, den Niederlanden zu Hilfe zu eilen, um auf diese Weise seinen Mut zu erweisen und sich Ruhm zu erringen[1]. Sidneys eigene bescheidene und zurückhaltende Art erkennen wir wieder, wenn er Pyrocles zuschreibt *a certaine almost bashefulle kinde of modestie, as if hee feared the eyes of man* (F 48). Beide Freunde zeigen jenes fast pedantische Streben, ihre Kenntnisse zu erweitern, das den Dichter selbst so stark auszeichnete. An die Ratschläge, die Sidney in dem schon mehrfach herangezogenen Briefe seinem Bruder Robert erteilt, werden wir erinnert, wenn Musidorus sich zu Beginn seines Aufenthalts in Arcadia ausgiebig „über Stärke und Reichtum des Landes, die Natur der Bevölkerung und die Art ihrer Gesetze“ unterrichtet (F 54). Als die beiden Freunde von Thessalien aus zu Euarchus segeln, haben sie Gelegenheit, „in Muße das in der Wirklichkeit zu sehen, was sie zuvor aus Büchern erlernt hatten“, nämlich die Segelkunst, und ihre Kenntnis über die Unterschiede zwischen *Sea-discipline* und *Land-service* zu befestigen (F 191 ff.). Derselbe theoretische Zug kehrt wieder, wenn der Dichter an Musidorus hervorhebt, daß er, teils durch Erfahrung, vor allem aber durch Lektüre, sich mit Kriegslisten vertraut gemacht hat (F 39)[2]. Von äußeren Fähigkeiten überträgt

Court of Honour nannte und sie als einen Ersatz für Homer denen anempfahl, welche die Tugend verehrten und ihren Mut zu hohen Dingen entflammen wollten (Works ed. Grosart II 100 ff.).

[1] Dieser Wunsch spielt Jahre hindurch eine große Rolle in dem Briefwechsel mit Languet und trug dem Dichter 1578 eine Zurückweisung von dem älteren Freunde ein (vgl. Fox Bourne a. a. O. 192 ff. 205 ff.).

[2] Vgl. oben S. 208 ff.

er auf seine Helden außer seiner Kunst des Turnierens, von der später ausführlich die Rede sein wird, seine Kunst des Reitens. So entstand die von jeher bewunderte glänzende und ausführliche Schilderung, wie Musidorus seine Kunst im Reiten zeigt (F 178 ff.), die angeregt sein mag durch die Darstellung der Reitkunst des Theagenes bei Heliodor (III 3)[1], aber ebensogut auch gänzlich Sidneys Erfindung sein kann; spricht er doch auch sonst in der Arcadia auffallend viel von Pferden und Reitkunst und wissen wir doch, daß er die Literatur über Reitkunst genau kannte, daß er in der Praxis diese Kunst gern und eifrig pflegte, und daß er mehr als einmal vor der Geliebten zu Pferde turniert hatte, also die Situation, die Theagenes vor Chariclea und Musidorus vor Pamela erlebt, aus eigener Erfahrung kannte.

Wenn nun Aubrey bezeugt[2], daß es Leute gab, die Amphialus mit Sidney identifizierten, so ist auch diese Vermutung durchaus begründet. Ist es doch mehr als wahrscheinlich, daß der Dichter in dieser Gestalt des edlen, aber unglücklichen Liebhabers der Philoclea, den er erst in die zweite Fassung, also nach Penelopes Verheiratung mit Lord Rich, als Rivalen und Gegenspieler zu Pyrocles, dem glücklichen Bewerber, einführte, sich selbst in der Rolle des unglücklichen Liebhabers darstellen wollte. Da er auf diese Weise die schattenhafte Gestalt des Philisides in einer neuen Form, aber dieses Mal einer bedeutsamen Heldenrolle, wieder aufleben ließ, konnte er in der zweiten Fassung diesen mehr in den Hintergrund schieben. Bezeichnend genug wird jetzt der Traum, in dem Mira (= Penelope) dem Philisides erscheint, ohne weiteres auf Amphialus übertragen (F 394 ff.)[3]. Das ging ohne jede Schwierigkeit, da beide den Dichter in der Rolle des unglücklichen Liebhabers repräsentierten. Auch andere Züge bestätigen diese Gleichsetzung. So teilt Amphialus mit Philisides den Hang

[1] Vgl. Wolff a. a. O. 338.
[2] Vgl. S. 265 ff.
[3] Vgl. oben S. 271.

zur Melancholie, der dem Dichter selbst eigen war, und zeigt ein *sad countenance* (F 222).

Auch an die Persönlichkeit des Schäfers Coridon, so klein und unbestimmt auch seine Rolle in der Arcadia erscheinen mag, läßt sich eine Vermutung knüpfen. An den drei Stellen, wo er auftaucht, ercheint er stets als ein naher Freund des Philisides. Aus der 3. Ekloge (B 505) erfahren wir, daß er wie Philisides zu den fremden, nicht arkadischen Hirten zählt und sich nicht an den schäferlichen Veranstaltungen beteiligt, weil er längst alle fröhliche Geselligkeit aufgegeben hat[1]. Philisides berichtet in seinem Sang (F 133, B 515), daß der Hüter seiner Jugend, der Schäfer Lanquet ihn bei seinem Weggang dem würdigen Coridon anvertraut habe:

> Till forste to parte, with harte and eyes even sore,
> To worthy Coriden he gave me ore.

Aus den Briefen, die Languet nach dem Aufenthalt in London (1579) an Sidney schreibt, geht nun aber hervor, daß er ihm besonders den Umgang und den Rat seines Freundes Dyer ans Herz legt. So heißt es etwa in dem Briefe, den er 1579 nach seiner Rückkehr von Belgien aus an Sidney schreibt, in Bezug auf Dyer: „Seine Freundschaft gleicht einem Juwel, das meinen Schätzen hinzugefügt worden ist", und in dem letzten uns erhaltenen vom 28. Okt. 1580: „Ich weiß, daß Ihr und Euer geschätzter Freund Dyer, von dessen Ehrlichkeit und Klugheit Ihr so reichliche Beweise gehabt habt, ernstlich die Lage Eurer Angelegenheiten bedenken und etwas finden werdet, wie Ihr Euch beschäftigen könnt"[2].

---

[1] Ausgabe 1593 (B 505): Thither came of strange shepherds only the melancholy Philisides; for the virtuous Coridon had long since left off all joyful solemnities.

[2] Wie eng die Freundschaft zwischen Dyer und Sidney schon damals gewesen sein muß, lehrt uns auch eine Bemerkung Harveys in einem Briefe an Spenser aus dem Jahre 1580, wo er über Poesie spricht und die beiden Freunde bezeichnet als *ouer very Castor, & Pollux for such and many greater matters.* (Works ed. Grosart I 86.)

Am merkwürdigsten ist die dritte Erwähnung Coridons, die sich in der vierten Ekloge der ersten Fassung findet und im Druck ausgelassen wurde; sie zeigt uns, daß der Dichter sich Coridon als gleichaltrig mit Philisides vorstellt, wodurch die Gleichung Coridon-Dyer an Wahrscheinlichkeit gewinnt. Philisides berichtet, daß er nach dem Traume schließlich seiner Mira wirklich begegnet sei: *to her I say whom even Coridens (!) had made the upshott of all his despayring desyers*" [1]. Wenn hier also keine Fiktion vorliegt, hat auch Dyer Penelope seine Huldigungen dargebracht, wovon sonst nichts bekannt ist.

Endlich ist auch in Churchyards Epitaph of Sir Philipp Sidney [2] in dem Gedichte *Amoris Lacrimae* bei der Klage der Schäfer um den Toten außer von Phillis (Sidneys Frau?) ausführlich die Rede von Coridon, dem nahen Freunde des Verstorbenen. Die Sorgfalt, die auf die Beschreibung von Coridons Schmerz verwendet wird, legt auch hier die Vermutung nahe, daß damit dem nächsten Freunde Sidneys, Dyer, ein Denkmal gesetzt werden sollte [3].

Nichts ist wahrscheinlicher, als daß der Dichter, der sich selbst in der Gestalt des Philisides in den Roman einführte und in dieser Rolle so viel von seinem Liebeskummer und seiner Geliebten sprach, nun auch den Ver-

---

[1] Dobell a. a. O. S. 93.

[2] Neu gedruckt in: Sidneiana being a collection of Fragments relative to Sir Philip Sidney Knt., London, Roxburgh Club Nr. 53 (1887) S. 33 ff.

[3] And Corridon poore sillie wretched swaine,
Dooth make such mone as if he should go mad,
All in despaire to see good dayes againe,
To loose the joy that on the earth he had;
Who since the time he heard but of the wound,
Liv'de like a ghost that goes upon the ground.

And so forlorne abandonde all content,
Keepes in the Caves where comfort is unknowne,
Borne but to live, and onely to lament,
The dolefull life that by his death hath growne;
Who in his life would let him know no care,
But by his death all griefs that ever are.

such machte, die letztere selbst in den Roman einzuführen und auf diese Weise zu verherrlichen, ähnlich wie er sie in seinen Liedern als Stella verherrlichte. Wir sahen schon, wie Puttenham und seine Zeit ohne weiteres Philoclea mit Penelope Rich identifizirten. Trotzdessen ist der Beweis für diese Aufstellung nicht leicht zu führen, schon deshalb nicht, weil es sich im Gegensatz zu dem Liebeshandel des Dichters mit Penelope im Falle der Philoclea um eine Liebe handelt, die zwar viele Gefahren durchzumachen hat, aber trotzdessen glücklich endet. Doch ist zu beachten, daß bei der Niederschrift der ersten Fassung Penelope noch nicht verheiratet war. Auf jeden Fall ist eine einfache Identifikation ausgeschlossen und es kann sich nur darum handeln, zu bestimmen, wie viel von der Geliebten auf Philoclea übergegangen ist. Daß der Dichter bei Philoclea an Penelope Devereux dachte, geht einmal wohl schon daraus hervor, daß Pyrocles sie gelegentlich als *my only star* [= Stella] anredet (B 544), mit derselben Bezeichnung also, die, wie wir oben (S. 267) sahen, der Dichter für Penelope anwendet, wenn er sie als die Geliebte des Philisides einführt. Zum anderen wird die Schwärze ihrer Augen ganz ähnlich wie bei Stella hervorgehoben (F 90, 219 etc.). Vor allem aber wird unsere Behauptung bestätigt durch eine der wenigen in der zweiten Fassung stehengebliebenen Stellen, wo der Autor aus seiner Reserve hervortritt und über seine Gestalten spricht: *And alas (sweete Philoclea) how hath my penne till now forgot thy passions, since to thy memorie principally all this long matter is intended? pardon the slackness to come to those woes, which having caused in others, thou didst feele in thy selfe* (F 168 ff.). Solche Worte hätte der sonst so zurückhaltende Dichter gewiß nicht für eine bloße Romanfigur gefunden. Auch wäre nicht ersichtlich, warum der Dichter gerade Philoclea zu seiner Lieblingsfigur hätte machen sollen, der vom Standpunkt der Romantechnik aus gesehen, keine bedeutsamere Rolle zukommt als ihrer Schwester Pamela. An zahlreichen Stellen ist erkennbar, daß sie die Lieblingsgestalt des Dichters ist. Als Pyrocles von seinem ersten Zusammentreffen mit ihr erzählt, wird sie mit einer Fülle von Hyperbeln bedacht, die ihresgleichen in dem ganzen Roman nicht haben: *But when the ornament of the Earth, the modell of heaven, the Triumphe of Nature, the light of beauty, Queene of Love, young Philoclea appeared in her Nymphe-like apparell* . . . Die Lilien scheinen dem Dichter vor Neid zu erbleichen, die Rosen vor den süßeren Rosen ihrer Wangen zu erröten und die Äpfel von den Bäumen zu fallen, um den Äpfeln ihrer Brust Ehrfurcht zu erweisen (F 90). Ein anderes Mal wird sie als *the beauty of the world* (B 504) bezeichnet. Sie ist die bevorzugte der beiden Schwestern auch dadurch, daß nicht nur Pyrocles sie liebt, sondern auch der Held Amphialus, der an edlen Eigenschaften und liebevoller Zeichnung den beiden Freunden fast gleich kommt und, wie wir sahen, ein Abbild des Dichters selbst sein sollte. Endlich käme auch noch in Betracht, daß Philoclea nicht nur die jüngere der beiden Schwestern ist, sondern auch daß ihre Kindlichkeit immer wieder als hervorstechender Zug betont wird; auch hierin wird man wohl eine Übertragung von der Jugend Penelopes her erblicken dürfen, die, im Jahre 1563 geboren, 1577 in ihrem vierzehnten Lebensjahre stand.

Größere Schwierigkeiten bereitet die Figur der Urania, die wir bereits (S. 150) in ganz anderem Zusammenhange als eine Allegorie des platonischen Gedankens der himmlischen Liebe kennen gelernt haben. Da Spenser gelegentlich Sidneys berühmte Schwester, die Gräfin Mary Pembroke, unter dem Namen Urania besingt[1], ist man auf die Vermutung gekommen, daß Sidney unter der Schäferin Urania in der Arcadia seine Schwester habe zeichnen wollen. Diese Ansicht wird gestützt dadurch, daß die Gräfin Pembroke, die als Schwester Sidneys und bekannte Gönnerin der Künste von den Zeitgenossen wie kaum eine zweite Frau außer Elisabeth selbst verherrlicht worden ist, auch

---

[1] Colin Clouts Come Home Again, v. 485 ff.

sonst gelegentlich mit diesem Namen genannt wird, besonders an den Stellen, wo sie mit ihrem Bruder zusammen erscheint, so etwa von Barnabe Barnes in dem *Dedicatory Sonnet* der *Poems* (Arber, An Englisch Garner V 485). Die Arcadia selbst scheint zunächst keinen sicheren Schluß zuzulassen, da die Rolle der Urania unklar bleibt. Wie Philisides gehört sie zu den Figuren, die ursprünglich nur in die Eklogen hinein gehören und eigentlich zu Unrecht von da in den Text der revidierten Fassung gewandert sind. Ihre Rolle ist um so absonderlicher, als sie überhaupt nicht in Person auftritt, sondern der Leser immer nur aus dem Munde Dritter etwas über sie erfährt. So viel ist zunächst klar, daß sie keine wirkliche Schäferin ist wie Kala oder Mopsa, sondern wie Philisides oder Dorus eine hochgestellte Persönlichkeit, die nur Schäfertracht angelegt und in dieser Verkleidung eine Zeitlang in Arcadia als Schäferin gelebt hat, um sich dann von Lakonien aus zu Schiff nach der Insel Cithera zu begeben. Das geht deutlich hervor aus der Beschreibung des Turniers am Hofe von Basilius. Dieses Turnier wird abgehalten auf Grund einer Herausforderung durch den Ritter Phalantus, der die Schönheit seiner Herrin Artesia gegen alle Ankömmlinge vertritt (F 96 ff.) und die Bedingung stellt, daß die Überwundenen das Bildnis ihrer Dame dem Sieger überlassen. Zu Beginn des Turniers tragen eine Anzahl Diener die von Phalantus bisher auf diese Weise errungenen Bildnisse der bekanntesten Königinnen, Prinzessinnen und vornehmen Damen Griechenlands, darunter auch als vorletztes Bildnis das der schönen Schäferin Urania, das ein reicher in sie verliebter Ritter namens Lacemon vergeblich verteidigt hatte. Auch das, was Strephon und Claius, die sich in Urania bei ihrem Aufenthalte in Arcadia verliebt haben, von ihr berichten, zeigt, daß sie keine wirkliche Schäferin sein kann (F 7 ff.). Wir sahen oben (S. 150), daß sie einmal als Verkörperung der himmlischen Weisheit und Schönheit im plantonischen Sinne aufzufassen ist, aber daneben ist sie innerhalb der Handlung des Romans eine Sterbliche, die auf ihre Umgebung von Hirten eine so hohe bildende und veredelnde Wirkung ausübt, wie sie nicht von einer einfachen Schäferin ausstrahlen kann, sondern nur von einer Persönlichkeit, die einer höheren Gesellschaftssphäre angehört[1].

Gegen diese Auffassung scheint indessen auf den ersten Blick zu sprechen, daß die Eltern Uranias sie mit Antaxius, einem reichen benachbarten Hirten vermählen wollen und daß Urania, die ihr Herz nicht verkaufen will, sich darüber grämt (B 111 ff.), aber die Lösung ist wohl die, daß es sich bei dem Hirtenpaar nur um Pflegeeltern handelt, die ein von den richtigen, vornehmen Eltern ausgesetztes oder verlorenes Kind als das ihre auferzogen haben. Das würde einem auch sonst weitverbreiteten Romanmotive entsprechen, das im späteren Verlaufe der Erzählung ergänzt zu werden pflegt durch die Enthüllung der vornehmen Abkunft der Heldin[2]. Warum Urania Arkadien verläßt und nach der Insel Cythera übersiedelt, erfahren wir nicht, ebensowenig warum sie von dort aus einen Brief an Strephon und Claius sendet, um das Paar zu sich zu rufen (F 15); beides paßt aber wiederum mehr zu dem vornehmen Mädchen, das als Schäferin aufwächst, als zur wirklichen Schäferin, die durch derartig selbständige und geheimnisvolle Handlungen ganz aus dem Rahmen der sonstigen wirklichen Schäferinnen in der Arcadia herausfallen würde.

Wenn wir somit auch annehmen müssen, daß Urania zu den Romanfiguren vornehmer Herkunft gehört, so bleibt doch noch zu beweisen, daß der Dichter in ihr seine Schwester zeichnen wollte. Dafür ließe sich einmal der geistige Einfluß geltend machen, der von Urania auf Strephon und Claius ausgeübt wird, der sehr wohl aufgefaßt werden kann als eine Anspielung auf die hohen geistigen Fähigkeiten und Interessen von Mary Pembroke wie auf den Kreis von Dichtern, den sie um sich zu sammeln verstand. Aber es ist vielleicht auch kein Zufall, daß ge-

[1] Auch daß Urania bei ihrem Abschied vom Festlande zu Pferde erscheint, entspricht mehr dem Bilde einer vornehmen Persönlichkeit.

[2] Vgl. etwa Greenes Schäferromane *Pandosto* und *Menaphon*.

rade bei der Schilderung des schäferlichen Fangspiels *(Barley-break)*, wo Strephon die fliehende Urania zu haschen sucht, ein Vergeich fällt, in dem das einzige Mal in der Arcadia Wilton, der Wohnsitz von Mary Pembroke, genannt wird[1]. Daß Wilton genannt wird, ist gerade darum so auffällig, weil mit Wilton den Dichter keinerlei Jugenderinnerungen wie mit Penshurst etwa verknüpften, sondern er Wilton erst im Jahre 1577, nach seiner Rückkehr von der Reise nach Deutschland, kennen gelernt hatte; hatte doch erst im Februar 1577 seine Schwester Mary sich mit dem Besitzer von Wilton, Lord Henry Herbert, Earl of Pembroke verheiratet. Fassen wir all das zusammen, so ist die Vermutung, daß Sidney unter der Gestalt der Urania irgendwie seine Schwester feiern wollte, nicht leicht von der Hand zu weisen.

Zu den Gestalten, hinter denen sich aller Wahrscheinlichkeit nach bestimmte Persönlichkeiten aus dem Bekanntenkreise Sidneys verbergen, zählen auch Strephon und Claius, die beiden Bewerber um Urania. Sie nehmen schon dadurch eine Ausnahmestellung ein, daß sie nicht zu den arkadischen Hirten gehören; ausdrücklich wird betont, daß sie fremde Hirten sind (B 505) und daß der eine von ihnen aus Äolien, der andere aus Epirus stammt (B 109). Man würde geneigt sein, sie mit Philisides zusammen zu den *two or three straungers* zu zählen, von denen Kalander berichtet, daß sie aus melancholischem Überdruß mit der Welt ihr Leben unter dem Landvolk Arcadias verbringen (F 28), wenn sie nicht auf der anderen Seite als Hirten von Beruf bezeichnet wurden (B 109ff.). Dafür spricht auch der Umstand, daß sie erst durch Urania höhere Bildung empfangen. Wiederum aber spricht Claius von sich und

[1] B 116:

He thrice reach'd, thrice deceiv'd, when her to bear
He hopes, with dainty turns she doth him flee.
So on the Downs we see, near Wilton fair,
A hasten'd hare from greedy grayhound go,
And past all hope his chaps to frustrate so.

Strephon mit dunklen Worten als Leuten *whose basenes is such as the very Knowledge is darknes* (F 14). Alles in allem wird man wohl kaum fehlgreifen, wenn man hinter ihnen Persönlichkeiten, vielleicht nicht solche hoher Abkunft, aus der näheren Umgebung der Lady Pembroke vermutet.

Alle die übrigen Vermutungen, die man an Gestalten der Arcadia geknüpft hat, enthalten zu wenig Stützpunkte als daß wir uns eingehender mit ihnen zu befassen brauchten. Als wahrscheinlich darf man wohl annehmen, daß der Dichter bei der Schilderung der Königin Helen von Korinth, die als Frau ihr Land trefflich zu regieren, ihre Untertanen in Respekt und Bewunderung zu erhalten und trotz der kriegerischen Zeiten ihrem Lande den Frieden zu bewahren weiß, an Königin Elisabeth dachte. Eine entfernte Möglichkeit liegt vor, daß das Portrait des tyrannischen und mistrauischen Königs von Phrygia (F 196—197) Züge von dem fanatischen und menschenscheuen Philipp II. von Spanien annahm[1].

[1] Zweifelhaft erscheint mir, ob man, wie oft geschehen, Parthenias Selbstentstellung durch Einreiben mit einem schrecklichen Gifte (F 34) in Verbindung bringen kann mit der Entstellung, die sich Sidneys Mutter bei der Pflege der an Pocken erkrankten Königin Elisabeth zuzog (vgl. J. Lloyd, The life of Sir Philip Sidney [1862], S. 106).

XIII. Das Rittertum der Renaissance in der Arcadia.

Mit der Aufnahme der autobiographischen Züge in die Arcadia steht in naher Verbindung auch die Aufnahme von Zügen aus der Kultur seiner Zeit. Wir sahen, wie Sidney sich bemühte, für die erste Fassung der Arcadia ein antikes Milieu zu schaffen und Anachronismen zu vermeiden. Im Gegensatz zum Drama, wo schon damals in den verschiedensten Ländern bedeutsame Versuche zu einer von Anachronismen freien Darstellung antiker Stoffe vorlagen, war auf dem Gebiete des Romans mit seinen Ansprüchen an detaillierte Milieu- und Sittenschilderung das Problem ein viel schwierigeres, so schwierig, daß erst die Romanschriftsteller des 19. Jahrhunderts eine einigermaßen befriedigende Lösung fanden. Wenn Sidney in der zweiten Fassung der Arcadia das Rittertum in der Form, wie es ihm die Renaissance bot, und die sonstige Kultur der eigenen Zeit in starkem Maße heranzog, so lag das in erster Linie wohl daran, daß er die Handlung seines Romans von vornherein in höfische Kreise, wenn auch solche des Altertums, verlegt hatte. Da er von den Sitten des alten Griechenlands nicht viel wissen konnte, lag es für ihn nahe, zur Ergänzung die höfischen Sitten seiner eigenen Zeit und Umgebung heranzuziehen. Dazu kam das Beispiel der Romane von Sannazaro und Montemayor und von Ariosts Rasendem Roland mit ihrer Mischung verschiedener Kulturen. Obwohl der Dichter somit seinen ursprünglichen Plan, einen antikisierenden Roman zu schreiben, durchbrach, suchte er den Widerspruch, über den er sich als Klassizist gewiß keinen Täuschungen hingab, doch dadurch zu mildern, daß er diese verschiedenen Kulturwelten nicht in einen zu scharfen Gegensatz zu einander geraten ließ, sondern für die nicht-antiken Bestandteile ein wenig ausgesprochenes heroisch-galantes Milieu von unbestimmtem Zeitcharakter wählte, das, ohne die Illusion allzu stark zu gefährden, neben das antike Milieu treten konnte, das von vornherein ja nicht sehr scharf gefaßt war; aus solchen Überlegungen heraus vermeidet er im großen und ganzen das Hineinziehen von spezifisch christlichen oder elisabethanischen Einrichtungen und Gebräuchen. All das konnte aber naturgemäß nicht verhindern, daß in der zweiten Fassung vielfache Anachronismen unterliefen.

Alle wichtigeren Partien des Romans, die etwas vom Geist des Rittertums an sich tragen, sind erst in der revidierten Fassung hinzugekommen. Erst hier finden wir die Episoden von Argalus und Parthenia, Amphialus und Helen, Phalantus und Artesia, Pamphilus und Dido und die lange Episode von der Gefangenschaft der Prinzessinnen durch Cecropia, die zusammengenommen in der zweiten Fassung einen so breiten Raum einnehmen, daß das Aussehen der Arcadia sich bei flüchtiger Beobachtung der Gattung des Ritterromans nähert. Dieses Aussehen bewog offenbar Ben Jonson zu dem von William Drummond in den *Conversations* überlieferten Ausspruch, daß *S. P. Sidney had ane intention to have transform'd all his Arcadia to the stories of King Arthur.* Dieselbe Erscheinung hat auch moderne Kritiker verführt, die Arcadia unter die Ritterromane einzureihen.

Wenn Sidney bei der Umarbeitung der Arcadia dem ritterlichen Elemente einen so großen Spielraum einräumte, so erklärt sich das in letzter Hinsicht nicht etwa aus einer äußerlichen Einwirkung durch literarische Vorbilder, sondern aus einer persönlichen Vorliebe für die Formen des Rittertums und dem Wunsche, durch Schilderung ritterlicher Vorgänge die Hörer zur Ausübung ritterlicher Tugenden anzuspornen[1]. In dieser Wertschätzung des Ritter-

[1] Vgl. S. 173 ff.

tums vertritt Sidney, den Spenser bereits im Alter von 25 Jahren *the president of nobleness and chivalry* nennt, nur die allgemeine Anschauung der Hofkreise. Wie uns die Festlichkeiten am Hofe der Elisabeth verbürgen, vor allem die Turniere und Maskenaufführungen, die in Erinnerung an die Glanzzeiten des Rittertums schwelgen, hing die englische Aristokratie mitten in dem neuen Zeitalter noch stark an den äußeren Formen des dahingeschiedenen mittelalterlichen Rittertums fest. Ähnlich wie in dem Frankreich Franz' I. und Heinrichs II. († 1559), wo das Rittertum eine glänzende Wiederauferstehung gefeiert und eine Persönlickeit wie Bayard hervorgebracht hatte, handelt es sich um ein Wiederaufblühen des Rittertums nach einer vorangegangenen Epoche mehr bürgerlichen Anstriches. Der erste Anstoß ging für England vermutlich vom französischen Hofe aus; zur weiteren Entwicklung beigetragen hat aber sicherlich auch die Kenntnis der modernen spanischen Ritterromane mit ihrer, in den französischen Bearbeitungen noch gesteigerten Galanterie und Rhetorik, die über die vielen lächerlichen Züge hinweghalfen. Eine gewisse Rolle spielte vermutlich auch der Umstand, daß an der Spitze des Landes eine jungfräuliche Herrscherin stand, um die herum sich ganz von selbst eine Atmosphäre ritterlicher Galanterie entwickelte[1]. So erklärt es sich, daß das neu erwachende Rittertum seinen literarischen Ausdruck fast gleichzeitig in zwei so bedeutsamen Werken höfischer Kunst fand, wie der Arcadia und Spensers Feenkönigin. Während aber Spenser nicht von Haus aus mit dieser ritterlichen Kultur verbunden war, war Sidney in ihr groß geworden. Wie uns *Astrophel and Stella* lehrt, schwebt ihm das Abenteuer- und Liebesleben des mittel-

[1] Wie sehr die vornehmen Kreise in den Formen des Rittertums zu Hause waren, sehen wir auch daran, daß man in der politischen Korrespondenz romantisch-ritterliche Namen als Decknamen verwandte. So erscheint etwa Edmund Fitzgibbon als *White Knight* und der Vater von David Loghe als *Knight of the Valley* (vgl. Calendar of State Papers, Irish Series 1509—1573 S. 336, 1574—1585 S. 56, 60, 311).

alterlichen Ritters als ein Lebensideal vor. Waffentaten und Liebeserfolge gehören für ihn noch ebenso zusammen wie einst für Surrey; in Blick und Erröten der Geliebten, deren Gegenwart beim Turnier ihn zum Siege begeistert, sieht auch er noch sein Schicksal[1].

Was ihn und den ganzen elisabethanischen Adel dem Rittertum eine solche Bedeutung beimessen ließ, war in erster Linie aber wohl der Begriff der Ehre, der ihnen hier in seiner verfeinertsten Form entgegentrat. Es ist gewiß kein zufälliger Parallelismus, wenn Spenser 1579 in der Widmung des Schäferkalenders Sidney als *the president of nobleness and chivalry* und Harvey 1593 die Arcadia als *Court of Honour* bezeichnet. Alle edleren Gestalten der Arcadia, ob männlich oder weiblich, sind beherrscht von diesem Begriff der Ehre, der dem Altertum fremd war, der sich aber leicht in Verbindung setzen ließ mit der Aristotelischen Tugendlehre. Das zeigen sowohl die Gestalten der Feenkönigin wie der Arcadia.

So kommt es, daß Sidneys Helden sich fortwährend in Situationen befinden, die hohe Anforderungen an ihren Ehrbegriff und ihre Ritterlichkeit stellen, sei es, daß es sich darum handelt, schwachen Frauen zu helfen, auf alle Vorteile des Zufalls oder der besseren Ausrüstung gegenüber einem Gegner zu verzichten, oder, wie im Falle von Argalus, die Treue gegen den Herrscher mit dem Tode zu besiegeln. Alle Helden wahren aufs skrupelhafteste die Forderungen des ritterlichen Ehrenkodexes. Als Amphialus versehentlich das Pferd seines Gegners getötet hat, springt er selbst vom Pferde, um nicht dadurch einen Vorteil vor seinem Gegner voraus zu haben (F 458). Trotzdessen kann man von einer Übertreibung des Ehrbegriffes oder des Pflichtgefühls auf Kosten der natürlichen Instinkte nicht reden; bei der Zeichnung der Charaktere bleibt das Ehrgefühl nur eine Eigenschaft neben anderen, die auch das Aufkommen

---

[1] Vgl. *Astr. & St.* No. XLI (Having this day my horse, my hand, my lance) und XLIX (I on my horse, and Love on me, doth try).

aller möglichen Leidenschaften nicht ausschließt. Es genügt daran zu erinnern, wie Pyrocles, Musidorus und die beiden Prinzessinnen die Flucht aus Arcadia gegen den Willen des Vaters und Monarchen Basilius unternehmen.

Turmhoch über den Ritterromanen steht die Arcadia in der fachmännischen und anschaulichen Schilderung des Kampfes zu Fuß und zu Pferde. Selbst ein Dichter, der mit dem Rittertum seiner Zeit so vertraut ist wie Ariost, bleibt mit der Phantasie seiner Turnier- und Kampfesschilderungen weit hinter Sidneys praktischer Erfahrung und genauer Kenntnis von heraldischem Detail zurück[1]. Unter den elisabethanischen Romanschriftstellern ist Sidney der einzige, der etwas von der prunkvollen äußeren Kultur des Hofes wiederzugeben versteht. Die ritterlichen Szenen der Arcadia sind ein gewisser Ausgleich für die auffallende Erscheinung, daß in dem England Heinrichs VIII. und der Elisabeth der Turnierhof mit seinen Loggien voll zuschauender Damen keinen Sänger gefunden hat. Ein begeisterter Anhänger der Reit- und Fechtkunst, der nicht nur selbst im Winter 1574—1575 unter dem italienischen Reitlehrer Pugliano der Reitkunst gepflegt, sondern auch die betreffende Literatur, die Schriften der Italiener Grison und Claudio Corte gelesen hatte[2], der seinen Bruder brieflich ermahnte, keinen Tag verstreichen zu lassen, ohne nicht eine oder zwei Stunden sich in den Waffen zu üben, der Waffenspiele jeder Art an fremden Höfen kennen gelernt, der vor allem am französischen Hofe die besten Krieger der Zeit, einen Teligny und Tavannes, einen de la Ferriere und de Retz, beim Waffenspiel beobachtet hatte, liebte Sidney es, ebenso wie sein Oheim Leicester und sein Freund Greville, in den heimischen Turnieren in eigener Person mit der Lanze um

---

[1] Das gilt selbst für so eingehende Schilderungen wie im 41. Gesange des Orlando Furioso.

[2] Vgl. Sidneys Briefwechsel mit Languet. Beide Schriften waren von Thomas Blundeville ins Englische übersetzt und Lord Leicester gewidmet worden, der Claudio Corte als seinen Reitmeister nach England gezogen hatte.

den Siegespreis zu werben. Von dieser jugendlichen Vorliebe für Reitkunst und Turnier ging ein gut Teil in die Arcadia über. Schon die Schilderung der Pferde in der Arcadia ist nicht die blasse oder theatralische des Ritterromans, sondern beruht, besonders bei den Turnierbeschreibungen, auf eigener Beobachtung (F 416 ff.; 423); es mag genügen, darauf hinzuweisen, mit welcher Sorgfalt Amphialus sich vor dem Kampfe ein fast zwanzigjähriges Pferd aussucht und satteln läßt (F 414 ff.).

Während der ganzen Regierung der Königin hatten von Zeit zu Zeit große höfische Turniere stattgefunden [1]. In altmodisch ritterlicher Weise hatte Sir Henry Lee 1559 gelobt, in jedem kommenden Jahre als Champion der Königin gegen jeden Herausforderer in die Turnierschranken zu treten, ein Versprechen, dem er bis zum Jahre 1590 treu blieb. Da Sidney zu Beginn des Jahres 1579 in England weilte, dürfen wir wohl annehmen, daß er bei dem Turnier, das im Januar dieses Jahres zu Ehren seines Freundes Johann Kasimir von der Pfalz abgehalten wurde, zusah, wenn nicht sogar mitwirkte. Sicher nahm er teil an dem Turnier, das am 22. Januar 1581 zu Westminster ausgefochten wurde, zu dem Philip Howard, Earl of Arundel, unter dem Namen Callophius am 6. Januar die Herausforderung an alle ergehen ließ, die kommen wollten. Unter den 17 *Defenders*, von denen der Earl of Oxford den Preis davontrug, finden wir auch die Namen von Sidney und Greville [2]. In demselben Jahre finden wir Sidney zusammen mit dem Earl of Arundel, Lord Windsor und Greville als Herausforderer zu dem großartigen Turnier, das zu Ehren der französischen Gesandten zu Pfingsten veranstaltet wurde. Auf dieses Turnier mag sich das bekannte Sonett (XLI) in *Astrophel and Stella* beziehen, wo der Dichter sich rühmt, nach dem Urteil der englischen wie französischen Zuschauer zu Pferde mit dem Speer den Preis des Tages davongetragen

[1] Vgl. besonders Nichols, The Progresses and Public Processions &c. 2. Aufl. London 1823.

[2] Nichols a. a. O. II 302, 334 ff.

zu haben, und wo er die zuschauende Stella als Ursache seines Erfolges feiert. Da alle diese Waffentaten in die Zeit der Herstellung der zweiten Fassung der Arcadia fallen, stellt sich von selbst die Frage ein, ob die dort geschilderten zahlreichen Turnierszenen Reminiscenzen an bestimmte Vorführungen dieser Art enthalten oder ob wir nicht wenigstens den Umfang feststellen können, in dem der Dichter sich an die Gebräuche seiner Zeit anschloß. Genügt doch die literarische Tradition, die durch die Ritterromane und Ariost gegeben war, in keiner Weise, um die Turnierschilderungen der Arcadia mit ihrer detaillierten Beschreibung von Ausrüstungen, Devisen und Sinnsprüchen zu erklären.

Das beste Material für die Beantwortung dieser Frage gewährt uns der ausführliche Bericht, den wir aus der Feder Henry Goldwells über die großartigen Veranstaltungen vom Mai 1581 besitzen[1]. Bei diesen handelt es sich darum, daß die vier *Foster Children of Desire*, nämlich die Herausforderer Arundel, Windsor, Sidney und Greville, den Versuch machten, die *Fortress of Beauty* zu erobern, die von einer Reihe von Rittern verteidigt wurde — eine deutliche Allegorie der französischen Bewerbung um Elisabeth. Wir werden wohl kaum mit der Annahme fehlgehen, daß bei dem ganzen Arrangement und dem Entwerfen der langen Herausforderungsreden, die ein Herold vor der Königin verlas, die beiden literarisch veranlagten Köpfe unter den Herausforderern, Sidney und Greville, ihre Hand im Spiele hatten. Werden doch die vier Herausforderer ausdrücklich als die Erfinder des Schauspiel bezeichnet[2], und hatte doch Sidney bereits 1578 bei dem Besuche Elisabeths bei Lord Leicester in Wanstead ihr zu Ehren sein kleines Maskenspiel *The Lady of the May* verfaßt. Auf alle Fälle sind überraschende Übereinstimmungen zwischen den in der Arcadia geschilderten Turnieren und diesem Waffenspiel vorhanden;

---

[1] Nichols II 312 ff.

[2] . . . made their invention of the aforesaide triumphe, in this order an forme following (Nichols II 313).

weitere würden sich wohl noch finden lassen, wenn sich Goldwell nicht so sehr auf die Reden beschränkt, sondern uns noch mehr von der Ausrüstung der Ritter überliefert hätte. Die äußere Turnierausstattung und Einrichtung ist bei Sidney und Goldwell dieselbe. Die Herausforderungen und Erwiderungen sind in einem gestelzten, steifen Stile gehalten, der voll ist von Allitteration, Antithese, Homoioteleuton und sonstigen Wortspielereien[1]. Die Herausforderungen lauten auf Kampf mit Lanze und Schwert und jeder Zweikampf besteht im Brechen von sechs Speeren[2]. Obwohl in dem Turnier von 1581 nur bei einigen Rittern Ausrüstung, Impresa und Wahlspruch genau beschrieben wird[3], ist es klar, daß jeder einzelne Kämpfer in seiner Ausrüstung irgend eine ganz bestimmte Rolle ausdrückt, genau so wie jeder einzelne Ritter in der Arcadia. In manchen Fällen ist die Ähnlichkeit eine frappante. Allgemeiner Art ist sie, wenn Sir Henry Leigh (= Lee) als unbekannter Ritter auftritt (Nichols II 319) und Pyrocles als unbekannter *ill apparelled Knight*, der weder Bild noch Devise führt (F 109)[4]. Wie aus der Rede der beiden verteidigenden Ritter Perot und Cook an die Königin (Nichols II 319 ff.) hervorgeht,

---

[1] Vgl. hauptsächlich Nichols II 313, 317, 321 ff. und Arcadia ed. Feuillerat S. 413, 422, 453.

[2] Nichols II 314: and then, if any will call them to the course of the field with launce and sword; II 319: and when he had broken his six staves, went out in like manner againe. II 322: they most humblie me for this, that either by six courses betweene them the quarell may be ended. II 336: prepared themselves to run, everie one in his turne, each Defendant six courses against the former Challengers. — Arcadia (F 108): they performed their courses, breaking their six staves.

[3] Then came in the Defendants in most sumptuous manner . . . with everie one his sundrie invention, which for that some of them be mysticall and not knowne to manie, I omit therefore, for brevities sake, to speake of anie.

[4] Dieser „unbekannte Ritter“ gehörte zum allgemeinen Handwerkszeug der großen Turniere. Ein „Vnbekent riter“ findet sich z. B. auch bei dem Turniere des Landgrafen von Hessen im Jahre 1596 (Nichols III 390).

befand sich unter den Rittern des Turniers auch ein *frozen Knight*, dessen Rolle nicht ganz klar ist; es wird berichtet, daß *Despaire* (= die Partei der Verteidiger) ihn wohl in der Luft gefrieren ließ, daß aber *Desire* (= die Partei der Herausforderer) ihn zwang, die Sonne (= die belagerte Königin) anzuschauen, wobei dieser *honest and faire hearted frozen Knight* sich in Tropfen auflöste und unter den Strahlen der Sonne eines freudvollen Todes starb. Diesen merkwürdigen gefrorenen Ritter finden wir in der Arcadia wieder (F 286) als Gegner des Phönixritters: *Against whom was the fine frosen Knight, frosen in despaire; but his armor so naturally representing Ice, and all his furniture so lively answering therto, as yet did I never see any thing that pleased me better.* Daß diese beiden durch *despaire* gefrorenen Ritter nichts miteinander zu tun haben sollten, ist schwerlich denkbar. Sidney selbst hatte vielleicht die Empfindung, daß dieser „gefrorene" Ritter etwas zuviel des Guten in der Arcadia bedeute; wenigstens bricht er unmittelbar nach seiner Schilderung ab und entschuldigt sich wegen der Abschweifung[1]. Auch weitere Ausrüstungen haben ihre Entsprechungen in der Arcadia. Wenn die Ritter Parrat (Perot?) und Cook als Adam und Eva in einer mit Äpfeln und Früchten besetzten Rüstung erscheinen, so haben wir in der Arcadia als Gegenstück wenigstens einen Ritter, dessen Rüstung einen schönen grünen Garten mit blühenden Orangen darstellt (F 462). Leider wird bei der Beschreibung des Turniers von 1581 so gut wie nichts über die Impresas und Devisen mitgeteilt; nur die Devise von dem Ritter Sidney und seinem Gefolge *Sic nos non nobis* wird angeführt. Eine derartige lateinische Devise *Data fata sequutus* trägt in der Arcadia der Ritter, der von den Musen genährt ist (F 286).

Das Gesagte genügt, um zu zeigen, daß Sidney in der Arcadia die Turniersitten seiner Zeit wiedergibt; die

---

[1] But the delight of those pleasing sight have carried me too farre in an unnecessary discourse.

Übereinstimmung mit dem „gefrorenen" Ritter macht es sogar wahrscheinlich, daß er Züge von dem Turnier von 1581 in einem Umfang, den wir nicht mehr feststellen können, in seine Schilderung übernahm. Schon oben sprachen wir die Vermutung aus, daß der Dichter seine Hand bei den Entwürfen zu dem Turnier von 1581 im Spiel hatte. Schon der Stil, der in Allitteration, Antithesen, gleichem Ausklang von Worten, Wortwiederholungen etc. schwelgt, deutet stark auf einen Verfasser mit literarischer Vergangenheit; die vielen Anspielungen auf Figuren des klassischen Altertums, besonders die auf Psyches Entführung durch Zephyrus[1], verraten ebenso wie einige lateinische Verse einen humanistisch geschulten Geist; direkt auf Sidney als Autor scheint aber eine Stelle in der Beschreibung des *desolate Knight* (Nichols II 323) zu deuten, die merkwürdig an den Eingang der Arcadia anklingt. Wenn der einsame Ritter, der auf einer Klippe über dem Meere wohnt, eines Tages auf dem Moose einherspaziert und plötzlich an dem Strande einige Menschen bemerkt, die entweder durch Schiffbruch oder dadurch, daß sie von Piraten über Bord geworfen wurden, dort angetrieben sind, danach herabgeht und die Ankömmlinge nach ihrem Mißgeschick fragt, so erinnert uns diese Situation unwillkürlich an die griechischen Romane und den ihnen nachgebildeten Eingang der Arcadia, wo die Schäfer vom Strande aus zusehen, wie Musidorus Schiffbruch leidet und gleich danach der auf einem Maste einhertreibende Pyrocles von einem Piratenschiff aufgegriffen wird.

Daß Sidney seine Turnierschilderungen der Sitte seiner Zeit anpaßt, beweist auch ein Vergleich mit einem Turnier in den achtziger Jahren, von dem uns in den Lansdowne Mss. der Text der Herausforderungen und Entgegnungen erhalten ist[2]. Anhaltspunkte für die Datierung sind einmal ein Datum, das als 15. Januar 1580 (?), 1587 (?) oder 1589 (?)

[1] Nichols II 326.

[2] Hgg. von Chambers und Grey in den Collections of the Malone Society I S. 181 ff.

zu lesen ist[1], zum andern der Name des Herausforderers Calophisus. Der letztere Umstand legt scheinbar nahe, daß wir es hier mit dem oben erwähnten Turnier zu tun haben, zu dem der Earl of Arundel unter dem Namen Calophisus am 6. Januar 1581 die Herausforderung hatte ergehen lassen und das am 15. stattfinden sollte, schließlich aber erst am 22. ausgefochten wurde. Da aber dem entgegensteht, daß die erste der erhaltenen Herausforderungen von *Chandelmas daie next* (= 2. Februar) als dem Termin des Kampfes spricht[2], werden wir wahrscheinlich hier Akten zu einem späteren Turnier (1587 oder 1589?) vor uns haben, an dem Sidney als Teilnehmer nicht mehr in Betracht kommt. Wie dem auch sein mag, auf alle Fälle lehren auch diese Schriftstücke wieder, wie genau Sidney sich an die Sitten seiner Zeit hielt. Entsprechen doch die kurzen, in gestelztem Tone gehaltenen Herausforderungen und Antworten, die zwischen Calophisus, dem Blauen und Roten Ritter auf der einen und dem Weißen Ritter und dem Ritter des Sonnenbaums auf der anderen Seite gewechselt werden, in Ton und Art genau denen im dritten Buche der Arcadia (F 412ff., 422, 453ff.). So unergiebig die uns erhaltenen Berichte über das Turnierwesen zur Zeit der Königin Elisabeth sind, sie beweisen doch, daß die glänzenden Aufmachungen der turnierenden Ritter in der Arcadia, die prächtigen, einen bestimmten Charakter ausdrückenden Rüstungen von Pferden und Menschen, die Impresas und Wahlsprüche in englischer wie lateinischer Sprache nicht etwa in Anlehnung an die Ritterromane entstandene Phantasieprodukte sind, sondern Wiedergabe der Wirklichkeit; wissen wir doch auch, daß es bei den Turnieren Preise für die schönsten Ausrüstungen gab[3]. Für die Verbreitung von Emblemen und Mottos haben wir das Zeugnis des deutschen Reisenden Hentzner, der unter den Merkwürdigkeiten von Whitehall als achten Punkt registriert: *Variety of emblems,*

---

[1] a. a. O. S. 186.

[2] a. a. O. S. 182.

[3] Vgl. Nichols II 333.

on paper, cut in the shape of shields, with mottoes, used by the nobility at tilts and tournaments, hung up here for a memorial[1]. Eine ganze Reihe von Impresas mit lateinischen Mottos finden wir ausführlich beschrieben bei einem Turnier zu Ehren der Taufe von Henry Prince of Scotland (1594)[2]. Enge Parallelen zur Arcadia bietet auch ein im Ms. erhaltener undatierter Bericht über Maskenveranstaltungen, die nach verschiedenen Anzeichen am besten in das Jahr 1590 verlegt werden[3]. Hier haben wir eine kurze Herausforderung eines *strange forsaken Knight*, die ganz in der Art der Herausforderungen in der Arcadia abgefaßt ist. Vor allem aber sehen wir, daß die Gestalt des *forsaken Knight*, die in der Arcadia Musidorus annimmt (F 453), nicht Sidneys Erfindung war, sondern einem stehenden Maskentyp entsprach; unter derselben Maske trat auch noch Robert Cary, Earl of Monmouth, bei einem Turnier im Jahre 1592 auf[4].

Weitere wertvolle Zeugnisse dafür, daß Sidney in seinen phantastisch anmutenden Beschreibungen nur Sitten seiner Zeit wiedergibt, bieten endlich auch die Schilderungen Holinsheds von den verschwenderisch ausgestatteten Turnieren aus der Zeit Heinrichs VIII. Das Roß des Amphialus mit seiner Ausrüstung von Baumzweigen, deren Blätter herabzufallen und beim Vorwärtsschreiten des Tieres sich im Winde zu bewegen scheinen (F 415), das Roß des Phalantus, das eine Ausrüstung von Weinranken und Weintrauben trägt, und die Ausrüstung des Ritters mit dem blühenden Garten und den Orangen (F 463) finden ihre Entsprechungen in dem Turnier, das Heinrich VIII. den 19. und 20. Mai 1518 zu Ehren seiner Schwester abhielt, wo der König und drei seiner Edlen als Herausforderer den einen Tag gekleidet sind in *blacke velvet, couered all over with branches of honie-suckles of fine flat*

---

[1] Nichols I 86.
[2] Nichols III 356 ff.
[3] Nichols III 195 ff.
[4] Nichols III 214.

gold of damaske of loose worke, euerie leafe of the branch mouing und den anderen in *purple veluet, set full of leaues of cloth of gold ingrailed with fine flat gold of damaske embroidered like to rose leaues and euerie leafe fastned to other with points of damaske gold.* Auch das große Waffenspiel, das im Juni 1520 in Gegenwart des Königs von Frankreich stattfand, bietet überraschende Parallelen. Sidneys Phalantus, dessen Ausrüstung ein wogendes Wasser mit Netzen und Fischen darstellt (F 105), findet eine ungefähre Entsprechung in der Ausrüstung des englischen Königs am 11. Juni, die ein Gewoge von Wellen versinnbildlicht; Philisides, der als Schäferritter zum Turnier kommt mit einem Geleit von Rittern, die als Schäfer gekleidet sind und an ihren Lanzenenden gekrümmte Schäferstäbe aufweisen (F 285), findet sein Gegenstück in Monsieur Florengis und Gefolge (15. Juni), deren Ausrüstung mit gekrümmten Schäferstäben besetzt ist; Phalantus' Weinrankenausstattung (F 415) und die Ausrüstung des Ritters mit dem blühenden Garten und den Orangen (F 462) finden endlich auch hier eine Entsprechung in der Heckenrosenausrüstung des englischen Königs (13. Juni).

Wenn Phalantus einen Schild an einem Baume aufhängt, den seine Gegner zum Zeichen der Annahme der Herausforderung anschlagen sollen (F 101), so findet sich im Amadis, dem sonst diese ganze Episode vom Kampf um die Bildnisse der Frauen entnommen ist (Buch VII, Kap. 59, 60), nichts Ähnliches, wohl aber in der Schilderung Holinsheds von dem prächtigen Turniere, das im November 1514 zu Paris in Gegenwart der Großen Englands abgehalten wurde. Hier wurden vier Schilde aufgehängt; wer unter einen der drei ersten seinen Namen setzte, mußte mit bestimmten Waffen kämpfen: *And he that touched the tawnie shield should cast a speare on foot with a target on his arme, and after to fight with a two hand sword.* Auch an vielen anderen kleinen Zügen, die Sidneys Turnierbeschreibungen auf den ersten Blick von der öden Mache der Ritterromane unterscheiden, ließe sich ohne Schwierigkeit feststellen, daß hier jemand schreibt, der selbst in den Schranken das Pferd getummelt und die Lanze geschwungen hatte. Wenn Lelius im Turnier mit seiner Lanze stets dicht über dem Helmbusch des Philisides (= Sidney) hinwegrennt, so wird ausdrücklich bemerkt, daß für den Kenner in diesem Fehlstechen mehr Kunst liegt, als wenn andere treffen (F 285). Noch deutlicher tritt die eigene Erfahrung zutage, wenn beim ersten Rennen Amphialus und Phalantus die Lanzen einlegen, die Rosse gegeneinander wenden, der eine dem Gegner die Schutzplatte am Lanzenschaft durchstößt, der andere dagegen den ersten am Halskragen trifft, sodaß die Metallplatten abspringen, dann beide die Sporen einziehen und durch Anziehen der Trense die Wut der Pferde zügeln (F 416 ff.); wenn beim zweiten Rennen jeder auf andere Eigenschaften seines Rosses baut und darnach seine Angriffsweise einrichtet (F 416 ff.); wenn das hitzige Roß von Argalus so mit seinem Kopf auf Amphialus eindrängt, daß dieser merkt, wie gefährlich es sein würde, ihm die Seite zuzuwenden und darum dem Gegner so nahe auf den Leib rückt, daß Rosse und Reiter sich Schulter an Schulter treffen (F 423); oder wenn endlich Amphialus im Kampfe mit dem *forsaken knight* als der Größere von beiden meistenteils mit dem rechten Fuß voran dasteht, den Schild die ganze Länge seines Armes von sich haltend und das Schwert hoch gehoben, aber mit der Spitze gegen den Feind (F 458).

Mit der Symbolik des Turnierwesens in engem Zusammenhang steht die Farbensymbolik der Kleidung und des Schmuckes, von der wir schon oben Beispiele in der Ausrüstung der Ritter kennen lernten. Unabhängig vom Turnierwesen tritt sie auf bei der Wahl der Gewänder, die Amphialus für seinen Besuch bei der gefangenen Philoclea trifft (F 367). Daß hier schwerlich eine Einwirkung des griechischen Romans in Frage kommt[1], sehen wir daran, daß wir solcher Farbensymbolik auch schon vor der

[1] Wie Wolff a. a. O. S. 336 annimmt.

Arcadia gelegentlich in der erzählenden Literatur der Renaissance begegnen[1]. Besondere Beachtung verdient noch Sidneys Verwendung von *Impresas* in der Arcadia, schon deshalb, weil die Zeitgenossen ihn als den ersten Impresakünstler ihrer Zeit empfanden und sein Beispiel eine Reihe seiner näheren Freunde angeregt hat, seinen Spuren zu folgen[2]. Wenn er auch nicht als der bezeichnet werden kann, der zuerst die Kunst, Impresas zu entwerfen, in England einführte, so hat doch sicherlich erst sein Beispiel sie populär gemacht. Mir selbst ist nur ein einziger Fall von literarischer Verwendung einer Impresa in der englischen Literatur vor Sidney begegnet, in Whetstone's *Rock of Regard* (1576), also zeitlich in unmittelbarer Nähe der Arcadia. Einmal verwendet hier Whetstone zu verschiedenen Malen sogenannte *Poesies*, d. h. Sinnsprüche oder Mottos, die man als Aufschriften für Geschenke, Diamanten, Ringe oder Juwelen benutzte[3], zum anderen aber führt er in der Prosaerzählung von *Rinaldo and Giletta* genau wie später Sidney in der Arcadia einen Ritter mit Rüstung und einer aus Bild und Motto bestehenden Impresa ein[4].

---

[1] So z. B. in Whetstone's Rock of Regard (1576), ed. Collier S. 47: and, persevering in the sayde purpose, the next morning he clothed him selfe in ruffet satten, garded whit blacke velvet, which witnessed he did both hope and dread.

[2] Vgl. meinen Aufsatz über „Shakespeare und die Impresakunst seiner Zeit", Shak. Jb. 50 (1914).

[3] Whetstone's Rock of Regard ed. Collier S. 61, 117. Eine geschickte literarische Verwendung einer solchen *poesie* findet sich bereits in Fentons Tragicall Discourses (1567), Nr. 13. Seinem Gewährsmann Belleforest folgend, läßt Fenton in der Höhle des Dom Diego die Begleiter des Don Roderico zwei schöne Sättel finden, auf deren einem sich die folgende *poesie* in spanischer Sprache findet: Que brantare la fe es causamuy fea. Daran erkennt Don Roderico, daß der von ihm gesuchte Dom Diego der Eigentümer sein muß.

[4] ed. Collier S. 87: The knight (well mounted upon a blacke horse) was armed all in blacke armour, save upon the left side, about his hearts defence, there was graven a white turtle dove, with this poesie, *Once chose, and never chaunge:* the strangnesse of which sight enforst them to stay to know the knight errant.

Da der ganze zweite Teil der Erzählung Ariosts Rasendem Roland nachgebildet ist[1], kann es kaum zweifelhaft sein, daß Whetstone von dort, wo sich ähnliche ritterliche Kampfesdevisen finden (z. B. Rasender Roland 41, 30 ff.), seine Anregung für die literarische Verwendung von Impresas erhielt.

Sidney dagegen geht nicht von Ariost aus, sondern einmal von der eigenen ritterlichen Praxis, zum anderen von den großen italienischen Impresakünstlern. Wie aus dem Briefe an Languet vom 19. Dezember 1573 hervorgeht, kannte er das bedeutendste Werk seiner Zeit über Imprese, *Le Imprese illustri con expositioni et discorsi, Venetia 1566* von Ruscelli[2]. Weiter war seit den Zeiten Heinrichs VIII. in Nachahmung der Italiener und Franzosen der Brauch aufgekommen, daß jeder *gentleman* außer seinem Familienwappen gelegentlich eine Impresa oder wenigstens ein Motto führte; so trug Sidneys Vater das Motto *Quo me fata vocant*[3], das uns sogleich an das oben erwähnte *Data fata sequutus* des Musenritters in der Arcadia erinnert. Von dem Dichter aber berichtet uns Molineux ausdrücklich, daß er für Turniere, Triumphe und andere königliche Vergnügungen regelmäßig eine Impresa zu entwerfen pflegte und durch seine reiche Erfindungsgabe die Besten darin übertraf oder es ihnen wenigstens gleichtat[4].

[1] Vgl. Koeppel, Geschichte der italienischen Novelle in der englischen Literatur (1892) S. 32.

[2] Vgl. Pears a. a. O. S. 9.

[3] Holinshed unter dem Jahre 1586.

[4] The sonne [Sir Philip Sidney], suspecting future haps, and not trusting ouer much in present fortune, bare for his deuise, placed in like maner vnder his armes: *Vix ea nostra voco;* signifieng thereby, that he would not call those his owne, which he knew not how worthie he was to beare, nor how long he should enioie and keepe them, sith that both states and persons are subiect to time and mutation, as by his vntimelie death appeared. And albeit this was his last word & deuise, which accompanied his funerall; yet not sealed before as occasion fell out, & as time wrought alteration in his deepe & noble conceipt, at iusts, torneis, triumphs, and other such roiall pastimes (for at all such disports he commonlie made one) he would bring in

So dürfen wir uns auch nicht wundern, wenn uns für seine Person eine ungewöhnlich große Anzahl von Mottos überliefert sind, die er in der Regel wohl frei erfand, bisweilen aber auch entlehnt zu haben scheint. Seine bekannteste Impresa *Sine refluxu* (ohne Ebbe = nicht unruhig wie das Meer) ist wohl sein Eigentum, ebenso *Aut viam inveniam aut faciam* und das berühmte *Speravi*, das er bei einem Turnier durchstrichen auf seinem Schilde führte, um anzudeuten, daß er nach der Geburt eines Sohnes seines Oheims Leicester (1579) aufgehört habe, dessen Erbe zu sein. Aus Ovid stammt die Impresa *vix ea nostra voco*[1], die Molineux an der eben angeführten Stelle bespricht. *Sic nos non nobis* ist dagegen wohl dem bekannten Wort Vergils *Sic vos non vobis*[2] nachgebildet, das Sidney sowohl bei Ruscelli wie bei Paulus Jovius finden konnte[3]. Ähnlich wird es auch mit den Impresas der Arcadia stehen[4], wo ich wenigstens für eines, *Rather dead than spotted*, das Vorbild bei Jovius in der Impresa von Ferrante, dem Sohne des Alphonsus von Arragon, glaube feststellen zu können; zeigt diese doch einen Hermelin, der von einer Mauer von Schmutz umgeben ist, mit dem Motto *Malo mori quam foedari*.

Noch deutlicher tritt der Einfluß der Impresaliteratur

---

such a liuelie gallant shew, so agreeable to euerie point, which is required for the expressing of a perfect deuise (so rich was he in those inventions) as if he surpassed not all, he would equall or at least second the best. Wherein (as he rightlie deserued) he euer gained singular commendation.

[1] Nam genus et proavos, et quaē non fecimus ipsi,
Vix ea nostra voco.

[2] Sic vos, non vobis. Nidificatis aues &c.

[3] Bei Ruscelli (ed. 1566, S. 67) als Motto des Antonio de Leva; ebenso auch bei Jovius, in der Übersetzung von Samuel Daniel (1585) Fol. C IIII; dagegen nicht in dem Emblemwerk von Alciat.

[4] More easie and more swete. — Not so. — Rather dead than spotted. — Spotted to be knowne. — Data fata sequutus. — The glory, not the pray. — In that sort flourishing. — No way to be rid from death, but by death. — From whose I am banished. — The best place yet reserved.

zutage, wenn an einigen Stellen der Arcadia die Impresa losgelöst vom ritterlichen Gepränge erscheint und als Symbol dient, mit Hilfe dessen der Liebhaber mit der Geliebten Zwiesprache hält, eine Verwendung, für die Paulus Jovius schon zahlreiche Beispiele gibt[1]. Als Musidorus, der scheinbar Mopsa umwirbt, in Wirklichkeit aber Pamelas Liebe zu erringen sucht, der Geliebten seine Lage klar machen will, bittet er sie, durch ihre Hand der Mopsa ein Juwel geben zu dürfen, das er beim Pflügen gefunden habe; durch dieses Juwel, das die Gestalt eines Krebses und das Motto *By force, not choice* trägt, will Musidorus ausdrücken, daß er wie der Krebs, der nach der einen Seite sieht, aber nach der anderen kriecht, wohl auf Mopsa äußerlich hinschaut, in Wirklichkeit aber nach Pamela hinstrebt (F 164 ff.)[2].

Als eine Anlehnung an die Emblemliteratur dürfen wir endlich auch eine Episode im zweiten Buche (F 238 ff.) auffassen. Die törichte Miso unterbricht die Erzählung der beiden Prinzessinnen und beginnt von ihren Ansichten und Erfahrungen in der Liebe zu reden. Als sie ein junges, vielbegehrtes Mädchen gewesen sei, habe eine alte Frau sie einst zu sich ins Haus gerufen und ihr in einer Ecke ein Bild gezeigt, das nach ihrer Ansicht wie der Teufel ausgesehen, in Wirklichkeit aber die Liebe dargestellt habe: Ein böser Geist mit einem paar Hörnern, spalthufig und den ganzen Körper voll Augen, dabei wie ein Henker auf einem Galgen sitzend, in der rechten Hand einen Lorbeerkranz, in der linken eine Börse, aus dem Munde ein Band mit zwei schönen Bildnissen von einem Mann und einer Frau, und mit einer Miene, als ob er durch solche Lockmittel die Leute verführen wolle zu ihm zu kommen und sich hängen zu lassen. Erstaunt habe sie die Alte gefragt, ob so ein Scheusal (Cupido) denn aus dem Leibe der Venus entspringen könne, worauf die Alte ihr ein Buch gegeben habe, das einst ein Balladendichter einem

---

[1] Vgl. Brie a. a. O. S. 18 ff.

[2] Vgl. auch Wolff a. a. O. S. 337.

alten Maler und dieser ihr zusammen mit dem Bilde geschenkt habe. Aus einem Gedicht in diesem Buche ginge hervor, daß die Liebe (Cupido) ein Kind des falschen Argus und der zur Kuh verwandelten Jo sei. Das Bild, das hier Miso schildert, ist ein richtiges Emblem der Liebe, wie es ähnlich das Mittelalter, aber auch noch die Renaissance kennt. Genau in der Art der Emblembücher wird das Bild Zug um Zug in einem moralisierenden und lehrhaften Stil erklärt. Im einzelnen wird ausgeführt, wie die Hörner ihren Ursprung daher nehmen, daß Argus den Jupiter mit Jo hinterging, und wie die Spaltfüße herstammen von dem Kuhzustand der Jo, die tausend Augen aber von Argus. Halb Mensch verkehrt dieser böse Geist unter den Menschen in möglichst anziehender Gestalt; halb Tier pflanzt er in die schwachen Herzen jedes tierische Laster. Zu den Geizigen kommt er in Gewinn gehüllt; den Ehrgeizigen erscheint er im Feuer der Ehre; den offenen Augen streut er alle Schönheit aus. So hat er Millionen von Jahren hindurch Unheil verbreitet, bis Jupiter ihn schließlich zum Henker auf dieser Welt bestellt hat für all die Narren, die all das haben müssen, was sie sehen[1].

Obwohl Sidney auf dem Gebiete des Romans als erster das damalige Turnierwesen heranzog, scheint er auf dem Gebiete des Dramas Vorgänger gehabt zu haben, eine Erscheinung, die gewiß nichts Auffälliges an sich hat, wenn man bedenkt, wie nahe sich Turnier und Maskenspiel stan-

---

[1] Auch aus Sidneys sonstigen Äußerungen ließen sich ohne Schwierigkeit eine Menge Zeugnisse zusammenstellen, die beweisen würden, wie sehr er sich in dieser Welt heraldischer und symbolischer Begriffe eingelebt hatte. Wenn Sidney in seinen Briefen an Languet eine Persönlichkeit charakterisieren will, so geschieht das ganz gewöhnlich mit den Worten „Sein Motto scheint zu sein . . .“; in dem 13. Sonett von *Astrophel and Stella* werden Jupiter, Mars und Cupido mit ihren ritterlichen Insignien herangezogen. Durch Sidneys persönliche Vorliebe für Embleme und Imprese, und wohl auch durch die kunstreiche Art, wie er sie in der Arcadia zu verwerten verstand, ging endlich auch das Interesse für diesen Zweig der Kunst auf den ganzen großen Kreis seiner Freunde über (vgl. Brie a. a. O).

den und wie häufig beide bei einem Feste miteinander verbunden wurden. Gerade in den Jahren, die der Entstehung und Umarbeitung der Arcadia vorausgehen, scheinen solche Aufführungen von Ritterstücken bei Hofe Mode gewesen zu sein. Texte sind zwar nicht erhalten, dafür aber eine Reihe von Zeugnissen. Am 3. Januar 1574 wird bei Hofe *Hepetulus the Blue Knight and Probia*[1], Weihnachten 1577 *The Historie of the Solitarie Knight*[2], am 18. Februar 1577 *The Irish Knight*[3], am 1. März 1579 *The Knight in the Burning Rock*[4] gespielt. So ist es nicht ausgeschlossen, daß Verbindungsfäden, die wir heute nicht mehr feststellen können, von den Ritterdramen zu den höfischen Turnieren und zur Arcadia hinführen.

Der klassizistische Standpunkt, den Sidney in der *Apology* einnimmt, läßt ohne weiteres den Schluß zu, daß er, wie auch wohl die Mehrzahl der gebildeten Zeitgenossen, im großen und ganzen mit Hochmut auf die Ritterromane herabsah, die sich mit den Abenteuern von Arthur, Karl dem Großen, Huon von Bourdeaux, Helyas oder Amadis befaßten. Dennoch ist die Art, wie er sie ablehnt, durchaus keine schroffe, vielmehr eine so schonende, daß wir ihm einen inneren Zwiespalt anzumerken glauben. Wohl fehlt bei der Aufzählung der *champions* in der *Apology* (S. 30) neben Achilles, Cyrus, Aeneas, Turnus, Tydeus und Rinaldo der britische Nationalheros Arthur, aber an anderer Stelle vermerkt dafür der Dichter, daß Orlando und Arthur dem Krieger stets gefallen werden. Aller Wahrscheinlichkeit nach hat er sogar um diese Zeit herum Spenser die Anregung zu seinem Arthurepos gegeben. Zwar trennt er

---

[1] J. T. Murray, English Dramatic Companies 1588—1642. Lo. 1910. I 300.

[2] a. a. O. I 137.

[3] I 288.

[4] I 288. Von dem *Red Knight* ist nur eine Aufführung in der Provinz im August 1576 bezeugt. Der *Knight of the Burning Rock* hängt möglicherweise zusammen mit einer Episode des *Mirror of Knighthood* (vgl. Sh. Jhb. 48, 213 ff.).

in der *Apology* die Ritterromane sorgfältig von den heroischen Dichtungen wie der Ilias, der Aeneis, der Cyropaedie, den griechischen Prosaromanen und dem Rasenden Roland und erklärt er, daß dem Amadis viel zur vollkommenen Dichtung fehle, aber er gesteht gleichzeitig (S. 24), daß er Menschen kenne, die durch seine Lektüre zur Ausübung von *courtesy, liberality, and especially courage* bewogen worden seien. Der letzte Fall zeigt klar die Gründe seiner zwiespältigen Haltung: Er besaß zu viel Urteil, um nicht die künstlerischen Mängel der Gattung zu durchschauen, aber andererseits zu viel von ritterlichem Geiste, um nicht von ihrer moralischen Seite, der Verherrlichung der ritterlichen Tugenden, angezogen zu werden.

Genau dem entsprechend ist die Haltung, die er in den ritterlichen Partien der Arcadia dem Ritterroman gegenüber einnimmt, indem er gleichzeitig Anleihen macht und die unwahren oder komischen Seiten parodiert. Was die Anlehnung betrifft, so hat er es verstanden, den übernatürlichen und unwahrscheinlichen Elementen, die im Ritterroman eine so bedeutsame Rolle spielen, mit derselben Konsequenz aus dem Wege zu gehen, wie bei der Anlehnung an den griechischen Roman. Das ganze Milieu von Zauberei, Erscheinungen, Riesen, Zwergen, Heldenjungfrauen, unehelichen Geburten, Aussetzungen, grausamen weiblichen Geliebten u. dgl., von dem der Amadis wie so viele andere Ritterromane beherrscht wird, ist vermieden. Von größerer Bedeutung ist aber noch die Erscheinung, daß der Dichter innerhalb des Romans mit geradezu ariostischem Humor das mittelalterliche Rittertum offen verspottet. Als im ersten Buche der Arcadia Phalantus mit den arkadischen Rittern um die Schönheit seiner angebeteten Artesia und ihrer Damen turniert, setzt Basilius als Zuschauer der Zelmane (Pyrocles) auseinander, Artesia liebe den Phalantus nicht etwa wirklich, sondern sie habe ihm nur, als er sie mit den herkömmlichen Liebeswerbungen verfolgte, die Aufgabe auferlegt, alle Ritter für ihre Schönheit in die Schranken zu fordern, damit auf diese Weise ihr Ruhm dem Amphialus zu Ohren komme. Zur großen Erheiterung des Basilius kündigt auch Artesia, als Phalantus von Zelmane (Pyrocles) überwunden wird, prompt dem Phalantus ihre Liebe auf, der ihr darauf ebenso prompt erwidert, daß es ein großer Gewinn sei, eine solche Dame loszuwerden. Eine Verspottung der Ritterromane enthält auch das Märchen von dem Nymphenritter und der Königstochter, das die törichte Mopsa zum besten gibt; wie der Vers

And so in May, when all true hearts rejoyce

andeutet, dachte der Dichter wohl in erster Linie an die Versromanzen der Zeit. Wie eine Parodie auf seine eigenen Turnierschilderungen und wie ein Spott auf das ganze Ritterwesen mutet endlich der humoristische Zweikampf der beiden Feiglinge Dametas und Clinias an, der eine der glänzendsten Episoden der Arcadia, zugleich eine der humorvollsten Partien ist, die der elisabethanische Roman überhaupt aufzuweisen hat. Mit dieser Parodie tritt Sidney in die Spuren von Chaucers Erzählung von Sir Thopas, der klassischen Verspottung der Ritterromanzen, und des noch älteren *Turnament of Tottenham*, der derb-bäuerlichen Parodie der ritterlichen Turniere. Vermutlich wirkten auf die Episode[1] in der Arcadia literarische Vorbilder ein. Waren doch eine ganze Reihe parodistischer Schilderungen von Zweikämpfen vorhanden. Zeitlich und inhaltlich nahestehende Beispiele waren vor allem die humoristischen Zweikämpfe zwischen Tölpeln oder Feiglingen, wie sie Dunbar in seinem Turnier zwischen dem Schuster und dem Schneider, David Lyndsay in seinem *Justing betwix James Watson and Johne Barbour* und Alexander Scott in seinem nicht lange vor der Arcadia entstandenen *Justing and Debait* geschildert hatten[2]. Wie schon Dunbar[3] mag

[1] Über die Aufnahme dieser Episode in das deutsche Volksbuch vom hürnen Seyfried vgl. Brie in A. f. n. Spr. CXXI (1909) S. 287 ff.

[2] Etwas weiter ab liegen die Szenen in Caxton's *Reynard the Fox* (Kap. 35–41), wo Ysegrym durch Hinwerfen des Handschuhs Reynard zu einem Zweikampf herausfordert, der dann vor dem Könige, dem Löwen, mit allen ritterlichen Gebräuchen und Formeln stattfindet.

[3] Vgl. Schipper, William Dunbar (1884) S. 204.

aber auch Sidney mit eigenen Augen derartige humoristische Turnieraufführungen gesehen haben; da indessen meines Wissens keinerlei derartige Belustigung aus dem Zeitalter der Elisabeth bezeugt ist[1], muß dahingestellt bleiben, ob er seine Karrikatur des Turniers nicht einfach im Anschluß an die oben erwähnten literarischen Vorbilder schuf[2].

Untersucht man die Abhängigkeit der Arcadia von der Gattung des Ritteromans, so wird man zunächst ganz allgemein sagen können, daß der Dichter in erster Linie ritterliche und heroische Züge übernahm. Das heroische Element war im Amadis und in den anderen Ritterromanen viel stärker vertreten als etwa im griechischen Roman, bei Sannazaro oder selbst bei Montemayor, bei denen allen die Helden und Heldinnen im wesentlichen nur Liebhaber, und nur selten eigentliche heroische Figuren waren. Wenn Sidney zum Unterschied von Spenser sich überhaupt nicht an Malorys Mort d'Arthur anlehnt, sondern den Amadis bevorzugt, so hatte das seinen Grund sicherlich darin, daß der Amadis zum Unterschied von den Arthurromanen kein mittelalterliches Gewand mehr trug, sondern in der erweiterten französischen Bearbeitung so viel von der damaligen preziösen Kultur Frankreichs in sich aufgenommen hatte, daß er der Gattung des heroisch-galanten Romans bereits sehr nahe kam. Sidneys Anleihen erstrecken sich sowohl auf die Haupthandlung, wie sie bereits die erste Fassung bot, als auf die Episoden der zweiten. Wenn zu Beginn des ersten Buches der Arcadia sich Pyrocles (Palladius) in Philocleas Bildnis verliebt; wenn Amphialus voll Schwermut die Waldeinsamkeit aufsucht und sich dort seiner Rüstung entledigt, die dann von Pyrocles gefunden und

[1] Dagegen sind belegt ähnliche volkstümliche Veranstaltungen, in denen die Sitten der Vornehmen eine humoristische Nachahmung fanden, so das *tilting on the water,* das 1573 vor der Königin stattfand (Nichols a. a. O. I 56). Vgl. auch das *Quintain,* das Laneham bei seiner Beschreibung des Festes von Kenilworth (1575) schildert.

[2] Über Travestien und burleske Darstellungen von Turnieren vgl. auch H. Schneegans, Geschichte der grotesken Satire (1894) S. 91 ff., 115 ff.

angelegt wird; wenn Pyrocles sich als Zelmane verkleidet und dadurch sowohl die Liebe des Königs Basilius als der Königin Gynecia auf sich lenkt, welche die Verkleidung durchschaut; wenn Phalantus die arkadischen Ritter zum Wettstreit um die Schönheit der Artesia herausfordert, wobei der Sieger das Bildnis seiner Dame wie das der Rivalin erhalten soll, und wenn dabei der Herausforderer schließlich überwunden wird; wenn Musidorus, um sich Pamela nähern zu können, Schäfergewandung annimmt[1]; wenn Musidorus mit Ismenus um die Rüstung des Amphialus streitet[2]; wenn der an einen Baum gebundene Pamphilus von neun Jungfrauen, die er um die Ehe betrogen hat, gefoltert wird; wenn Musidorus und Pyrocles, die in Andromanas Kerker schmachten, bei dem Turnier gegen die korinthischen Ritter die Erlaubnis zur Beteiligung erhalten; wenn Cecropia die beiden Schwestern Philoclea und Pamela dadurch in ihre Gewalt bringt, daß sie sechs junge Mädchen ausschickt, die sie angeblich zu ländlichen Spielen abholen sollen, und wenn sie die Ahnungslosen dann im Walde überfallen und in ihr Schloß bringen läßt[3]; wenn Zelmane (Pyrocles) dem Basilius ein nächtliches Stelldichein verheißt, statt ihrer aber Gynecia in ihren Kleidern sendet und dadurch Basilius täuscht[4]; wenn wir endlich einen „schwarzen Ritter“ und einen „Ritter mit dem Phönix“ antreffen, so hat Sidney mit Sicherheit die meisten dieser Züge, den Rest mit einiger Wahrscheinlichkeit dem Amadis entnommen, der ihm wohl in französischer Sprache vorlag. Auch sonst verwendet er vielfach Motive, die wir als ritterliche bezeichnen dürfen, wenn sie auch zu blaß sind,

[1] Ähnlich Florisel von Niquea im 9. Buche des Amadis.

[2] Vgl. Wolff S. 311 Anm.

[3] Ähnlich lockt im Amadis (Buch I, Kap. 34) Medasima den Amadis und Galaor in ihre Gewalt, indem sie eine Jungfrau an Lisuartes Hof sendet, die angeblich um tapfere Ritter zur Befreiung ihres Vaters und Bruders bittet; während die Ritter unterwegs im Walde in einem Zelte ausruhen, werden sie ihrer Rüstungen entkleidet und gefangen genommen.

[4] Vgl. Wolff S. 318—319.

als daß sich eine bestimmte Vorlage für sie angeben ließe und so gelegentlich auch Ariost als Gewährsmann in Betracht kommt[1]: So reiten, wie wir sahen, Pyrocles und Musidorus im zweiten Buche, nach Vollendung der drei politischen Aktionen, wie fahrende Ritter auf Abenteuer aus; so ist es ritterliche Symbolik, wenn sich Pyrocles (Palladius), als er auszieht, um Musidorus (Daiphantus) zu suchen, eine schwarze Rüstung anlegt *as either a badge, or prognostication of his mind* (F 62); so soll Eurona verbrannt werden, wenn sich nicht binnen zwei Jahren Pyrocles und Musidorus als Kämpfer für sie einstellen. Lange Partien ritterlichen Charakters finden sich vor allem im dritten Buche; selbst in die Kampfszenen, die Homer und Vergil nachgebildet sind, führt der Dichter ritterliche Elemente ein; nicht nur kämpfen, wie übrigens schon bei Vergil, die Helden zu Pferde, sondern auch die Gestalt eines schwarzen Ritters taucht unter den Belagerten auf. An die romantischen Örtlichkeiten des Ritterromans erinnert das Schloß der Cecropia, das auf einem hohen Felsen in der Mitte eines großen Sees liegt. Ganz im Geiste des Ritterromans gehalten ist die Szene, wo ein weißer, ein grüner und ein roter Ritter den Belagerern zu Hilfe kommen, ebenso die berühmte Episode, wo Parthenia, die Gattin des gefallenen Argalus, als „Ritter des Grabes“ ausgerüstet, mit acht Frauen in Trauergewändern zu dem Heere des Basilius stößt und am nächsten Tage auf der Insel im Zweikampf gegen Amphialus fällt; das gleiche gilt von dem folgenden Kampfe mit dem „verlassenen Ritter“ (Musidorus). Auch auf die Charaktere des Romans sind einige typische Züge von den Gestalten des Ritterromans übergegangen. In geringem Maße gilt dies sogar von Pyrocles und Musidorus, die gleich unermüdlich sind im Minnedienste und im Kampfe, und die stets Ohnmacht und Tod herannahen fühlen, wenn sie glauben, ihre Damen erzürnt oder verletzt zu haben; ähnliche ritterliche Züge weisen Argalus und Amphialus auf.

[1] Vgl. oben S. 260.

Auch die sentimentale überschwängliche Liebe der Helden und Heldinnen, wie die Situationen, wo die Helden beim Anblick der enthüllten Reize der Geliebten Zittern und Ohnmacht überfällt, erinnern in manchem an die entsprechende Auffassung der Ritterromane[1]; doch ist hier zu beachten, daß auch der griechische Roman, Petrarca und Montemayor Ähnliches aufweisen, und daß wir mit dem Gefühlsüberschwang des 16. Jahrhunderts rechnen müssen, der selbst Languet und Sidney bei ihrer Trennung zahllose Tränen vergießen ließ[2].

[1] Auch die Metaphorik des Dichters verrät gelegentlich, wie weit er sich in die Welt des Rittertums eingelebt hat. Wenn er Pyrocles' Nachdenklichkeit kennzeichnen will, läßt er ihn den ganzen „Stammbaum" seiner Gedanken durchlaufen (*after I had runne over the whole petigree of my thoughts* F 86).

[2] Vgl. den Brief Languets vom 27. Februar 1579, worin er bedauert, daß Sidney die Tränen und Seufzer nicht hätte wahrnehmen können, die er beim Abschied von England ihm gewidmet habe.

XIV. Renaissancekultur und Christentum in der Arcadia.

Wir sahen, wie Sidney sich das alte Griechenland zum Schauplatz für seinen Roman wählte, wie er sich in der ersten Fassung auch bemühte, das antike Gewand nach Möglichkeit zu wahren und wie er endlich in der zweiten Fassung eine Menge von Zügen aus der ritterlichen Kultur seiner Zeit aufnahm. Auch sonst zog er, zum Teil schon in der ersten Fassung, in weit höherem Maße aber in der zweiten, die feudale und künstlerische Kultur seiner Zeit so stark heran, daß er durch die Aufnahme dieser Elemente der Arcadia jenen aristokratischen Anstrich verlieh, der sich noch dem heutigen Leser als eines ihrer hervorstechendsten Merkmale aufdrängt.

In gewissem Sinne waren sicherlich bereits die Ritterromane des Mittelalters aristokratische Erzeugnisse, schon dadurch, daß ihr Inhalt sich um Geschehnisse innerhalb höfisch-ritterlicher Kreise drehte, aber das höfische Element war nur der selbstverständliche Hintergrund der Handlung und nicht der Zweck der Darstellung, während Sidney in der Arcadia nach dem Zeugnis von Greville eine Schilderung der verschiedenen Seiten des aristokratischen Daseins beabsichtigte. Zum Unterschied von dem äußerlich feudalen Anstrich, wie ihn auch der Amadis zeigt, fühlt der Leser der Arcadia beständig heraus, daß ihr Verfasser den vornehmsten Kreisen der englischen Aristokratie angehört, und daß er mit ihnen zusammen das Roß getummelt, die Lanze geschwungen und das Wild gejagt hat. Als einziger unter den Schriftstellern seiner

Zeit weiß er fürstliche Kreise mit einer Anschaulichkeit zu schildern, die keinen Vergleich aufkommen läßt mit dem vagen aristokratischen Milieu, wie es der englische Roman in den Jahrzehnten vor und nach ihm bietet. Mögen seine Könige, Prinzen und Prinzessinnen sich auch in manchen Zügen an die herkömmliche literarische Tradition anschließen, immer wieder werden wir durch Einzelheiten daran erinnert, daß Blut von ihrem Blute zu uns spricht. Immer wieder tritt der Sinn des Aristokraten für Rasse, für das edle Blut und die angestammten Herrscherrechte zutage. Rechtsansprüche von Bastarden sind Sidney fremd. Phalantus, der Halbbruder der Königin Helen, erscheint in anderem Lichte als die eigentlichen Helden des Romans und die edelgeborene Königin Helen; von den beiden Söhnen des blinden Königs von Paphlagonia ist der Bastard das Scheusal. Den Standpunkt des *fit for my birth and mind*, der in *Astrophel and Stella* eine solche Rolle spielt, erkennen wir wieder, wenn von dem Edelmann königlicher Abstammung, dem die Herrschaft von Phrygien zufällt, bemerkt wird, daß er von den Staatsgeschäften sich bis dahin so fern gehalten hatte *as the greatnesse of his bloud would suffer him* (F 201). Überall nimmt der Dichter Partei für die Herrschenden. Wohl läßt er den Monarchen Basilius und seine Gattin Gynecia durch ihre Leidenschaften straucheln, aber er wahrt ihnen dabei die Würde und bewahrt sie vor der Schuld eines wirklichen Ehebruches, indem er Gynecia ihrem eigenen Gatten beiwohnen läßt. Wohlweislich hütet er sich, uns im einzelnen die Uneinigkeit der Mitglieder der königlichen Familie vorzuführen. Aus diesem Grunde läßt er Basilius die Treulosigkeit seiner Frau, die in Pyrocles verliebt ist, überhaupt nicht bemerken. So weit geht die Sympathie des Dichters mit den Herrschenden, daß er, um das Ansehen der Monarchin zu retten, sogar von dem Prinzip der poetischen Gerechtigkeit abweicht, das er bei den moralisch-lehrhaften Absichten der Arcadia sonst aufs skrupelhafteste wahrnimmt. In den Augen des Gatten wie der Welt gilt Gynecia unverdientermaßen nach wie vor als ein Muster der Treue[1]. Im Gegensatz zu den italienischen Erzählern achtet er sorgfältig darauf, das Decorum seiner vornehmen Persönlichkeiten nicht zu verletzen. Während in der berühmten Novelle von Dom Diego und Ginevra[2] die Leidenschaften toben und Vertreter vornehmer Stände, wie Ginevra oder Roderico, sich in Schmähungen ergehen[3], bedienen sich bei Sidney Männer und Frauen der vornehmen Stände niemals ordinärer Gesten oder Worte. Obwohl Gatte gegen Gattin und Töchter gegen Eltern stehen, spielt sich dieser Kampf in den denkbar vornehmsten höfischen Formen ab. Für die Verehrung, die Sidney dem Königtum entgegenbringt, ist nichts charakteristischer als das Kompliment, das er der Königin von Laconia zollt: *but she was a Queene, and therefore beautyfull* (F 103).

Durch diesen aristokratischen Zug rückt er von den englischen Romanschriftstellern seiner Zeit ab und nähert er sich Erzählern wie Boccaccio und Castiglione, die gleich ihm gewohnt waren, sich in aristokratischer Umgebung zu bewegen und gleich ihm aus eigener Anschauung das Leben und Treiben an den Fürstenhöfen schildern. So nahe steht Sidney dem englischen Throne, daß er darauf verzichten darf, die üblichen Schmeicheleien gegenüber der Herrscherin, dem Hof und dem Vaterlande vorzubringen, für die der Gegenstand, die Schilderung des arkadischen Staates und die Gattung der Ekloge an und für sich die

[1] And so kissing her, [Basilius] left her to receive the most honourable fame of any princess throughout the world, all men thinking, saving only Pyrocles and Philoclea, who never betrayed her, that she was the perfect mirror of all wifely love. Which though in that point undeserved, she did in the remnant of her life duly purchase, with observing all duty and faith to the example and glory of Greece: so uncertain are mortal judgments, the same person most infamous, and most famous, and neither justly (B 629).

[2] Painter's Palace of Pleasure, vol. II, No. 29 (ed. Jacobs III 279).

[3] Ginevra antwortet *frouncyng her Browes, and grating hir Teeth wyth closed fists, and Countenance very bold.*

beste Gelegenheit boten; weder Spenser in seinem Schäferkalender und seiner Feenkönigin, noch Lyly in seinem *Euphues*, noch Angel Day in seiner Übersetzung von Longus' „Daphnis und Chloë" (1587) haben dieser Versuchung widerstanden. Sidney dagegen scheute, wie wir sahen, selbst vor positiver Kritik nicht zurück.

Die Schilderung speziell englischen Hoflebens verbot sich von selbst durch den Inhalt und den antiken Schauplatz des Romans, aber wir empfangen wenigstens ein Interieur aus dem Leben der englischen Aristokratie in dem kleinen Idyll am arkadischen Hofe (F 96), wo die ganze königliche Familie an ein Flüßchen zum Angeln geht, wo die beiden Prinzessinnen miteinander wetten, wer am schnellsten die Fische betören wird, wo Zelmane (Pyrocles) von dem Anblick der Geliebten zu benommen ist, um selbst etwas zu fangen, wo der König die gefangenen Fische an Ort und Stelle brät und die Königin sich damit beschäftigt, den anderen bald eine geblendete Taube, bald eine zum Köder hergerichtete Jagdweihe zu zeigen. Unwillkürlich werden wir an den *pond* erinnert, der damals auf keinem englischen Landsitz fehlte. Interieurs aus dem Leben der Aristokratie sind auch der Überlandausflug zur Falkenbeize, den die königliche Familie mit Zelmane in der Kutsche unternimmt, wobei auf dem Rückweg das Gefährt von dem kutschierenden Dametas umgeworfen, aber von einem der Falkner wieder in Ordnung gebracht wird (F 168 ff.), ebenso die Szene, wo die Prinzessinnen sich mit der Laute zum Ufer des Ladon begeben, um dort ein Bad zu nehmen (F 215 ff.), oder endlich die mit einer Stickarbeit beschäftigte Pamela, die mit Seide auf eine Börse ein Rosen- und Lilienmuster stickt und bald den Faden mit der Schere abschneidet, bald mit dem Munde abbeißt (F 402 ff.)[1].

---

[1] Zu dieser vielbewunderten Szene mag der Dichter durch seine Schwester Mary Pembroke angeregt worden sein, die wegen ihrer Stickereien berühmt gewesen zu sein scheint; wenigstens feiert der Dichter John Taylor (the water poet) in seinem Sonettzyklus *The Needles Excellency* in dem fünften Gedicht, das er nach dem Tode

Durch seine Reisen und den Verkehr mit den verschiedenen Höfen war Sidney ein Kenner und Liebhaber der damaligen Renaissancekunst geworden. Wie aus einem der Briefe an seinen Bruder hervorgeht, ist er einer der wenigen damaligen Engländer, die sich deutlich der Überlegenheit der italienischen Malerei über die englische bewußt sind. Der wertvollste Zeuge für Sidneys künstlerische Empfänglichkeit ist Languet, der seinen Freund vom Besuche Roms abzuhalten suchte aus Furcht, daß er bei seiner Vorliebe für Architektur, Malerei, Zeremonien und vor allem Musik dem Zauber der römischen Kirche unterliegen könne. Aus der Arcadia allein ließe sich in der Tat feststellen, daß Sidney einen tieferen Eindruck als irgend ein anderer Dichter seiner Zeit von Architektur, Plastik und Malerei der Renaissance empfing. Wenn er auch die Anregung zur literarischen Verwertung seiner Kunstkenntnisse von Achilles Tatius und Montemayor[1] empfing, so hat er doch die Ausführung im einzelnen selbständig, vermutlich sowohl nach Lektüre theoretischer Schriften, als nach persönlichen Eindrücken gestaltet. Wenn er bei der Schilderung von Kalanders Garten (F 17ff.) auch in mancher Hinsicht den Spuren von Achilles Tatius folgt[2], so verrät doch die hier vorgebrachte Einteilung in *field*, *garden* und *orchard*, wie die spätere Beschreibung vom Park des Basilius (F 91)

---

der Gräfin schrieb und an sie richtete, die Gräfin als eine Künstlerin der Nadel:

> Braue Wilton-house in Wiltshire well can show,
> Her admirable workes in Arras framed:
> Where men, and beasts, scene-like, trees seeme, to grow,
> And Art (surpassed by Nature) seemes ashamed.
> . . . .
> She wrought so well in needle-worke that she,
> Nor yet her workes, shall ere forgoten be.

Vgl. F. B. Young, Mary Sidney, Countess of Pembroke, Lo. 1912, S. 194ff.

[1] So finden sich etwa Beschreibungen prächtiger Bauten, Gärten und Wasserkünste im vierten Buch des ersten Teils und im ersten Buch des zweiten Teils der *Diana*.

[2] Wolff 334.

mit dem großen, auf einer sanften Anhöhe gelegenen sternförmigen Gartenhause, dem entsprechend geformten Garten und dem kleineren Gartenhause, das am Ende eines der jeweils mit den Ecken des Sternes in Verbindung stehenden Fahrwege liegt, den genauen Kenner der Gartenkunst seiner Zeit. Wissen wir doch auch aus vielen Zeugnissen, welch reiche Pflege die aus Italien hinübergekommene neue Gartenkunst bei dem damaligen englischen Adel fand[1]. Wenn er architektonische Wunderwerke beschreibt, wie die Wasserkünste im Garten des Kalander und des Basilius, welche künstliche Vögel zum Singen und einen Tisch zum Drehen bringen, so können wir aus der detaillierten und überzeugenden Schilderung wohl schließen, daß er Ähnliches auf den Landsitzen der englischen Großen[2], vielleicht auch auf seinen Reisen in Italien gesehen hatte. An seiner Vorliebe für alles, was zum Bereiche der Malerei gehört,

[1] Vgl. Marie Gothein, Geschichte der Gartenkunst, Jena 1914, II, Kap. 10 (England im Zeitalter der Renaissance), wo indessen der Arcadia nicht gedacht wird.

[2] Vgl. Lord Burghleys Schloß Theobalds mit seinem großen Saal, in dem es wirkliche Felsen mit fließenden Brünnlein und an beiden Seiten nachgeahmte Bäume gab, oder Elisabeths Lustsaal in Whitehall mit einer Decke voll Laub und Büschen, darin Vögel sangen. Wasserkünste spielten eine große Rolle auch auf dem berühmten Feste von Kenilworth (1575), wo Sidney als Gast zugegen war. Vgl. endlich auch noch den Bericht des Reisenden Hentzner über Schloß und Park Nonsuch, das von Heinrich VIII. gegründet worden war, aber auch noch von Elisabeth gern aufgesucht wurde (Nichols a. a. O. I 74): The place itself is so encompassed with parks full of deer, delicious gardens, groves ornamented with trellis work, cabinets of verdure, and walks so embowered by trees, that it seems to be a place pitched upon by Pleasure herself, to dwell in along with Health. In the pleasure and artificial gardens are many columns and pyramids of marble, two fountains that spout water one round the other like a pyramid, upon which are perched small birds that stream water out of their bills: in the grove of Diana is a very agreable fountain, with Actaeon turned into a stag, as he was sprinkled by the goddess and her nymphs, with inscriptions. There is besides another pyramid of marble full of concealed pipes, which spirt upon all who come within their reach.

erkennen wir den Kunstenthusiasten und Kenner wieder, der mit Languet, dem Freunde Tizians, befreundet war, in Venedig mit Tintoretto verkehrt hatte und von Veronese sich hatte malen lassen. Nicht nur nimmt er in der Arcadia wie in der *Apology* seine Vergleiche gern von der Tätigkeit des Malers her und nicht nur führt er gelegentlich einen Maler ein, der sich zum Studium von Wunden unter die Aufständischen mengt (F 313), sondern er scheint bei der Schilderung von Situationen und Gestalten bisweilen an bestimmte Gemälde als Vorbilder angeknüpft zu haben. Basilius, der mit erhobenen Händen vor Zelmane kniet, wird verglichen mit einem Gemälde, das die Magd der Danaë in dem Augenblicke zeigt, wo sie plötzlich den goldenen Regen erblickt. Der eintretende Amphialus sieht die auf ihrem Bette sitzende Philoclea in einer Beleuchtung, die ein guter Maler für die um Adonis klagende Venus verwenden würde (F 367). Der eintretende Pyrocles erblickt die geliebte Philoclea in einer völlig malerisch empfundenen Situation: Mit nichts als einem Hemd bekleidet, das in aschgrauer Seide und Gold gewirkt ist, ruht sie so auf ihrer rechten Seite, daß der linke nackte Schenkel in aller seiner Schönheit sich dem Blicke darbietet und übergossen wird von dem Schein einer Lampe, die durch den ein wenig geöffneten Vorhang ihr Licht auf sie ausstrahlt (B 498). Mag bei dieser Art von Szene, wo der Liebhaber die Geliebte in eigentümlicher Haltung oder Beleuchtung sieht, auch der Einfluß Heliodors im Spiele sein[1], so gewinnt man doch den Eindruck, daß die Ausmalung im einzelnen unter dem Einfluß der Erinnerung an bestimmte Bilder steht.

Auch in der Verwendung der Licht- und Farbeneffekte geht der Dichter ein gutes Stück über Heliodor und Achilles Tatius hinaus, von denen der erste bereits in der Schilderung des Gürtels der Chariclea[2], der zweite in der Schil-

---

[1] Vgl. Wolff a. a. O. 340.

[2] Buch III, Kap. 4: Dem Stoffe nach waren sie [die Gestalten der Drachen am Gürtel] golden, der Farbe nach blau; denn das Gold

derung der Edelsteine am Gewande von Klitophons Braut[1] hervorragende Proben gegeben hatten. So schildert Sidney außer den oben angeführten Lichteffekten etwa, wie das volle Licht des Mondes Zelmane verschönt (B 484), oder wie das Aufblitzen der Waffen in der Sonne zwischen den Staubwolken einen anziehenden Anblick gewährt (F 385). Farbeneffekte sucht er zu erreichen durch die Schilderung prächtig-bunter Trachten. Gute Beispiele sind das Hemd des auf den Wellen treibenden Pyrocles, das mit blauer Seide und Gold gewirkt ist und der See ähnelt, die von der untergehenden Sonne beschienen wird (F 10), Zelmanes Gewand von himmelfarbenem Satin (F 75), Philocleas Hemd, das ganz in Flammen von aschgrauer Seide und Gold gewirkt ist (B 498), oder Amphialus' schwarzsamtnes, perlen- und edelsteinverziertes Gewand mit dem prächtigen Kragen, von dem der eine Teil durch die Perlen und Diamanten wie Eis schimmert und der andere durch die Rubinen und Opale wie Feuer glänzt (F 367). Die Studien zu solch prächtigen Gewandungen konnte er, wie die Neujahrsgeschenke am elisabethanischen Hofe beweisen, ohne weiteres an Ort und Stelle machen[2]. Aber er weiß auch zu schildern, wie die verschiedene Färbung von Pflaumen auf das Auge einen angenehmen Reiz ausübt (F 362), oder wie die Farben des Untergrundes von Pamelas Stickerei sorgfältig ausgesucht sind, weder zu dunkel noch zu hell, und wie sie so gut abgestimmt sind, daß sie trotz aller darauf verwendeten Kunst doch nur als Ornament für das eigentliche Muster von Rosen und Lilien dienen (F 402). Gern stellt er in der Art von Achilles Tatius[3] Kon-

war durch die Kunst geschwärzt, damit die Mischung des Schwarzen mit dem Gelben das Rauhe und Wechselnde der Schuppen zeige.

[1] „Klitophon und Leukippe", 2. Buch: Die Steine wetteiferten miteinander; der Hyacinth glich einer Rose, der Amethyst strahlte purpurn, dem Golde ähnlich. In der Mitte waren drei Steine, die so aufeinander lagen, daß sich ihre Farbe gegenseitig abspiegelte, &c.

[2] Vgl. Nichols, Progresses &c, II 64 ff. und Fox Bourne a. a. O. 182 ff.

[3] Siehe das oben angeführte Beispiel.

trastfarben nebeneinander: An dem Nacken der Parthenia, der vom Blut der Wunden befleckt ist, sieht man hier ein Bächlein von reinstem Rot und dort eine Insel von vollkommenem Weiß, von denen eins dem andern Glanz verleiht (F 447); Urania sucht dem forthüpfenden Sperling ein schwarzseidenes Häubchen aufzusetzen als Folie für seine sonstige milchweiße Farbe (1. Ekloge, B 110).

Während bei der Schilderung der männlichen Kleidung, wie wir sahen, das Bestreben, antikes Kolorit zu wahren, deutlich sichtbar war[1], nimmt der Dichter bei der Schilderung von weiblicher Gewandung, Haartracht, Schmuck u. dgl. gern die Kultur der eigenen Zeit zu Hilfe. Zur Ausstattung der Prinzessinnen gehören Handschuhe, Notizbücher und *spaniels.* Von Zelmanes Haar wallt ein Teil, ähnlich wie bei Chariclea[2], frei herab, aber der Rest ist in ein goldenes, mit Perlen besetztes Krönlein eingefangen und so mit Golddraht umsponnen und mit verschiedenfarbigen Federn bedeckt, daß es durch seinen Glanz und seine aufrechte Haltung an einen Helm gemahnt (F 75). Ein entsprechender Aufbau findet sich auf zahlreichen Portraits der Königin Elisabeth[3]. Ebenso erinnert die Beschreibung der Schmuckstücke wohl etwas an ähnliche Schilderungen im griechischen Roman, doch tritt in den Devisen (F 75, 90) ebenso deutlich die Anlehnung an die Kleinkunst der damaligen Goldschmiede hervor[4]. Eigenem Verständnis und der Kultur der Zeit entspricht die Rolle, welche die Musik in der Arcadia spielt. Entsprechend der italienischen, auch von der Plejade und den englischen Petrarchisten übernommenen Theorie, wonach zum vollendeten Gedicht

[1] Man beachte die Art, wie gelegentlich die griechische Kleidung mit der Kleidung der Ritter des Hosenbandordens verglichen wird (B 597).

[2] Äthiopica III 4.

[3] Vgl. das Abbildungsmaterial bei E. Marcks, Königin Elisabeth von England und ihre Zeit (1897).

[4] Vgl. die vielen Beschreibungen von Neujahrsgeschenken bei Nichols a. a. O.

die musikalische Begleitung gehört, werden eine Reihe der eingelegten Lieder zur *lute*, *cittern*, *gittern'*, *viol* oder *base-viol* vorgetragen; Basilius blickt beim Singen auf Zelmane, als ob ihre Augen sein Gesangbuch wären (B 484); besonders liebevoll ist das in Booten auf dem See stattfindende Konzert geschildert, das Amphialus um Philocleas willen veranstaltet, wo erst die Hörner, dann die Violen und Gesangstimmen über das Wasser hinschallen (F 441). Aus Sidneys Briefen an seinen Bruder und Languet wissen wir, daß er, obwohl nicht selbst ausübender Musiker, ein Freund der Musik war und sich nach ihr in seinen melancholischen Stunden sehnte; ebenso haben wir zahlreiche Zeugnisse für den Geschmack der Zeit an geselligen Veranstaltungen auf dem Wasser mit Musik und Feuerwerk [1]. Auch der auffallende Zug, daß Basilius die sportlichen und gesanglichen Veranstaltungen der Schäfer im Freien bei Fackellicht stattfinden läßt (F 126, 353), werden wir wohl in Zusammenhang bringen dürfen mit den vielen abendlichen Festveranstaltungen bei Hofe [2]. Eine junge Errungenschaft der elisabethanischen Kultur sind die Kutschen, die bei schlechtem Wetter geschlossen werden können (F 166). Elisabethanischer Sitte entspricht es, wenn Dametas und Musidorus vor Pamela ein Ringelstechen zu Pferde veranstalten (F 179), wenn Musidorus vor Pamela den *Matachine* in Waffen tanzt (F 180), oder wenn Plexirtus bei der Übergabe der ausgehungerten Stadt barfuß und mit einem Strick um den Hals dem Sieger entgegentritt.

---

[1] Sidney war auch Zeuge des großartigen Empfanges, den der Doge von Venedig 1574 dem nach seiner Heimat eilenden König von Frankreich gab, wo unter vielen anderen Lustbarkeiten tagsüber und Nachts auch Gefechte zu Wasser und Konzerte mit Gesangstimmen und Instrumenten auf dem Canal Grande stattfanden (vgl die ausführliche Beschreibung bei Pierre Mathieu, Histoire de France, Paris 1631, I 394 ff.).

[2] Vgl. die Feuerwerksvorführungen beim Besuch der Königin in Warwick im Jahre 1572 (Nichols I 319 ff.) und beim Fest von Kenilworth 1575. Anschließend an das Collophisus-Turnier im Januar 1581 (S. oben S. 290) fand sogar ein Turnier bei Fackellicht statt.

Durchaus elisabethanisch sind auch die Formen der Galanterie, in denen sich die Liebeshändel der verschiedenen Paare abspielen. Es sind dieselben, die wir in *Astrophel and Stella* vor uns haben. Eine große Rolle spielt nach elisabethanischer Sitte der Handschuh als Liebespfand. In einer nur in der ersten Fassung erhaltenen Szene[1], wo Pyrocles (Cleophila) und Musidorus sich über ihre Erfolge bei ihren Geliebten unterhalten, zieht Musidorus einen mit dunkelroter Seide und Goldspitze verzierten Handschuh hervor, den er von Pamela erbeutet hat, küßt ihn, steckt ihn wieder in seinen Busen und singt ein Lied auf den Handschuh *(Sweet glove, the witnesse of my secret blisse).* Aus Galanterie will Amphialus den Handschuh Philocleas, den ihm sein *spaniel* zugetragen hat, nicht herausgeben und zieht es vor, sich einem Zweikampf mit Zelmane auszusetzen (F 222). Die Rücksichten, welche die Galanterie den Männern auferlegt, sind die denkbar höchsten. Amphialus ist im Begriff, das Todesurteil über den gefangenen Philanax auszusprechen, als Philoclea durch eine Dame ihres Gefolges ihn um Schonung des Gefangenen bittet: Sogleich verkehrt Amphialus die beabsichtigten Worte in ihr Gegenteil, spricht dem Gefangenen seinen ergebenen Dank dafür aus, daß er durch ihn des Glückes teilhaftig geworden sei, einen Befehl von seiner Herrin zu empfangen, läßt ihn frei und bietet ihm seine Freundschaft und Dienste an (F 400).

Wir sahen, wie Sidney bei seinen Bemühungen um ein antikes Milieu auch einige Züge aus dem heidnischen Kult, wie Anrufungen von Göttern, Opfer u. dgl., in der Arcadia anbrachte. Wenn trotzdessen der Umfang, den er nicht erst in der erweiterten, sondern auch schon in der ersten Fassung spezifisch christlichen Dingen einräumt, ein auffallend großer ist, so erklären wir uns das am besten wohl damit, daß der religiöse Zug so eng mit Sidneys ganzer Persönlichkeit zusammenhing, daß es für ihn

[1] Vgl. Dobell, Quarterly Revier vol. 211, S. 97.

unmöglich war, sich bei der Berührung religiöser Fragen des Deckmantels der antiken Religion zu bedienen; lieber gibt er uns ein Gemisch von Heidentum und Christentum, dessen Berechtigungsdasein er in der Theorie gewiß nicht vertreten hätte. Dabei achtet er aber darauf, daß er nur christliche Sitten und Ansichten einer mehr allgemeinen Art gibt, die nicht in zu scharfem Gegensatz zu Gebräuchen oder Ansichten des hellenistischen Zeitalters stehen; ebenso vermeidet er es, sich in christlich-theologische Erörterungen einzulassen. Für Sidneys religiöse Gesinnung sind Zeugnisse in Fülle vorhanden. Nicht nur berichtet uns Greville, daß er seine Religion zur festen Basis seines ganzen Lebens machte, und als politisches Lebensziel einen Bund der protestantischen Fürsten Europas gegenüber den Ambitionen der katholischen Mächte erstrebte, sondern auch seine Briefe an Languet und Walsingham sowie die *Apology* enthalten zahlreiche Worte der Frömmigkeit und des Gottvertrauens. Um 1580 herum übertrug er mit seiner Schwester zusammen die Davidischen Psalmen in verschiedenen lyrischen Metren; später übersetzte er die umfangreiche theologische Schrift seines Freundes, des Hugenotten Du Plessis Mornay, über den christlichen Glauben. Seiner Überzeugung nach war er sicher strenggläubiger Kalvinist von dem Typus der niederländischen Rebellen und der Hugenotten, mit einem von Gott getragenen, den Menschen gegenüber unabhängigen Glauben, aber dabei doch tolerant genug, um die alte Jugendfreundschaft mit dem bekannten Jesuiten Edmund Campion auch noch später aufrechtzuerhalten, und freigeistig genug, um ihn bei einem Zusammentreffen in Prag (1577) als Prediger zu bewundern und ihn zu bitten, sich seiner im Gebet zu erinnern[1].

---

[1] Campion befand sich in einem schweren Irrtum, als er auf diese Zeichen hin einen Übertritt Sidneys zur katholischen Kirche für ebenso möglich wie wünschenswert hielt und in diesem Sinne an seine Glaubensbrüder in England berichtete. Vgl. Richard Simpson (John Hodges): Edmund Campion (1896) S. 114 ff.

Bei Heliodor, bei Achilles Tatius und in der italienischen Novelle fand Sidney ein beständiges Betonen der beherrschenden Rolle, die der Zufall im Leben des Menschen spielt, bei Heliodorus daneben auch ein Betonen der Rolle der Vorsehung; Zufall wie Vorsehung bestimmen in diesen Erzählungen die Ereignisse in solchem Maße, daß der Mensch ihnen gegenüber mutlos wird, und daß die Rolle, die Tüchtigkeit und Tatkraft im menschlichen Leben spielen, eine untergeordnete bleibt. Nach dem Vorbild von Heliodor wie Achilles Tatius arbeitet auch Sidney stark mit den Begriffen *fortune* und *providence*, aber er räumt dem Zufall gegenüber der Vorsehung doch nur einen geringen Einfluß auf den Gang der Ereignisse ein. Statt dessen unterstellt er ihn einmal dem von ihm im christlichen Sinne erfaßten Begriff der Vorsehung, die der Mensch nicht versuchen soll zu erforschen und der er nicht widerstreben soll[1], zum andern dem Begriff der Tüchtigkeit des Menschen[2]. So haben wir wohl äußerlich heidnische und christliche Begriffe durcheinander, in Wahrheit aber widerspricht nichts in den Äußerungen der Figuren oder des Autors dem christlichen Empfinden. Selbst wo in der Arcadia die Bezeichnung heidnisch und von *gods* oder *destiny* die Rede ist, ist der Inhalt christlich, wie in dem Gespräche, das Pyrocles und Musidorus in der Gefangenschaft führen, wo Musidorus von dem *unreachable ruler* des Himmels spricht, der nichts ohne *everlasting reason* tut. Wenn Sidney an den Fall, daß Euarchus zum Richter über seinen eigenen Sohn wird, die Bemerkung knüpft, daß die dem Wurm gleiche Menschheit in solch einem Schatten oder solch einer Höhle der Dunkelheit wohnt, daß *neither they know how to foresee, nor what to fear, and are but like tennis balls, tossed by the racket of the higher powers* (B 603), so klingt das wohl, als ob er in dem blindwaltenden Geschick den Lenker der Dinge sähe,

[1] Vgl. etwa B 523, 554.

[2] Vgl. oben S. 118 ff. und die Darlegung von Wolff a. a. O. S. 324 bis 328.

aber unmittelbar davor spricht er von dem *strange and secret working of justice* als dem Erreger dieser Situation und von *the order of the heavens* (B 597), das einen so *extraordinary course* hervorgebracht habe. Immer wieder wird das Walten der Vorsehung hervorgehoben. So betont etwa der Dichter bei der Gefangennahme der Liebenden, wie die allmächtige Weisheit es liebt, der Welt zu zeigen, daß die größten Dinge durch die unwahrscheinlichsten Mittel — in diesem Falle den Tölpel Dametas — zustande kommen, damit der menschliche Verstand sich um so mehr vor der göttlichen Vorsehung beuge (B 523). Die ewige Gerechtigkeit bewirkt, daß die Aufständischen ihre eigene Bestrafung herbeiführen, indem sie Musidorus und Pamela angreifen (B 554). Selbst wenn sich die Vertreterin des Atheismus, die von ihrem Gewissen gequälte Gynecia, gegen Gott empört, empört sie sich gegen den allmächtigen christlichen Gott (B 590).

Wie sehr den Dichter das ganze Problem von Zufall oder Vorsehung beschäftigte, zeigt auch die von uns schon früher (S. 163 ff.) besprochene lange Unterredung zwischen Cecropia und Pamela. In dieser Unterredung versucht der Dichter das Problem auch vom philosophischen Standpunkt aus anzufassen. Zwar hatte man schon um die Mitte des Jahrhunderts zum ersten Male atheistische Strömungen in England zu bemerken geglaubt, aber man hatte den Kampf, wie Ascham im *Schoolmaster*[1] und später Lyly im *Euphues*[2] und Nash in *Pierce Penilesse* und *Christs Teares over Jerusalem*[3] lediglich in der mittelalterlich-theologischen Weise im Ton des Predigers und mit Citaten aus der Bibel und anderen Autoritäten geführt, während Sidney, auf die Antike zurückgreifend, das Problem nicht als ein theologisches, sondern ein philosophisches anfaßt und so auch vom philosophischen Standpunkt aus im Sinne der Vorsehung entscheidet.

[1] ed. Giles IV S. 158—162.
[2] In dem Anhang zum ersten Teil, betitelt *Euphues and Atheos.*
[3] Works ed. Mc. Kerrow I 172, II 114—129.

An mehreren Stellen der Arcadia hat der Dichter offen sein christliches Glaubensbekenntnis niedergelegt, so vor allem in dem Gebet der Pamela zu Gott als dem allsehenden Licht und ewigen Leben aller Dinge (F 382 ff.), das sich in seinem Pathos deutlich an die Bibel anlehnt[1]. Die ganze demütige und standhafte Haltung, die Philoclea und Pamela in ihrer Gefangenschaft den Überredungsversuchen und Quälereien ihres Peinigers gegenübersetzen, ist den Legenden der christlichen Märtyrerinnen nachgebildet[2]. Wie diese vor Gericht und im Kerker ihren Gottglauben gegenüber dem Heidentum zu verteidigen pflegten, so verteitigt Pamela ihren Glauben gegenüber dem Atheismus von Cecropia. Parthenia, die aus Liebe zu ihrem gefallenen Gatten freiwillig in den Tod geht (F 448), stirbt mit einem ergreifenden Anruf an Gottes Gnade. Christlich und im Anschluß an den Wortlaut der Bibel entworfen ist das Gebet, das Pyrocles an Gott als den großen Schöpfer und Herrscher dieser Welt richtet, als er im Begriff steht, sich das Leben zu nehmen, um Philocleas Ehre zu retten (B 542 ff.); entsprechend gehalten ist auch das Gebet des Musidorus an Gott als der lebendigen Kraft aller Dinge (B 558). Von den Argumenten der Philoclea, durch die sie Pyrocles vom Selbstmord zurückzuhalten sucht, sind eine Reihe christlich gefärbt, vor allem das eine, daß unser Körper von Gott herrührt und ihm gehört, und wir ihn daher nicht zerstören dürfen, bis er selbst ihn zurückfordert (F 545, 547); auch einige der Gegenargumente von Pyrocles gehen darauf aus, den Selbstmord mit dem christlichen Glauben zu vereinigen.

Eine so tiefe Religiosität aber auch aus den Szenen spricht, in denen die Helden und Heldinnen der Arcadia

---

[1] Nur blinder Haß gegen Karl I., der dieses Gebet vor seinem Tode zitiert haben soll, konnte Milton (Eikonoklastes 1649) zu dem schiefen Urteil verleiten, daß dies ein Gebet sei *from the mouth of a heathen woman, praying to a heathen god.*

[2] Auch der *overseer of the print* spricht in der Überschrift des Kapitels (F 381) von *Pamelas prayer, and Sainct-like graces in it.*

Trost und Hoffnung aus dem Gebet schöpfen, so läßt sich doch nicht verkennen, daß von einem Durchdringen der Arcadia mit christlich-religiösem Geiste nicht die Rede sein kann. Nur in der Not, aber nicht im täglichen Leben, offenbaren die Gestalten des Dichters Züge von Frömmigkeit[1]. Von vornherein hatte Sidney auf zwei Dinge verzichtet, die zu seiner Zeit sonst die Voraussetzung zu einer großen epischen Dichtung zu sein pflegten, auf nationalen und religiösen Gehalt.

---

[1] Trotzdem ist die Zahl der Anachronismen auf religiösem Gebiete eine auffallend große. Zelmane, Miso und Philisides sprechen gelegentlich vom Teufel (F 94, 238, 353); Dametas zieht Kreise, um sich vor ihm zu schützen; Cecropia spricht von einem guten Engel (F 377 ff.), Zelmane vom *pulpit* und vom *auditor* (F 113); Miso besitzt sogar ein Gebetbuch (F 238); nicht selten wird endlich für den Tempel die Bezeichnung *church* gebraucht (F 449, B 504).

Nachträge.

S. 4. Anm. 1. Aubrey identifiziert in den *Brief Lives* die Initialen H. S. mit Henry Sanford, dem Sekretär des Earl of Pembroke [ed. A. Clark (1898) I 310ff.].

S. 43. Allgemeine Verbreitung genossen seit Mitte des Jahrhunderts auch die von Sabinus moralisch ausgelegten Metamorphosen. Noch im Jahre 1584 erschien ein Nachdruck in Cambridge: Fabularum Ovidii interpretatio, ethica, physica et historica: tradita in Academia Regiomontana a G. Sabino et in unum collecta et edita studio . . . T[homae] T[homae], &c. Cantabrigiae 1584.

Auch der englische Ovidübersetzer Golding, mit dem Sidney auf vertrautem Fuße stand, versichert in der Vorrede zu den Metamorphosen (1567), daß in Ovid alle Weisheit vorhanden sei, und führt den Gedanken genauer aus in dem gereimten *Epistle:*

For this doo lerned persons deeme of Ovids present woorke:
That in no one of all his bookes the which he wrate, doo lurke
Mo darke and secret misteries, mo counselles wyse and sage,
Mo good ensamples, mo reprooves of vyce in youth and age
&c.

Vgl. auch L. Rick, Ovids Metamorphosen in der englischen Renaissance, Diss. Münster 1915.

S. 51. Ähnlich deutet auch Howell in seinem Gedicht vom Jahre 1581 (vgl. S. 19) die in der Arcadia enthaltenen tieferen Lehren an:

Discourse of Louers, and such as folde sheepe,
Whose sawes well mixed, shrowds misteries deepe.

Vgl. auch das auf S. 265 zitierte Urteil über die Arcadia von Sir Thomas Wilson aus dem Jahre 1596.

S. 62. Vgl. Sidneys Brief an seinen Bruder vom 18. Oktober 1580:

> Now, Sir, for news, I refer myself to this bearer, he can tell you how idle we look on at our neighbours' fires (Pears a. a. O. S. 202).

S. 146. Bezeichnenderweise sind es auch nicht die Liebenden, Pyrocles und Philoclea, die sich im Angesicht des Todes über das zukünftige Leben und die Fortdauer ihrer Neigung nach dem Tode unterhalten, sondern die beiden Freunde Pyrocles und Musidorus (vgl. S. 165).

S. 221. Unter der Einwirkung der antiken realistischen Situationskomödie steht vermutlich die humoristische Intrige im dritten und vierten Buche, durch die Musidorus und Pamela sich ihre Wächter, Dametas, Miso und Mopsa, vom Halse schaffen. Die der niederen Komik angehörigen Typen, der derbe Ton, das durch die Verwechslung von Personen bedingte Durcheinander, das Geschimpfe und die Prügeleien erinnern in vieler Hinsicht an Terenz, ohne daß sich im einzelnen engere inhaltliche Beziehungen finden ließen. Aber wir wissen, daß Sidney mit Plautus und Terenz aufs genaueste vertraut war. Nicht nur zieht er beide des öfteren in der *Apology* heran, sondern er nennt auch in den Briefen an Languet Figuren wie Davus aus der „Andria“ oder Geta aus dem „Phormio“ des Terenz (26. Februar und 29. April 1574); in der Arcadia selbst wird der Prahler Thraso aus dem „Eunuch“ des Terenz zitiert.

Namenverzeichnis.

FSC
www.fsc.org
MIX
Papier | Fördert
gute Waldnutzung
FSC® C083411

Kolibri 360 GmbH
Ferdinand-Jühlke-Straße 7
99095 Erfurt, Deutschland
produktsicherheit@kolibri360.de